环保公益性行业科研专项经费系列丛书

钢铁企业烟粉尘排放监控与评价

孙文强　蔡九菊　赵　亮　王连勇　编著

东北大学出版社
·沈　阳·

图书在版编目（CIP）数据

钢铁企业烟粉尘排放监控与评价 / 孙文强等编著
. — 沈阳 : 东北大学出版社，2020. 3
ISBN 978-7-5517-2220-9

Ⅰ. ①钢…　Ⅱ. ①孙…　Ⅲ. ①钢铁企业－烟气排放－污染控制－研究②钢铁企业－粉尘－排放－污染控制－研究　Ⅳ. ①X51

中国版本图书馆 CIP 数据核字(2020)第 045370 号

出 版 者：东北大学出版社
地址：沈阳市和平区文化路三号巷 11 号
邮编：110819
电话：024－83683655(总编室)　83687331(营销部)
传真：024－83687332(总编室)　83680180(营销部)
网址：http://www.neupress.com
E-mail: neuph@neupress.com
印 刷 者：沈阳市第二市政建设工程公司印刷厂
发 行 者：东北大学出版社
幅面尺寸：185mm×260mm
印　　张：11.25
字　　数：247 千字
出版时间：2020 年 3 月第 1 版
印刷时间：2020 年 3 月第 1 次印刷
策划编辑：向　阳
责任编辑：潘佳宁
封面设计：潘正一
责任校对：邱　静
责任出版：唐敏志

ISBN 978-7-5517-2220-9　　定　价：75.00 元

环保公益性行业科研专项经费系列丛书

编著委员会成员名单

序　言

目前，全球性和区域性环境问题不断加剧，已经成为限制各国经济社会发展的主要因素，解决环境问题的需求十分迫切。环境问题也是我国经济社会发展面临的困难之一，特别是在我国快速工业化、城镇化进程中，这个问题变得更加突出。党中央、国务院高度重视环境保护工作，积极推动我国生态文明建设进程。党的十八大以来，按照“五位一体”总体布局、“四个全面”战略布局以及“五大发展”理念，党中央、国务院把生态文明建设和环境保护摆在更加重要的战略地位，先后出台了《环境保护法》《关于加快推进生态文明建设的意见》《生态文明体制改革总体方案》《大气污染防治行动计划》《水污染防治行动计划》《土壤污染防治行动计划》等一批法律法规和政策文件，我国环境治理力度前所未有，环境保护工作和生态文明建设的进程明显加快，环境质量有所改善。

在党中央、国务院的坚强领导下，环境问题全社会共治的局面正在逐步形成，环境管理正在走向系统化、科学化、法治化、精细化和信息化。科技是解决环境问题的利器，科技创新和科技进步是提升环境管理系统化、科学化、法治化、精细化和信息化的基础，必须加快建立持续改善环境质量的科技支撑体系，加快建立科学有效防控人群健康问题和环境风险的科技基础体系，建立开拓进取、充满活力的环保科技创新体系。

“十一五”以来，中央财政加大对环保科技的投入，先后启动实施水体污染控制与治理科技重大专项、清洁空气研究计划、蓝天科技工程专项等专项，同时设立了环保公益性行业科研专项。根据财政部、科技部的总体部署，环保公益性行业科研专项紧密围绕《国家中长期科学和技术发展规划纲要（2006—2020 年）》、《国家创新驱动发展战略纲要》、《国家科技创新规划》和《国家环境保护科技发展规划》，立足环境管理中的科技需求，积极开展应急性、培育性、基础性科学研究。“十一五”以来，生态环境部组织实施了公益性行业科研专项项目 479 项，涉及大气、水、生态、土壤、固废、化学品、核与辐射等领域，共有包括中央级科研院所、高等院校、地方环保科研单位和企业等几百家单位参与，逐步形成了优势互补、团结协作、良性竞争、共同发展的环保科技“统一战线”。目前，专项取得了重要研究成果，已验收的项目中，共提交各类标准、技术规范 997 项，各类政策建议与咨询报告 535 项，授权专利 519 项，出版专著 300 余部，专项研究成果在各级环保部门中得到较好的应用，为解决我国环境问题和提升环境管理水平提供了重要的科技支撑。

为广泛共享环保公益性行业科研专项项目研究成果，及时总结项目组织管理经验，生态环境部科技标准司组织出版了环保公益性行业科研专项经费系列丛书。该丛书汇集了一批专项研究的代表性成果，具有较强的学术性和实用性，是环境领域不可多得的资料文献。丛书的组织出版，在科技管理上也是一次很好的尝试，我们希望通过这一尝试，能够进一步活跃环保科技的学术氛围，促进科技成果的转化与应用，不断提高环境治理能力现代化水平，为持续改善我国环境质量提供强有力的科技支撑。

中华人民共和国生态环境部副部长

黄润秋

二〇一八年十月十七日

前言

本书以钢铁行业的工业烟粉尘为研究对象，开展烧结（球团）、炼焦、炼铁、炼钢和轧钢工序的烟粉尘排放特性及监控技术研究。理清钢铁生产过程中烟粉尘的产生、处理、排放等的来龙去脉，研究烟粉尘的重点排放源及其排放特性；构建钢铁行业烟粉尘排放指标及指标体系，编制排放清单，制订烟粉尘核算方法；提出烟粉尘控制方案，开发烟粉尘净化设施运行状态及排放效果的在线监控系统。为环保部门掌握烟粉尘污染现状、制订排放标准和实现钢铁行业烟粉尘减排目标提供技术、方法和数据支撑。

本书旨在研究钢铁行业烟粉尘的排放特性和监控技术，建立排放评价、核算与监控的技术体系，符合《国家环境保护“十二五”科技发展规划》、清洁空气研究计划和《2014 年度国家环境保护公益性行业科研专项项目申报指南》的总体思路。此外，钢铁生产过程产生的烟粉尘作为我国实施的蓝天科技工程的重要控制内容之一，急需系统的烟粉尘控制和管理技术体系作为支撑，以进一步提高大气污染物防治的管理和技术水平。本书重点研究钢铁行业烟粉尘评价、核算、源头减量和过程减排技术，服务于《国家环境保护“十二五”科技发展规划》中提出的“围绕约束性指标取得一批具有自主知识产权的控源减排共性和关键技术”的总目标，符合“加强应用基础研究，真正发挥环境科技在环保工作中的支撑和引领作用”的原则。因此，本书的设定符合我国环保行业科技计划和行业发展的需求：① 促进我国钢铁行业烟粉尘减排；② 服务于钢铁行业烟粉尘总量控制；③ 推进我国钢铁行业清洁生产；④ 提供烟粉尘减排统计与核定的技术、方法和数据支撑。

本书主要结构如下：第 1 章为绪论，介绍钢铁企业烟粉尘基本情况；第 2 章为钢铁生产流程概况，介绍钢铁企业各个生产工序及粉尘产生源的特点；第 3 章为颗粒物的基本特性，介绍颗粒物的基本概念以及我国典型钢铁企业各生产工序颗粒物排放特性；第 4 章为颗粒物脱除技术，介绍现有常用的颗粒物的脱除技术以及新型的脱除技术；第 5 章为颗粒物排放监测方法，介绍钢铁企业颗粒物的监测方法和技术；第 6 章为钢铁企业烟粉尘排放的评价和核算方法，介绍钢铁企业烟粉尘排放量的评价及核算方法和排放清单的编制方法。

本书可供冶金环保行业相关技术人员参考使用，也可作为相关院校专业的教材使用。

限于编著者的水平，本书中难免存在不当之处，诚盼读者指正。

编著者

2019 年 10 月

前言

目 录

第1章 绪 论 ………… 1
1.1 钢铁生产及其污染物排放 ………… 1
1.2 烟粉尘排放对环境和人体健康的危害 ………… 2
1.3 钢铁企业烟粉尘排放现状 ………… 3
1.4 钢铁企业烟粉尘排放相关标准 ………… 5
1.5 烟粉尘的捕集理论 ………… 7
第2章 钢铁生产流程概况 ………… 13
2.1 各工序生产流程 ………… 14
2.1.1 烧结（球团）工序 ………… 14
2.1.2 焦化工序 ………… 20
2.1.3 炼铁工序 ………… 24
2.1.4 炼钢工序 ………… 26
2.1.5 轧钢工序 ………… 30
2.2 各工序污染物来源及特点 ………… 39
2.2.1 烧结（球团）工序 ………… 39
2.2.2 焦化工序 ………… 41
2.2.3 炼铁工序 ………… 42
2.2.4 炼钢工序 ………… 43
2.2.5 轧钢工序 ………… 44
第3章 颗粒物的特征 ………… 46
3.1 颗粒物的基本特征 ………… 46
3.1.1 颗粒物的粒径分布 ………… 46
3.1.2 颗粒物的三模态 ………… 48
3.1.3 颗粒物的表面性质 ………… 49
3.1.4 颗粒物的化学组成 ………… 50

3.2 钢铁企业颗粒物排放特征 …… 51
3.2.1 烟粉尘粒径分布 …… 51
3.2.2 烟粉尘微观形貌 …… 68
3.2.3 烟粉尘化学组成 …… 72
第4章 颗粒物脱除技术 …… 75
4.1 常用颗粒物脱除技术及设备 …… 75
4.1.1 机械除尘技术 …… 75
4.1.2 袋式除尘技术 …… 81
4.1.3 静电除尘技术 …… 85
4.1.4 湿法除尘技术 …… 87
4.1.5 其他除尘技术 …… 88
4.2 钢铁企业各工序颗粒物治理方案 …… 100
4.2.1 烧结工序 …… 101
4.2.2 焦化工序 …… 108
4.2.3 炼铁工序 …… 112
4.2.4 炼钢及轧钢工序 …… 116
4.2.5 露天原料场 …… 121
第5章 颗粒物排放监测方法 …… 130
5.1 钢铁工业颗粒物浓度及测试分类 …… 130
5.2 个数浓度的测定 …… 131
5.2.1 化学微孔滤膜显微镜计数法 …… 131
5.2.2 光散射式粒子计数器 …… 131
5.3 质量分数的测定 …… 131
5.3.1 滤膜称重法 …… 131
5.3.2 光散射式测量仪 …… 132
5.3.3 压电晶体法 …… 132
5.3.4 β射线吸收法 …… 132
5.3.5 微量振荡天平法 …… 133
5.3.6 电荷法 …… 133
5.4 常用颗粒物检测方法比较 …… 133
5.5 颗粒物的表面性质检测 …… 134
5.5.1 气溶胶TEM样品的制备 …… 134
5.5.2 TEM对气溶胶细颗粒物分析 …… 135
5.5.3 典型钢铁工业细颗粒物TEM分析 …… 135

5.6 监测案例分析 …… 136
5.6.1 测试对象和测试项目 …… 136
5.6.2 采样点和采样频次 …… 137
5.6.3 采样仪器及材料 …… 143
5.6.4 采样方法和质量保证 …… 148
第6章 钢铁企业烟粉尘排放评价和核算方法 …… 151
6.1 烟粉尘排放评价指标体系 …… 151
6.1.1 指标体系建立原则 …… 151
6.1.2 指标体系的构建 …… 152
6.1.3 指标解释及计算方法、数据采集 …… 153
6.2 烟粉尘排放指标的影响因素 …… 156
6.3 烟粉尘排放清单编制 …… 157
6.3.1 清单的编制依据和原则 …… 157
6.3.2 烟粉尘排放源分级分类体系 …… 158
6.4 钢铁企业烟粉尘排放核算方法 …… 161
6.4.1 产排量和产排系数的计算方法 …… 161
6.4.2 烟粉尘排放清单编制及核算流程 …… 163
参考文献 …… 164

第1章 绪 论

1.1 钢铁生产及其污染物排放

钢铁号称“工业的粮食”，它是人类使用最多的金属材料。因钢铁材料的强度高、机械性能好、资源丰富、成本较低且适合于大规模生产，在社会生产和生活的各个领域都有着广泛的应用，是不可或缺的战略性基础材料。几乎所有工业化国家的工业进程都是从钢铁工业大发展开始的，即便正在向新型工业化趋势发展的发达国家，钢铁工业尤其是高端钢铁工业仍然是不可替代的重要产业。

从工艺过程来看，钢铁生产流程是由性质、功能不同的诸多工序和设备组成的生产系统。现代钢铁企业的制造流程已演变成三类基本流程。

① 以铁矿石、煤炭等天然资源为源头的高炉—转炉加工流程。这是包含了铁矿石的烧结过程、铁矿石还原成铁水的炼铁过程、铁水经预处理和氧化冶炼成钢水的炼钢过程、钢水凝固成预定尺寸的铸坯的连铸过程和连铸坯经加热后连续轧制成产品的轧制过程的生产流程，即长流程。

② 以废钢为主要资源、电力为主要能源的电炉—精炼—连铸—热轧流程。这是以社会循环废钢、加工制造业废钢、钢厂自产废钢和电力为源头的制造流程，即短流程。

③ 非高炉炼铁—电炉—精炼—连铸—热轧流程。常见的非高炉炼铁技术主要包括Corex、Finex、HIsmelt等。

从目前的钢铁冶炼技术来看，钢铁工业将不会摆脱以高炉炼铁为主的传统钢厂与以电炉炼钢为主的短流程钢厂共存的模式。前者以高炉铁水为原料，且生产规模大型化，产能在500万t以上；后者以电炉为主，以废钢为主原料，产能规模为百万吨左右。传统的钢铁冶炼行业一向被认为高资源消耗、高能源消耗和高污染物排放的过程。钢铁企业的主要排放物包括废水、废渣和废气等。其中，废气的成分主要包括一氧化碳、二氧化碳、二氧化硫、氮氧化物和烟气等。

一氧化碳进入人体之后会和血液中的血红蛋白结合，进而使能与氧气结合的血红蛋白数量急剧减少，从而引起机体组织出现缺氧，导致人体窒息死亡。

二氧化碳对人体的危害主要是刺激人的呼吸中枢，导致呼吸急促，烟气吸入量增加，并且会引起头痛、神志不清等症状。

二氧化硫进入呼吸道后，会在湿润的黏膜上生成具有腐蚀性的亚硫酸、硫酸和硫酸盐。如果吸收进入血液，会对全身产生毒副作用，它能破坏酶的活力，从而明显地影响碳水化合物及蛋白质的代谢，对肝脏有一定的损害。长期吸入二氧化硫会发生慢性中毒，使嗅觉和味觉减退，产生萎缩性鼻炎、慢性支气管炎、结膜炎和胃炎等。

氮氧化物容易侵入呼吸道深部的细支气管及肺泡，与呼吸道黏膜的水分作用生成亚硝酸与硝酸，对肺组织产生强烈的刺激及腐蚀作用，从而增加毛细血管及肺泡壁的通透性，引起肺水肿。亚硝酸盐进入血液后还可引起血管扩张，血压下降，并可与血红蛋白作用生成高铁血红蛋白，引起组织缺氧。高浓度的一氧化氮亦可使血液中的氧和血红蛋白变为高铁血红蛋白，引起组织缺氧。因此，在一般情况下，当污染以二氧化氮为主时，对肺的损害比较明显，严重时可出现以肺水肿为主的病变。而当混合气体中有大量一氧化氮时，高铁血红蛋白的形成就占主导，此时中毒发展迅速，出现高铁血红蛋白症和中枢神经损害症状。

烟气是气体和烟尘的混合物。根据我国的习惯，一般将冶金过程或化学过程形成的固体粒子气溶胶称为烟尘；燃烧过程产生的飞灰和黑烟，在不必细分时，也称为烟尘。在其他情况或泛指固体粒子气溶胶时，通称为粉尘。烟尘对人体和环境的危害同颗粒物的大小有关。由于难以测得实际烟粉尘的粒径和密度，人们通常利用颗粒的空气动力学直径来划分区别，这使得不同形状、密度、光学与电学性质的烟粉尘颗粒粒径具有统一的量度。常用的表达方式如下。

悬浮颗粒物（SPM）：所有颗粒物的通用术语。

气溶胶：一般指在广义大气中的悬浮颗粒物。

总悬浮颗粒物（TSP）：指大气中空气动力学直径在 100 μm 以下的颗粒物。

PM_{10}：指空气动力学直径小于或等于 10 μm 的颗粒物。由于它们可以通过呼吸系统进入人体，因此也称为可吸入颗粒物。

$PM_{2.5}$：指空气动力学直径小于或等于 2.5 μm 的颗粒物。由于它们可以进入人体肺泡，因此也称为可入肺颗粒物或细颗粒物。

$PM_{1.0}$：指空气动力学直径小于或等于 1.0 μm 的颗粒物，也称为亚微米颗粒物或超细颗粒物。

1.2 烟粉尘排放对环境和人体健康的危害

近年来，随着工业化和城市化进程的推进，灰霾天气已成为一种常见的环境灾害污染事件。灰霾天气下常常伴随着能见度恶化事件。能见度下降会导致视野模糊不清，使交通受阻，给人们的生活造成极大不便。通常的能见度系指水平能见度，即指视力正常的人在当时天气条件下，能够从天空背景中看到和辨认出目标物（黑色、大小适度）的最大水平距离，或夜间能看到和确定出一定强度灯光的最大水平距离。

能见度与空气质量和气象条件密切相关，是大中小尺度天气系统和包括大气化学反应的空气污染过程共同作用的结果。在没有气溶胶颗粒物存在时，观察者能见度最远可以达到 300 km，它只受到气体的 Rayleigh 散射和吸收的影响。而在大气污染较为严重的城市，其能见度可以降低一个数量级甚至更多。有研究结果表明，大气污染物尤其是大气颗粒物对可见光吸收和散射所产生的消光作用是能见度降低的主要因素，可贡献城市大气总消光系数的80%~90%。能见度的降低不仅会使人感到心情不愉快，而且会造成极大的心理影响，甚至产生交通安全方面的危害。

除了影响人类的生存环境之外，烟粉尘排放对人体健康的危害也极大。大气污染物侵入人体主要有三条途径：表面接触、食入含污染物的食物和水、吸入被污染的空气，其中以第三条途径最为重要。随被污染空气进入人体的烟粉尘可以破坏人体正常的防御功能。长期大量吸入生产性粉尘，会使呼吸道黏膜、气管、支气管的纤毛上皮细胞受到损伤，破坏呼吸道的防御功能，肺内尘源积累会随之增加。因此，工人脱离粉尘作业后还可能会患尘肺病，而且随着时间的推移病程会加深。长期大量吸入粉尘，还可以使肺组织发生弥漫性、进行性纤维组织增生，引起尘肺病，导致呼吸功能严重受损而使劳动能力下降或丧失。有些粉尘具有致癌性，如石棉是世界公认的人类致癌物质，石棉尘可引起间皮细胞瘤，可使肺癌的发病率明显增高。有些烟粉尘还具有毒性作用。含铅、砷、锰等的有毒烟粉尘，能在支气管和肺泡壁上被溶解吸收，引起铅、砷、锰等中毒。另外，粉尘堵塞皮脂腺使皮肤干燥，可引起痤疮、毛囊炎、脓皮病等；粉尘对角膜的刺激及损伤可导致角膜的感觉丧失、角膜浑浊等改变；粉尘刺激呼吸道黏膜，可引起鼻炎、咽炎、喉炎等。

颗粒的粒径大小是危害人体健康的另一个重要因素。粒径越小，越不易沉积，会长时间漂浮在空气中，容易被吸入体内，且容易深入肺部。一般而言，粒径在100 μm以上的粉尘会很快在大气中沉降；10 μm以上的粉尘可以滞留在呼吸道中，5~10 μm的粉尘大部分会在呼吸道中沉积；小于5 μm的粉尘能够深入肺部；0.01~0.1 μm的粉尘则比较容易沉积在肺腔中，引起各种肺部疾病。另外，粉尘的粒径越小，其比表面积越大，可以承载的各种有害气体及其他污染物也越多。烟粉尘中60%~90%的有害物质存在于PM_{10}中，某些具有潜在毒性的金属元素和有机化合物（如铅、镉、镍、锰、锌和PAHs）则主要附着在小于2 μm的尘粒上，易于进入人体呼吸道底部，被吸收进入血液循环，进而对人体产生危害。

1.3 钢铁企业烟粉尘排放现状

钢铁生产过程中产生的大量烟粉尘若不加以控制和治理，排放到大气中将会对环境造成污染。因此，应该根据钢铁生产中产生的烟粉尘的特点，科学有效地控制与治理排放的烟粉尘。烟粉尘排放治理的意义主要包括以下三点。

① 保护环境，维护生态平衡。在钢铁生产过程产生的烟粉尘中，大多数含有自然界生物生活不需要的有毒污染物，比如含铅、砷、汞等的粉尘。这些污染物对人体健康和农作物的生长有害。由于钢铁生产的持续进行，这些废气大量地、定向地、不断地排放到环境中，以致破坏了地区的生态平衡。而且烟粉尘的排放，使生产车间的劳动条件

恶化，直接危害操作工人的生命安全，损坏生产设备。因此，需要对钢铁生产过程产生的烟粉尘进行净化，使之达到排放标准后才能排放。

② 回收烟粉尘中所含的有价元素，提高金属回收率和资源综合利用率。从某些钢铁冶炼过程的烟粉尘化学分析结果看，进入烟粉尘中的有用金属数量是相当可观的，有些铁素资源往往富集于钢铁生产过程所产生的烟粉尘中。因此，必须对排放的这部分烟气含尘进行回收。

③ 促进钢铁冶金技术的发展。目前，钢铁生产流程正朝着高效化、低成本、环境友好的方向发展。降低钢铁冶金过程的能源消耗和回收利用冶炼过程产生的二次能源，减少对环境的污染，实现清洁生产越来越引起人们的重视。现代的许多冶炼过程，如高炉炼铁、转炉炼钢等，其工序的除尘应成为生产中的重要环节。某些冶金技术的发展也与除尘技术密切相关，甚至是决定该技术能否得到推广应用的决定因素，如高炉煤气干法除尘－TRT 发电一体化技术、转炉煤气干法除尘－余热回收一体化技术等。

浦项钢铁公司是韩国最大的钢铁企业，其钢产量约占韩国总钢产量的三分之二。浦项钢铁公司以建立“花园式工厂”为宗旨，竭尽全力防治污染，其污染物排放量远低于韩国法律规定的标准。在降低烟粉尘排放量方面，他们于 1998 年在光阳分厂的户外料堆场安装了 17 m 高、2400 m 长的防风抑尘网，运输机上方的洒水系统每天洒水 5～7 次，防止破碎机及运输机上的铁矿粉随风扬起。该公司还安装了 784 只集尘器来回收烟粉尘，并在年排放量大于 100 t 的所有污染源上都装有自动检测装置，防止漏排。对于无组织排放，浦项钢铁公司通过向铁矿堆和煤堆洒水及凝结剂来降低浮尘；移走工厂闲置的设施；合伙使用汽车以减少街上车辆的数量；使用地下综合停车场，扩大厂区的绿化面积；所有闲置的地方甚至运输系统的下面也都种有植物，以防止粉尘再次扬起。

美国、日本、加拿大等国家的钢铁企业也都制定了严格的烟粉尘治理措施。

美国有两个环境保护战略：一个是在能保证排放量最少的现有企业和新建企业中采用“最佳可行工艺”；另一个是任何排放源的排放量不得超过对其规定的极限值，即使在不利的气象条件下，也不准超过标准要求的空气质量标准限值。

日本钢铁联盟在地球环境问题突出化的 1989 年设立了由负责环境和能源的职员组成的地球环境问题对策委员会，各钢铁公司很早就在设备部门设立了环保专业机构。20 世纪 70 年代后，又将该机构改编成直属的最高层次的“环境管理部”。现在为了审视全社会的环境管理基本方针，又设立了“环境管理委员会”等组织，加强环保管理。

加拿大的环境保护工作由联邦政府和地方政府共同负责。各钢铁企业的环保工作均与各级政府的环境机构密切合作，采取有效措施控制烟粉尘的排放，使其符合甚至优于政府有关机构制订的标准；持续增加环保投资，推进对污染源的源头削减以代替末端治理；通过继续教育、培训和宣传提高有关人员的环境意识等一系列规划和措施，做到增加产量而减少烟粉尘等污染物的排放量。

我国钢铁工业烟粉尘排放控制近年来取得了长足进步，但与国际上的先进水平相比，还存在以下不足。

① 吨钢粉尘排放量与国外先进水平差距较大。随着高炉煤气干法除尘、转炉煤气干法除尘等先进技术的推广，我国钢铁企业烟粉尘排放系数显著下降。2001—2012 年，我国重点钢铁企业吨钢粉尘排放量由 4.59 kg/t 下降至 0.99 kg/t，降幅为 78.4%。而 2009 年，德国蒂森钢铁公司吨钢粉尘排放量已经达到 0.42 kg/t，韩国浦项钢铁公司粉尘排放量仅为 0.14 kg/t。因此，我国钢铁企业吨钢粉尘排放量与国外先进企业的仍有较大差距，降低烟粉尘排放量仍然任重而道远。

② 落后产能和部分企业的烟粉尘排放严重。至今为止，我国钢铁行业仍有一部分落后产能没有被淘汰，这些产能对应的设备老化，除尘器效率低下，甚至有些都没有安装除尘设备，烟粉尘排放问题严重。据统计，2010 年全国钢产量为 6.27 亿 t，烟粉尘排放量为 149.7 万 t，其中重点统计企业钢产量为 4.35 亿 t，烟粉尘排放量为 52 万 t；重点统计之外企业钢产量为 1.92 亿 t，烟粉尘排放量为 97.7 万 t。从而可以折算出重点统计企业吨钢烟粉尘排放量为 1.2 kg/t，重点统计之外企业粉尘排放量为 5.1 kg/t。可见，重点统计之外的这些企业烟粉尘排放问题严重。

③ 评价指标和监控技术不够完善。钢铁企业烟粉尘具有产生源多、产生量大、浓度高、温度湿度高、回收利用价值大等特殊性。我国针对钢铁企业烟粉尘环境管理的专业性技术手段还不够完善，没有建立有针对性的烟粉尘污染控制技术体系，尤其在产生、监测、评价、核算、处理、控制和排放等环节缺乏完善的标准与规范。

④ 传统除尘器对细微烟粉尘的去除效果不好。企业往往把目光都聚焦在除尘器总体的除尘效率上，而忽略了对 $PM_{2.5}$ 等细微颗粒物的脱除效果。有测量结果显示，除尘器后 $PM_{1.0}$、$PM_{2.5}$、PM_{10} 在 TSP 中所占的比例比除尘器前有大幅度增加，而且除尘器对 $PM_{1.0}$、$PM_{2.5}$、PM_{10}、TSP 的除尘效率基本上呈现 $PM_{1.0} < PM_{2.5} < PM_{10} <$ TSP 的趋势。可见，尽管钢铁企业对现有烟粉尘产生点大都安装了高效除尘器，除尘效率可以达到 98% 以上，但对细微烟粉尘的去除效果并不理想。

1.4　钢铁企业烟粉尘排放相关标准

面对日益严重的大气污染问题，国家陆续发布了一系列的环境保护和节能减排规划方案。《国家环境保护“十二五”规划》中要求加强工业烟粉尘控制，对于钢铁行业现役烧结（球团）等高排放设备要全部采用高效除尘器，并加强企业工艺过程除尘设施建设；《国家节能减排“十二五”规划》中指出要推进大气中 $PM_{2.5}$ 治理，加大工业烟粉尘污染防治力度，对钢铁等高排放行业实施高效除尘改造，大力推行清洁生产，完善清洁生产评价指标体系，并对高耗能、高排放企业开展强制性清洁生产审核；《钢铁工业“十二五”发展规划》中要求深入推进节能减排，进一步普及干法除尘和原料场粉尘抑制技术；《大气污染防治行动计划》中提出要全面推行清洁生产，且 2017 年钢铁等重点行业排污强度要比 2012 年下降 30% 以上。

2012 年 2 月，国家颁布了新的《环境空气质量标准》（GB 3095—2012），于 2016

年 1 月 1 日取代原《环境空气质量标准》（GB 3095—1996）。新标准增设了 $PM_{2.5}$ 平均浓度限值，并收紧了 TSP 和 PM_{10} 等污染物的平均浓度限值。

2012 年 6 月，原国家环保部和国家质检总局联合颁布了《钢铁烧结、球团工业大气污染物排放标准》《炼铁工业大气污染物排放标准》《炼钢工业大气污染物排放标准》《轧钢工业大气污染物排放标准》《炼焦化学工业污染物排放标准》等 7 项钢铁工业污染物排放新标准，取代了 1996 年颁布的《工业炉窑大气污染物污染物排放标准》《炼焦炉大气污染物排放标准》。从表 1－1 可以看出，新的排放标准不仅对各颗粒物排放点浓度限值进行了更加详细的分类，而且大幅收紧了颗粒物排放的浓度限值。新标准对环境容量小、生态环境脆弱等需要采取特别保护措施的地点提出了更加严格的排放浓度限值。

表 1－1　钢铁行业颗粒物排放浓度限值的新旧标准对比　mg/m^3

炉窑类别		新标准排放限值（现有企业）	旧标准排放限值（二级标准）
铁矿烧结炉	烧结机、球团焙烧设备	80	150
	烧结机尾、其他生产设备	50	
熔炼炉	高炉及高炉出铁场	50	150
	转炉（一次烟气）	100	
	混铁炉、电炉、精炼炉等	50	
炼焦炉	焦炉烟囱	50	300
	装焦、推焦	100	

日本各钢铁公司都把环境问题作为企业经营的重要课题之一，在企业活动的诸方面都要事先充分地考虑与环境关联的问题，并以此作为行动指南；彻底地解决污染源的问题，进行生产工艺本身的改造及完善废弃物再资源化等，当不能将烟粉尘抑制在环境许可的范围内时，就应使用最佳的环保技术将其除去；利用生态学的方法在钢厂内进行绿化，保持和增强与周围居民的密切协作关系。表 1－2 是日本钢铁厂烟粉尘排放浓度的规定。

表 1－2　日本钢铁厂烟粉尘排放浓度规定　mg/m^3

设备	国家规定值	地方条例或防止公害协议值
锅炉	50	30
烧结机	150	80
焦炉	150	
加热炉	100 ~ 250	

我国钢铁工业在 2005 年所执行的排放标准还源于 20 世纪 90 年代，落后于当时环保技术水平和发达国家标准。2012 年 10 月 1 日施行的新标准涵盖《铁矿采选工业污染物排放标准》《钢铁烧结、球团工业大气污染物排放标准》等 8 个排放标准，较老标准

大幅加严。特别是2015年1月1日起执行的特别排放限值，被称为“史上最严”的排放标准，各污染因子排放浓度限值较老标准大幅收严，新标准部分污染物排放限值仅为老标准的十分之一，钢铁行业承受着前所未有的环保治理压力。

1.5 烟粉尘的捕集理论

为将悬浮的固体尘粒从烟气中除去（即被捕集），必须使气体通过一个捕集区（即除尘器），使尘粒受到一种或几种捕集力的作用，产生一个偏离气流方向的捕集速度，并能够保持足够长的时间，以便达到某一捕集表面（即从烟气中分离出来）。

捕集力的形式有重力、惯性力、离心力、静电力、布朗扩散、热泳、扩散泳、光泳、声波等。在一定种类的除尘器中，往往以一种捕集力为主，或兼有几种捕集力的作用。

除尘器的捕集性能一般用除尘效率表示。除尘设备的总除尘效率是指在同一时间内，除尘设备捕集的颗粒物的质量与进入除尘设备中的颗粒物的质量之比。建立除尘设备模型，如图1－1所示。

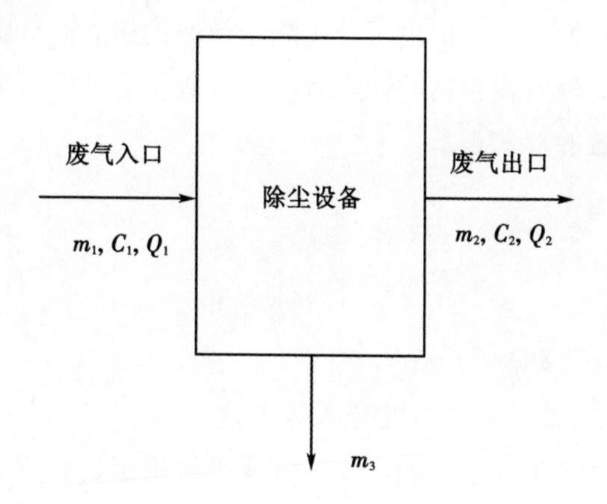

图1－1 除尘设备模型

因为

$$m_1 = C_1Q_1 \text{ , } m_2 = C_2Q_2 \text{ , } m_1 = m_2 + m_3$$

所以除尘设备的总除尘效率可表示为：

$$\eta = \frac{C_1Q_1 - C_2Q_2}{C_1Q_1} = \frac{m_3}{m_1} \tag{1-1}$$

或

$$\eta = \frac{m_1 - m_2}{m_1} = 1 - \frac{m_2}{m_1} \tag{1-2}$$

或

$$\eta = \frac{m_3}{m_2 + m_3} \tag{1-3}$$

式中，η ——除尘设备的总除尘效率，%；

m_1，m_2 ——除尘设备进、出口废气中颗粒物的质量流量，mg/s；

C_1，C_2 ——除尘设备进、出口废气中颗粒物的浓度，mg/m^3；

Q_1，Q_2 ——除尘设备进、出口废气的体积流量，m^3/s；

m_3 ——除尘设备捕集颗粒物的质量流量，mg/s。

若除尘设备结构严密，没有漏风，除尘设备入口风量等于出口风量，则有：

$$\eta = 1 - \frac{Q_2 C_2}{Q_1 C_1} = 1 - \frac{C_2}{C_1} \tag{1-4}$$

但实际上，除尘设备是经常有漏风的，此时除尘设备的总除尘效率可以表示为：

$$\eta = 1 - \frac{C_2}{C_1} \times \frac{Q_2}{Q_1} = 1 - K\frac{C_2}{C_1} \tag{1-5}$$

式中，K ——漏风系数。

从式（1-1）~式（1-3）中可以看出，只要知道 m_1，m_2 和 m_3 中的任意两个量，就可以求出除尘设备的总除尘效率。

由于除尘设备的总除尘效率一般都随颗粒粒径的变化而变化，为了更确切地表示除尘效率与粒径分布之间的关系，提出了分级除尘效率的概念。分级除尘效率是指除尘设备对某一粒径或粒径间隔内颗粒物的除尘效率。分级除尘效率可以采用曲线、表格形式表示，也可以应用函数的形式表示：

$$\eta_i = f(d_{pi}) \tag{1-6}$$

或

$$\eta_i = f(\Delta d_{pi}) \tag{1-7}$$

式中，Δd_{pi} ——某一粒径间隔，μm；

η_i ——由 d_{pi} 或 Δd_{pi} 相对应的分级除尘效率，%。

各种除尘器的分级除尘效率一般需要通过实测来确定，实测分级除尘效率的计算公式为：

$$\eta_i = \frac{m_{3i}}{m_{1i}} = 1 - \frac{m_{2i}}{m_{1i}} = \frac{m_{3i}}{m_{2i} + m_{3i}} \tag{1-8}$$

或

$$\eta_i = \frac{m_3 \phi_{3i}}{m_1 \phi_{1i}} = 1 - \frac{m_2 \phi_{2i}}{m_1 \phi_{1i}} = \frac{m_3 \phi_{3i}}{m_2 \phi_{2i} + m_3 \phi_{3i}} \tag{1-9}$$

式中，m_{1i}，m_{2i} ——除尘设备进、出口废气中粒径为 d_{pi} 或 Δd_{pi} 范围内颗粒物的质量流量，mg/s；

ϕ_{1i}，ϕ_{2i} ——除尘设备进、出口废气中粒径为 d_{pi} 或 Δd_{pi} 范围内颗粒物的质量分数，%；

m_{3i} ——除尘设备捕集的颗粒物中粒径为 d_{pi} 或 Δd_{pi} 范围内的质量流量，mg/s；

ϕ_{3i} ——除尘设备捕集的颗粒物中粒径为 d_{pi} 或 Δd_{pi} 范围内的质量分数,%。

同理，若除尘设备结构严密，没有漏风，则有：

$$\eta_i = 1 - \frac{C_{2i}}{C_{1i}} \tag{1-10}$$

式中, C_{1i} , C_{2i} ——除尘设备进、出口废气中粒径为 d_{pi} 或 Δd_{pi} 范围内颗粒物的质量分数，mg/m^3。

分级除尘效率与除尘设备的种类、颗粒物特性、运行条件等因素有关。当颗粒物特性和运行条件不变时，各种除尘设备的分级除尘效率也可以用指数函数的形式表示：

$$\eta_i = 1 - \exp(-\alpha d_{pi}^{\beta}) \tag{1-11}$$

或

$$\eta_i = 1 - \exp(-\alpha \Delta d_{pi}^{\beta}) \tag{1-12}$$

式中, α ——各种除尘设备性能的参数，对于特定的除尘设备, α 为常数;

β ——粒径对分级除尘效率影响的参数，为无因次量。

从式（1-11）可以看出, α 值越大，颗粒物逸散量越少，装置的分级除尘效率越高; β 值越大，表明颗粒物的粒径对分级除尘效率的影响越大，对于旋风除尘器 β 值的范围为0.65~2.30；湿式除尘器为1.5~4.0。

根据总除尘效率和分级除尘效率的计算公式，可以确定二者之间的关系。在已知除尘设备进口颗粒物的质量频率分布和分级除尘效率的情况下，可以求出总除尘效率；在已知除尘设备进、出口和捕集颗粒物质量频率分布中的任意两个和总除尘效率的情况下，可以求出分级除尘效率。

（1）已知分级除尘效率，求总除尘效率

① 已知除尘设备进口颗粒物质量频率 ϕ_{1i} 和分级除尘效率 η_i 。

除尘设备进口废气中粒径为 d_{pi} 或 Δd_{pi} 范围内颗粒物的质量流量为：

$$m_{1i} = m_1 \phi_i \tag{1-13}$$

除尘设备出口废气中粒径为 d_{pi} 或 Δd_{pi} 范围内颗粒物的质量流量为：

$$m_{2i} = m_{1i}(1 - \eta_i) \tag{1-14}$$

除尘设备出口废气中颗粒物的质量流量为：

$$m_2 = \sum_i m_{2i} = \sum_i m_1 \phi_{1i}(1 - \eta_i) = m_1(1 - \sum_i \eta_i \phi_{1i}) \tag{1-15}$$

由式（1-2）和式（1-15）可得除尘设备的总除尘效率为：

$$\eta = 1 - \frac{m_2}{m_1} = \sum_i \eta_i \phi_{1i} \tag{1-16}$$

② 已知除尘设备进口颗粒物的质量累积分布函数 Φ_1（或质量频度分布函数 R_1 ）和分级除尘效率 η_i 。

由式（1-6）可得除尘设备的总除尘效率为：

$$\eta = \int_0^1 \eta_i \mathrm{d}\Phi_1 = \int_0^{\infty} \eta_i R_1 \mathrm{d}d_p \tag{1-17}$$

（2）已知总除尘效率，求分级除尘效率

① 已知除尘设备进、出口和捕集颗粒物质量频率 ϕ_{1i} ，ϕ_{2i} 和 ϕ_{3i} 中的任意两个以及总除尘效率 η 。

由式（1－1）~式（1－3）和式（1－9）可得除尘设备的分级除尘效率为：

$$\eta_i = 1 - \frac{m_2}{m_1} \times \frac{\phi_{2i}}{\phi_{1i}} = 1 - (1 - \eta)\frac{\phi_{2i}}{\phi_{1i}} \tag{1-18}$$

或

$$\eta_i = \frac{m_3}{m_1} \times \frac{\phi_{3i}}{\phi_{1i}} = \eta\frac{\phi_{3i}}{\phi_{1i}} \tag{1-19}$$

或

$$\eta_i = \frac{m_3\phi_{3i}}{m_2\phi_{2i} + m_3\phi_{3i}} = \frac{\eta}{\eta + (1 - \eta)\dfrac{\phi_{2i}}{\phi_{3i}}} \tag{1-20}$$

② 已知除尘设备进、出口颗粒物的质量累积分布函数 Φ_1 ，Φ_2（或质量频率分布函数 R_1 ，R_2 ）和总除尘效率 η 。

由式（1－18）可知，除尘设备的分级除尘效率为：

$$\eta_i(d_p) = 1 - (1 - \eta)\frac{R_2(d_p)}{R_1(d_p)} \tag{1-21}$$

又因为

$$R_1(d_p) = \frac{d\Phi_1(d_p)}{dd_p},\ R_2(d_p) = \frac{d\Phi_2(d_p)}{dd_p}$$

所以，除尘设备的分级除尘效率也可表示为：

$$\eta_i(d_p) = 1 - (1 - \eta)\frac{d\Phi_2(d_p)}{d\Phi_1(d_p)} \tag{1-22}$$

影响除尘效率的因素有很多，比如颗粒物特性、设备运行状态、烟气成分等，不同除尘设备的除尘效率的影响因素是不一样的。

影响电除尘器除尘效率的因素有很多，主要包括以下四个方面。

① 颗粒物的浓度、粒径。当废气中颗粒物的浓度增大时，带电颗粒会增多。假设单位体积废气中的总带电粒子数不变，则气体离子就会相应减少，导致总电晕电流减少。当颗粒物浓度增大到一定值时，通过电场的电流就会趋于零，这样就会导致电晕闭塞。当处理废气中颗粒物的浓度很大时，为了避免电晕闭塞的发生，通常需要在电除尘器前增加一个预除尘器。

在电场中，颗粒离子的驱进速度与颗粒的粒径成正比，但当颗粒的粒径很小时，颗粒以扩散荷电为主，这时的驱进速度与颗粒的粒径无关，颗粒越小，扩散荷电越困难。因此，颗粒粒径越小，越难去除。

② 颗粒物的黏附性、比电阻。颗粒物具有的黏附性可以使细微颗粒粒子凝聚成较大的粒子，这样对颗粒物的捕集是有利的。但是，如果颗粒物的黏附性较强，沉积在收

尘极板上的颗粒物不易被振打下来，就会使收尘极的导电性大大减小，导致电晕电流减小；如果黏附于极线上，会导致极线肥大，降低电晕放电效果，导致颗粒物不能充分荷电，除尘效率降低。粒度越小的颗粒物，黏附性越大。

颗粒物比电阻过小或过大都会对电除尘器的除尘效率产生不利的影响。当颗粒的比电阻过小时，荷电颗粒一旦接近收尘极板表面，便会立刻释放电荷，同时会获得与收尘极板极性相同的正电荷。若正电荷形成的排斥力足以克服颗粒的黏附力，已经沉积的颗粒就会脱离极板，最后可能被气流带离除尘器；当颗粒的比电阻过大时，将会导致颗粒的黏附力增大，这样不仅使清灰困难，并且随着颗粒层厚度增加，电荷积累加大，使颗粒层表面电位增加。当颗粒层的场强大于其临界值时，产生反电晕，导致二次扬尘严重。

③ 废气的温度、湿度和流速。废气温度升高，会使气体黏度增加、密度减小和流速增加，最终导致荷电颗粒物驱动速度降低，除尘器击穿电压降低，废气处理量增大，除尘效率降低，甚至引起除尘器膨胀变形。因此，可以通过降低废气的温度来提高除尘器的除尘效率，但是废气温度不能低于露点，否则会造成设备腐蚀。

在废气温度高于露点的情况下，增大废气的湿度可以使颗粒的比电阻降低，击穿电压增高，从而提高除尘器的除尘效率，但湿度过大不利于除尘器振打；在废气温度低于露点时，增大废气的湿度会导致水蒸气冷凝，影响除尘效率。

除尘器中废气流速增大，会减少颗粒物与气体离子接触的机会，同时也会加重二次扬尘，导致除尘效率降低。因而，废气流速越低，电除尘器的除尘效率越高。

④ 除尘器漏风。电除尘器基本上都是负压运行，如果除尘器壳体密封不严，就会吸入空气，使通过除尘器的废气流速和流量增大，导致除尘效率降低。此外，如果从排灰装置处吸入空气，将会造成捕集到的颗粒物二次飞扬，也会使除尘效率降低。

影响袋式除尘器除尘效率的因素主要包括以下四个方面。

① 颗粒物的浓度、粒径。袋式除尘器的除尘效率高，主要是依靠滤料上形成的颗粒层的作用。废气中颗粒物的浓度越大，越能使滤料表面较快地建立起颗粒初层，有助于提高除尘效率，这与电除尘相比有相当大的优势。当然，废气中颗粒物浓度过高，会导致袋式除尘器的磨损增加，降低滤袋寿命。所以，在废气中颗粒物浓度过高时，应先采用机械式除尘器进行初级除尘。

对于细微颗粒，惯性碰撞、扩散效应、截留等捕尘机理均处于低值，因而导致袋式除尘器对细微颗粒物的捕集效率比较低。

② 颗粒层厚度。随着滤料上颗粒层厚度的增加，除尘器对颗粒物的捕集效果会越来越好。但是，当颗粒层厚度增加时，颗粒层带来的压力损失也会增大，这样可能会把已经粘在滤料上的细微颗粒挤压出去；而且压力损失增大，也会增大能耗。因此，袋式除尘器滤料上要保证一定的颗粒层厚度，厚度太大时要及时清灰。

③ 过滤流速。对于机织布滤料，过滤流速小有助于较快地建立起颗粒初层，提高滤料过滤效率；对于刺毡滤料和覆膜滤料，过滤流速影响较小。在流量一定的情况下，

要保证过滤流速小，就要增大过滤面积，从而提高成本；如果增大过滤流速，虽然能减小过滤面积，但会使运行阻力加大，清灰频繁。

④ 清灰效果。当滤料上颗粒层厚度增大到一定程度时，会使运行阻力加大，需要及时清灰。在清灰时要掌握好力度和时间，减少对颗粒初层和滤料的破坏。

第 2 章　钢铁生产流程概况

我国钢铁工业从治理环境和“三废”回收利用开始，逐步走上发展循环经济的道路，迄今已走过了几十年的历程，取得了十分显著的成绩。但与世界钢铁强国相比，循环经济的发展水平还比较低；特别是在烟尘减排和回收利用方面仍有大量工作要做。

钢铁企业各生产过程均有烟粉尘产生，污染源分布极广，且具有含尘气体排放量大、浓度高、粉尘成分复杂等特点。在冶炼加工过程中，需要消耗大量的铁矿石、燃料和辅助原料等。每生产 1t 钢需要消耗 6 ~ 7 t 的原料，这些原料的 80% 左右将会变为废物。2015 中国环境统计年报公布，全国烟（粉）尘排放量为 1538. 0 万 t，工业烟（粉）尘排放量为 1232. 6 万 t，占全国烟（粉）尘排放总量的 80. 1%；钢铁行业烟（粉）尘排放量为 357. 2 万 t，占工业烟粉尘排放量的 29. 0%。如一个年产 100 万 t 粗钢的企业，仅烧结、炼铁、炼钢 3 个工序，每年就能产生约 80 亿 m^3 烟气和 10 万 t 粉尘，烟气中还含有大量的 CO、CO_2、SO_2等。

钢铁企业烟尘排放具有以下特点。

① 含尘气体排放量大、浓度高。钢铁每个生产环节需要处理的含尘气体量都很大，其中炼铁和炼钢为最大。烟气量约为整个生产过程的 50%。每个生产车间和各生产工段产生的烟尘浓度都较高，特别是炼钢转炉吹炼段产生的烟尘浓度（标态）高达 50 g/m^3；另外转炉兑铁水过程中，烟尘外逸情况比较严重。按吨钢计算，每生产 1t 钢，外排废气量达 16100 m^3。

② 粉尘成分复杂，含有其他成分。钢铁企业粉尘成分主要以含铁粉尘和原料粉尘为主，粉尘密度一般在 0. 6 ~ 1. 5 t/m^3，粉尘电阻率在 5×10^6 Ω · m 以上，粉尘粒径主要在 0. 2 ~ 20 μm，各生产过程的粉尘特点不尽相同，其中以炼焦化学厂烟尘成分最为复杂，处理也最为困难。

③ 烟气具有回收利用价值。钢铁生产排出的烟气中，高温烟气的余热可以通过热能回收装置转换为蒸汽。炼焦、炼铁、炼钢过程中产生的煤气已成为钢铁企业的主要燃料，并可外供使用。各烟气净化过程中所收集的粉尘，绝大部分含有氧化铁成分，可回收利用，返回生产系统。

2.1 各工序生产流程

2.1.1 烧结（球团）工序

2.1.1.1 烧结生产工艺流程

烧结生产是把铁矿粉（精矿粉、富矿粉等）、燃料（焦粉、无烟煤）和熔剂（石灰石、白云石）作为原料，经过原料加工、配料、混合、布料、点火、烧结、破碎、筛分、冷却等流程生产出成品烧结矿的过程。工艺流程见图2－1。

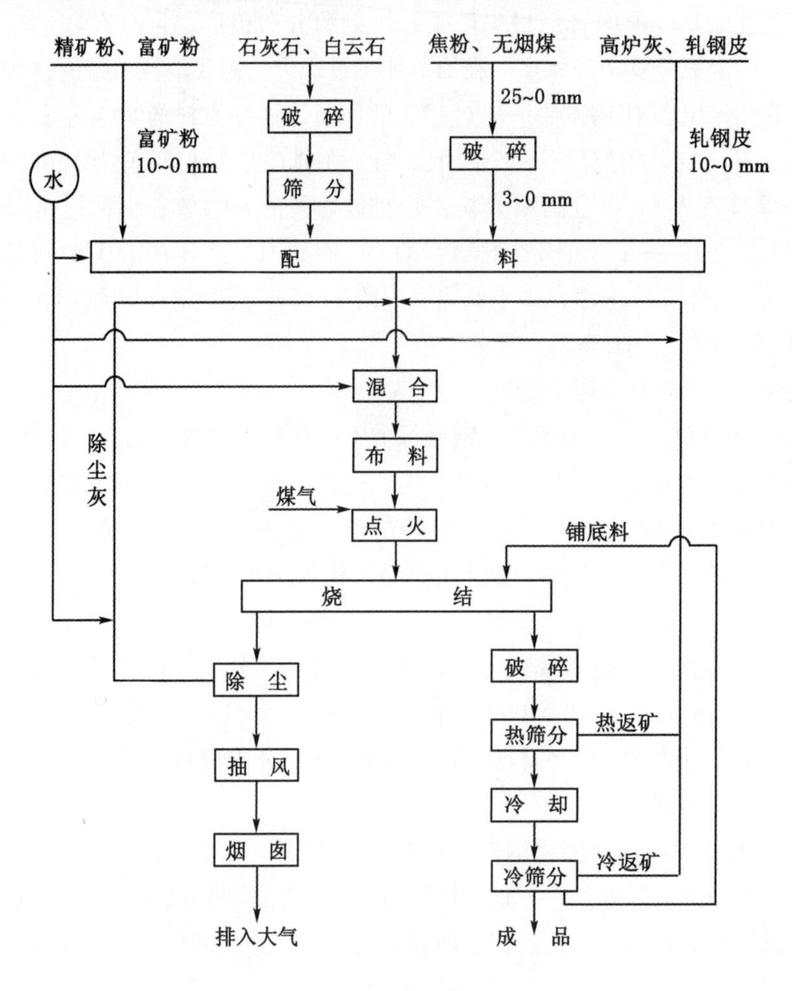

图2－1 烧结生产工艺流程图

（1）原料准备

烧结生产使用的主要原料有含铁原料（包括精矿粉、富矿粉、高炉瓦斯灰、转炉泥及轧钢皮等）、熔剂（包括石灰石、白云石、菱镁石、生石灰和消石灰等）和燃料（无烟煤、焦粉、煤气）等。

以上原料通过翻车机、螺旋卸车机等卸车设备卸入皮带，然后运往相应的料仓。熔剂和固体燃料经过破碎机破碎后进行筛分。其任务是为配料工序准备好符合生产要求的原料、熔剂和燃料。另外，原料场也是烧结、球团生产所必需的，其主要作用是贮存生产所需的原料，避免在原料市场波动的情况下影响生产。翻车机卸料见图2－2。

图2－2　翻车机卸料

（2）配料混合

为了满足高炉冶炼要求，必须根据原料条件，准确地将各种烧结料（含铁原料、熔剂、燃料等）按一定的比例进行配料。常用设备为圆盘给料机，见图2－3。

图2－3　圆盘给料机

在生产上，烧结料的混匀和造球工艺通常分两段进行，一段混合；二段造球。如果使用热返矿，包括返矿打水。其任务是加水，润湿混合料，再经混合机将混合料混匀，造成小球，并对混合料进行预热。常用设备为圆筒混合机，见图2－4。

（3）点火烧结

带式烧结机是烧结生产的主要设备，它由给料装置、点火装置、传动装置、台车、风箱、密封装置和机架等组成。通常根据其抽风烧结面积的大小，有各种不同的规格。在台车布料之前，先铺一层厚30 mm、粒度为10～25 mm的底料，目的是保护台车，延长箅条寿命，减轻箅条缝堵塞，杜绝烧结矿粘台车现象，防止大量粉尘吸入风箱，减少除尘器的负荷，减轻抽风管道和除尘设备的磨损。

然后是布料工序。布料是否均匀对烧结机的产量和质量都有很大的影响。现代烧结厂烧结料层厚400～600 mm；在老厂中，薄料层的更常见。

最后是点火烧结工序。点火器通常采用煤气点火，抽风机从料层下部抽风，使烧结

图2－4　圆筒混合机

料中的燃料燃烧。由于烧结料层沿着烧结机烧结，燃烧的前端可以一直延续到烧结机末端，所以能够产生1300 ℃左右的高温，从而使烧结料局部熔化，冷却后散料黏结成块状，形成烧结矿。带式烧结机见图2－5。

图2－5　带式烧结机

（4）破碎冷却

烧结矿经烧结机尾卸下后（温度750～800 ℃），用单辊破碎机破碎至150 mm以下，进入冷却机（常用的有带式冷却、环式冷却和机上冷却）冷却至150 ℃以下。带式冷却机和环式冷却机分别见图2－6和图2－7。

图2－6　带式冷却机

图2－7　环式冷却机

（5）成品整粒

冷却后的烧结矿进入整粒工序，包括破碎与多段筛分。整粒的目的就是控制烧结矿上下限粒度，并按需要进行粒度分级，以提高烧结矿质量。烧结机的铺底料也在筛分过程中分出。整粒工序常用设备有双齿辊破碎机和冷振筛。

2.1.1.2　球团工艺流程

球团生产是把铁精矿等原料与适量的膨润土均匀混合后，利用造球机造出生球，然后高温焙烧，使球团氧化固结的过程。高碱度烧结矿具有强度高、还原性好、高温冶金性能也优于自熔性烧结矿，但其必须与酸性炉料配合入炉。因此，酸性球团矿越来越成为高炉冶炼必不可少的原料。

球团生产的工艺流程与烧结相似，主要包括含铁原料的干燥、配料、混合、造球、筛分、布料、焙烧、冷却和成品输出等工序。工艺流程见图 2－8。

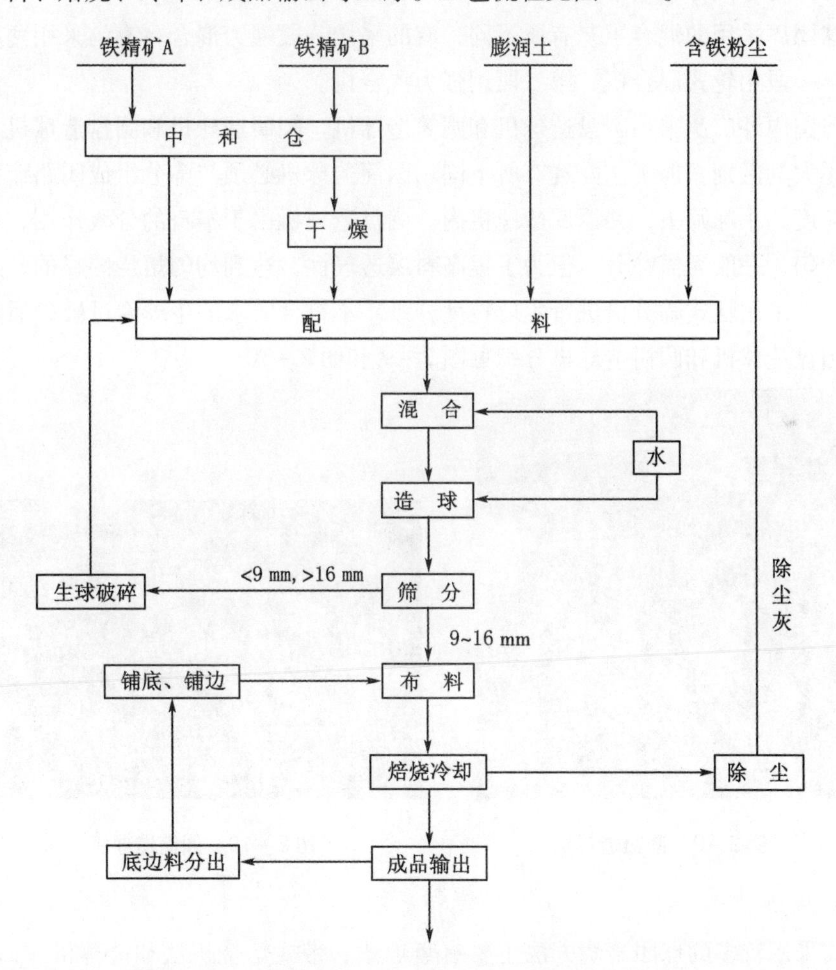

图 2－8　球团生产工艺流程图

（1）原料准备

球团使用的含铁原料主要有精矿粉、富矿粉等，但它比烧结使用的原料粒度细得多。一般来说，球团原料要求－325 目粒级必须大于 70%；而烧结原料中，－150 目粒级在 20% 以下。球团原料的最佳粒度范围一般用比表面积表示。实践证明，精矿比表面积为 1500～1900 cm^2/g，成球性能良好。所以，通常使用富矿粉的球团厂普遍设有磨矿工艺，使比表面积符合最佳范围。

水分对造球成功与否极为重要。为保证铁精矿水分控制在造球工艺所需的最佳范围内，需采用干燥机对铁精矿进行干燥脱水。如果是链箅机－回转窑工艺，通常还需要破碎机和磨煤机，进行煤粉制备，以便达到喷煤系统对煤粉的粒度要求。

（2）配料造球

球团所用的原料种类较少，故配料、混合工艺简单。多数采用圆盘给料机给料和控制下料量，并由皮带秤（或电子皮带秤）按预定配料比称量。为了改善物料的成球性，通常在造球原料中添加膨润土、消石灰或石灰石等添加剂。另外，除尘灰的铁含量较高，也可作为球团原料用于配料中。

各球团厂采用的混合工艺有所不同，有的采用一段强力混合，有的采用两段混合工艺，即第一段用轮式混合机，第二段用强力混合机。

目前国内外广泛采用圆盘造球机和圆筒造球机。圆筒造球机和圆盘造球机对于生球质量并无大的区别，但工艺配置有所不同。圆筒造球机必须与筛分组成闭路流程，将小于要求粒度的小球筛去，并返回造球机内。圆盘造球机由于本身的分级作用，使得生球粒度较均匀，一般无需筛分。但为了提高料层透气性，达到均匀焙烧的目的，近来设计的球团厂多采用辊式筛分机进行生球粒度分级。不符合要求的生球经过破碎后重返配料工序。圆盘造球机和圆筒造球机分别见图2－9和图2－10。

图2－9　圆盘造球机

图2－10　圆筒造球机

（3）焙烧

目前采用较多的球团焙烧方法主要有竖炉法、带式焙烧机法和链箅机－回转窑法。一般包括干燥、预热、焙烧、冷却等不同的工艺阶段。

① 竖炉法。竖炉是最早用来焙烧铁矿球团的设备。竖炉法具有结构简单、材质无特殊要求、投资少、热效率高、操作维修方便等优点。但由于竖炉单炉能力较小，对原料适应性较差，故不能满足现代高炉对熟料的要求。因此，在应用和发展上受到一定限制。竖炉见图2－11。

图2-11 竖 炉

② 带式焙烧机法。带式焙烧机是一种历史早、灵活性大、使用范围广的细粒造块设备，用于球团矿生产则始于20世纪50年代。其操作简单、控制方便、处理事故及时，焙烧周期比竖炉短，可以处理各种矿石。带式焙烧机见图2-12。

图2-12 带式焙烧机

③ 链箅机-回转窑法。链箅机-回转窑是一种联合机组，包括链箅机、回转窑、冷却机及其附属设备。这种球团工艺的特点是干燥预热、焙烧和冷却过程分别在3台不同的设备上进行。生球首先在链箅机上干燥、脱水、预热，而后进入回转窑内焙烧，最后在冷却机上完成冷却。链箅机-回转窑见图2-13。

图2-13 链箅机-回转窑

（4）成品整粒

焙烧后的球团矿经过冷却后进行筛分整粒，筛下碎料经球磨返回配料工序，重新造球。筛上为球团矿成品运往高炉使用。

2.1.2 焦化工序

炼焦生产过程主要由备煤（粉碎配料）、炼焦（包括装煤、出焦、熄焦、筛焦）、化产（煤气净化及化学产品回收）3 部分组成。焦化所用的原料、辅料和燃料包括煤、化学品（洗油、脱硫剂和硫酸）和煤气。其工艺流程见图 2－14。

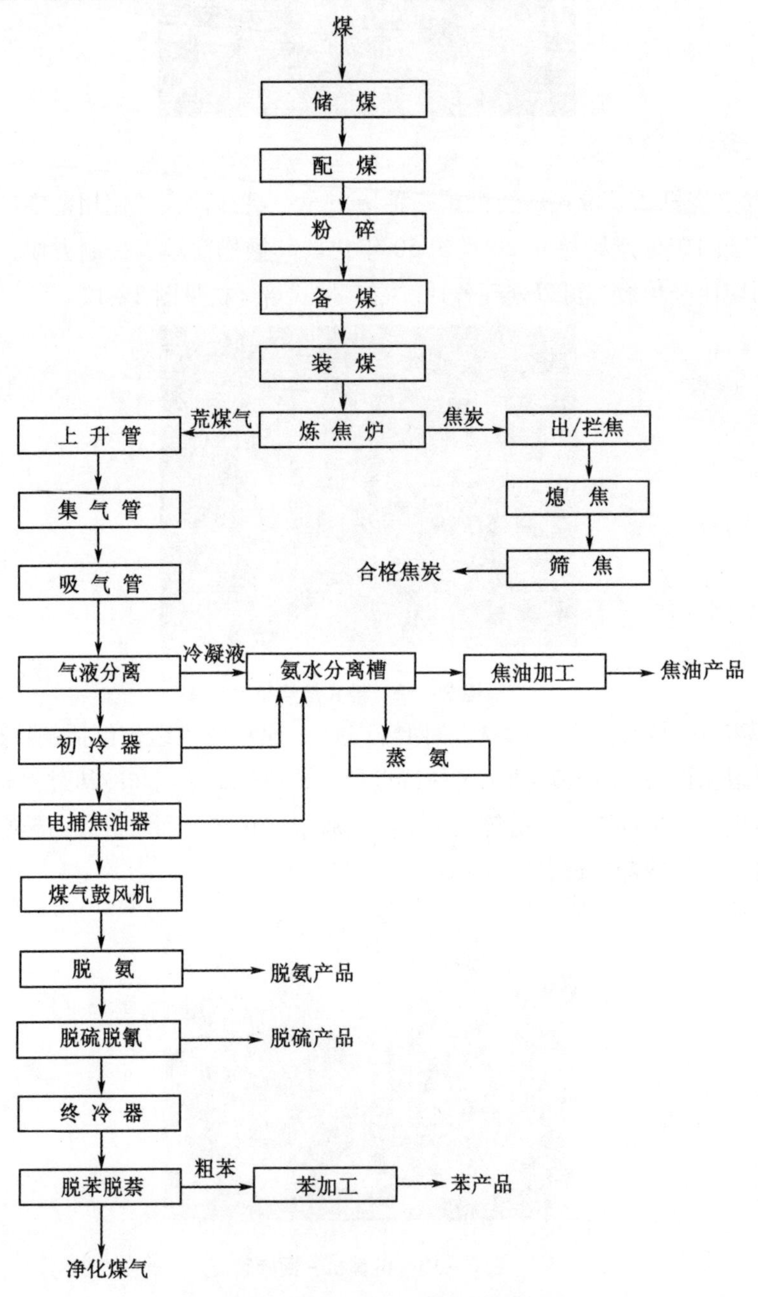

图 2－14 焦化生产工艺流程图

焦炉生产所用的设备目前主要有常规机械化焦炉、捣固焦炉和直立式炭化炉。常规机械化焦炉按照规模和尺寸又可分为大型焦炉和普通焦炉两种。捣固焦炉多用于地区煤

质不好、弱黏结性或高挥发分煤配比比较多的企业。直立式炭化炉一般用于煤制气或生产特种用途焦。钢铁企业主要采用常规机械化焦炉和捣固焦炉，而其中以常规机械化焦炉为主，占所有焦炉数量的90%以上。

（1）常规机械化焦炉

常规机械化焦炉生产工艺已很成熟，其工艺流程见图2－15。

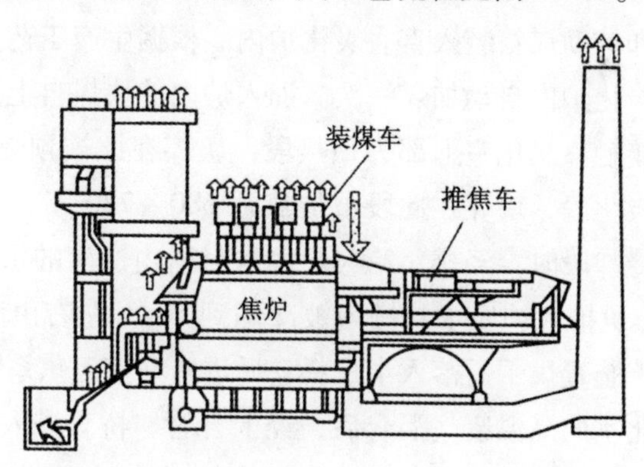

图2－15　常规机械化焦炉生产工艺流程图

（2）捣固焦炉

捣固炼焦是根据焦炭的不同用途，配入较多的高挥发分煤及弱黏结性煤，在装煤推焦车的煤箱内用捣固机将已配好的煤捣实后，从焦炉机侧推入炭化室内进行高温干馏的过程。多锤连续捣固技术是指采用程序控制、薄层给料、多锤固定连续捣固机捣固煤饼的技术，是捣固炼焦工艺的重要技术之一。捣固煤饼的堆积密度比顶装煤高，故相同生产规模的焦炉，捣固焦炉可以减少炭化室的孔数或炭化室容积，具有减少出焦次数、减少机械磨损、降低劳动强度、改善操作环境和减少废气无组织排放的优点，适合焦煤资源不丰富的地区采用。捣固焦炉炉体结构见图2－16。

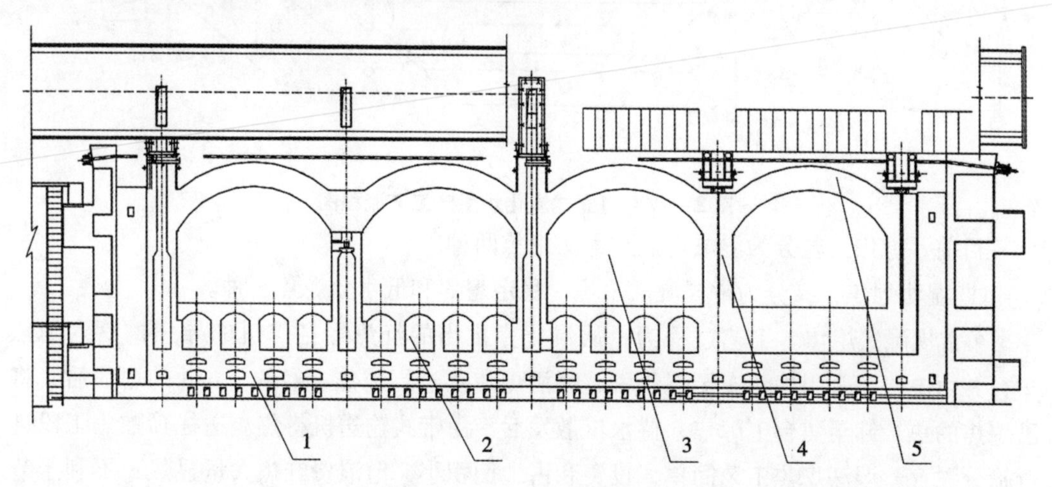

图2－16　捣固焦炉炉体结构图

1—炉底；2—四联拱燃烧室；3—炭化室；4—主墙；5—炉顶

(3) 直立式炭化炉

直立式炭化炉是以不粘煤、弱粘煤、长焰煤等为原料，在炭化温度750℃以下进行中低温蒸馏，以生产半焦（兰炭）为主的生产装置。加热方式分内热式和外热式。其生产工艺主要包括备煤车间、炼焦制气车间、污水处理、煤气储备及输送部分。

工艺过程为：合格的入炉煤用胶带机卸入炉组上部的储煤仓，经带有卸料车的袋式输送机再经放煤旋塞和辅助煤箱装入直立炭化炉内。根据生产工艺要求，每隔一段时间打开放煤旋塞向直立炭化炉内自动加煤一次。加入炉内的块煤自上而下移落，与燃烧室送入的高温气体逆流接触。炭化室上部为预热段，块煤在此被预热到 360～400 ℃；接着进入炭化室中部的炭化段，块煤在此段被加热到 680～720 ℃，并被炭化为半焦；半焦通过炭化室下部的冷却段时，经排焦箱与炉底水封槽内产生的水蒸气换热冷却至 160～200 ℃，最后被推焦机推入炉底水封槽内被冷却到 50 ℃左右由刮焦机连续刮出，通过刮焦机尾部时经烘干装置烘干后落入半焦料仓后进入筛焦运焦系统。煤料炭化过程产生的荒煤气与进入炭化室的高温废气混合后，经上升管、桥管进入集气槽，120 ℃左右的混合气体在桥管和集气槽内经循环氨水喷洒被冷却至 80 ℃左右。混合气体和冷凝液送至煤气净化工段。其生产工艺流程见图 2－17。

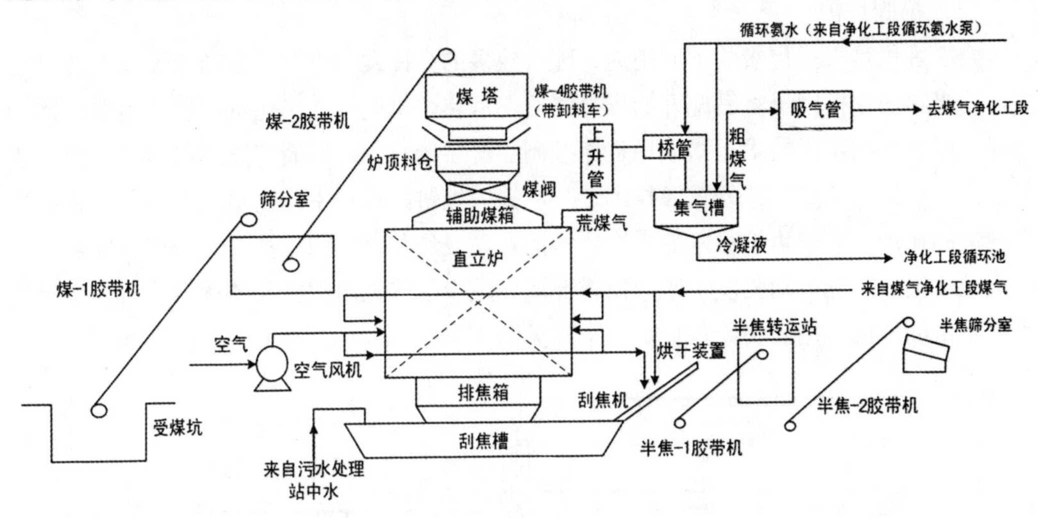

图 2－17　直立式炭化炉生产工艺流程图

目前，熄焦工艺分为湿法熄焦和干法熄焦两种。

① 湿法熄焦，又分为常规湿法熄焦、稳定熄焦和低水分熄焦三种。

• 常规湿法熄焦。工艺过程为：从炭化室推出的红焦经拦焦机的导焦槽落入熄焦车，并由电机车牵引熄焦车至熄焦塔，喷洒熄焦水进行熄焦；经约 2 min 的熄焦后，将已熄焦的焦炭卸至焦台上晾焦；待水汽散发后，由带式输送机将焦炭送往筛贮焦工段进行筛分贮存。湿法熄焦工艺简单，投资和占地面积小，但浪费红焦大量显热，不利于节能，而且在熄焦过程中还会产生夹杂污染物的废气以及含酚、氰、氨氮的废水。常规湿法熄焦技术在我国钢铁企业曾普遍应用，但由于存在明显缺陷，目前国内钢铁企业新建和技改焦炉仅将其用作备用技术，见图2－18。

图2－18　常规湿法熄焦

• 稳定熄焦。稳定熄焦是20世纪80年代初开发的一种新型湿法熄焦技术，是通过特殊结构的熄焦车和经过改进的熄焦塔来实现的。装载红焦的熄焦车进入熄焦塔内预定位置不动，顶部喷水管开始喷水，并且在整个熄焦工艺过程中连续进行。在顶部熄焦开始的几秒钟后，高置槽内的熄焦水通过注水管注入熄焦车接水管，熄焦水从熄焦车厢斜底的出水口喷入熄焦车内，浸泡红焦而熄焦。

采用稳定熄焦工艺，焦炭快速冷却过程中，H_2S 和 CO 等气体的产生量比常规湿法熄焦有所减少；较厚的焦炭层可抑制粉尘逸散；采用喷洒水冷却含粉尘的熄焦水蒸气，可减少焦炭粉尘排放量，适合湿法熄焦改造或做干熄焦备用。

• 低水分熄焦。低水分熄焦是一种新型熄焦技术，可以替代目前在工业上广泛使用的常规喷洒熄焦方式。在低水分熄焦系统中，水流通过专门设计的喷嘴，经过焦炭固定层后，再经专门设计的凹槽或孔流出，足够大的水压使水流迅速通过焦炭层，到达熄焦车的底板，残余的水流快速流出熄焦车。当高压水流经过焦炭层时，短期内产生大量的蒸汽，瞬间充满整个焦炭层的上部和下部，使焦炭窒息，保证了车厢内的焦炭可以均匀得到冷却，避免了常规湿法熄焦焦炭层厚度不均匀和车厢死角喷不到水，而导致焦炭水分不均匀的现象。

使用低水分熄焦工艺可减少熄焦用水量，因而也减少了熄焦废水产生量，还可有效控制粉尘逸散，此工艺适合湿法熄焦改造或做干熄焦备用。

② 干法熄焦。干法熄焦是采用惰性气体将焦炭冷却，并回收焦炭显热的工艺。推出炭化室的焦炭落入干熄焦用焦罐车的焦罐内，并通过装料装置送入干熄炉冷却室，采用惰性气体与焦炭换热，冷却的焦炭由排焦装置连续排出并送下一工序。加热后的惰性气体可进入余热锅炉换热回收蒸汽并发电，冷却后的惰性气体返回熄焦工序。

干法熄焦利用惰性气体，在密闭系统中将赤热焦炭熄灭，并配合良好的除尘设施，可以将熄焦过程对环境的污染降到最低水平，还可节约用水，减少了常规湿法熄焦过程中排放的含酚、HCN、H_2S、NH_3的废气和废水；干法熄焦可部分代替燃煤锅炉生产蒸汽，从而降低燃煤对周围环境的影响。此工艺适合新建焦炉熄焦工艺或大型焦炉湿法熄焦改造。其工艺流程见图 2－19。

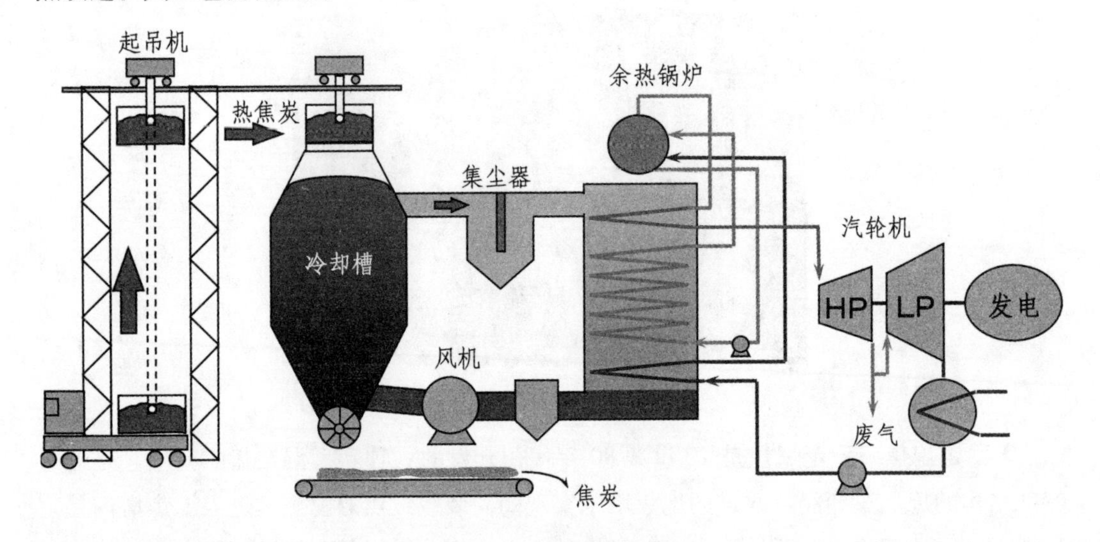

图 2－19　干法熄焦工艺流程图

2.1.3　炼铁工序

炼铁过程实质上是将铁从其自然形态（矿石等含铁化合物）中还原出来的过程。炼铁方法主要有高炉法、熔融还原法等，其原理是矿石在特定的气氛中（还原物质 CO、H_2、C；适宜温度等）通过物化反应获取还原后的生铁。生铁除了少部分用于铸造外，绝大部分是作为炼钢原料。高炉炼铁及熔融还原铁（COREX、FINEX、HISMELT）生产工艺流程分别见图 2－20 和图 2－21。

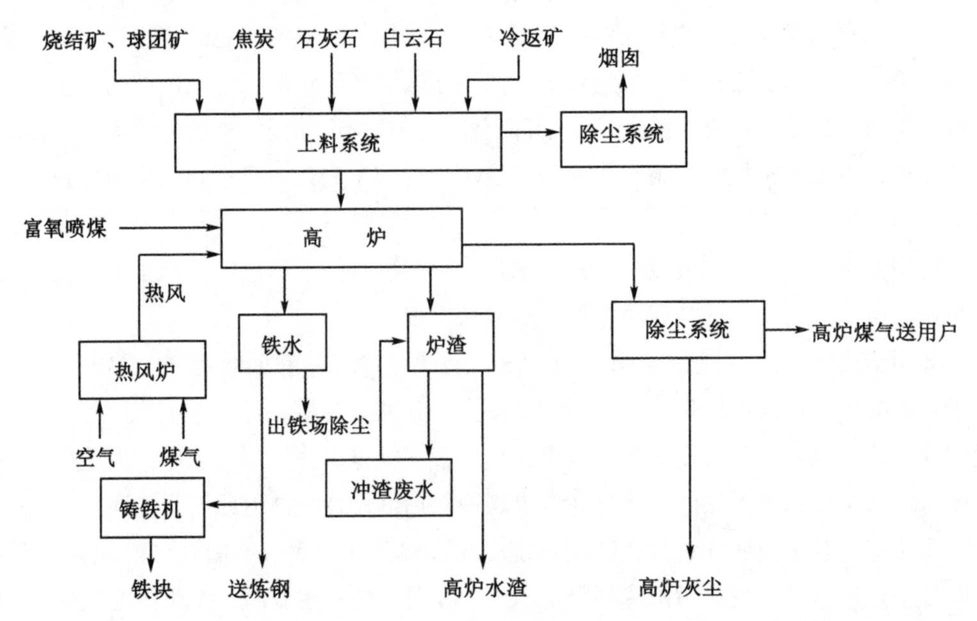

图 2－20　高炉炼铁工艺流程图

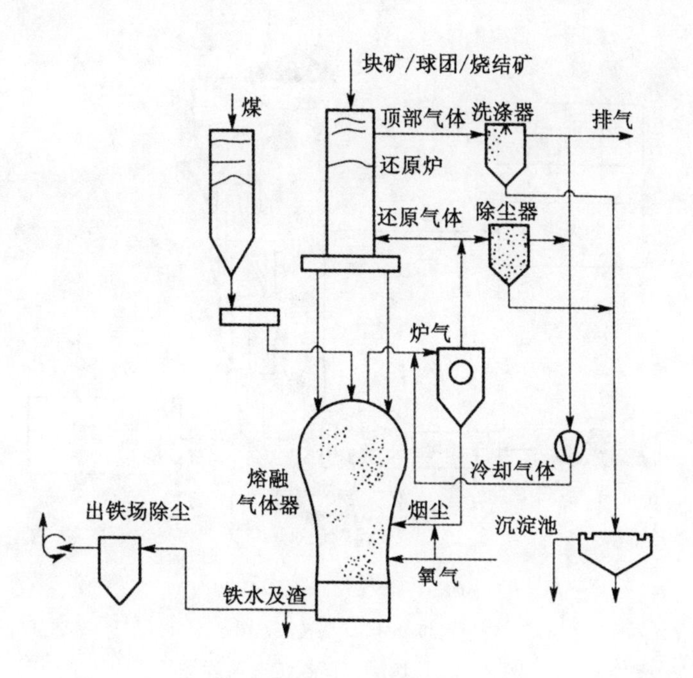

(a) COREX 工艺流程图

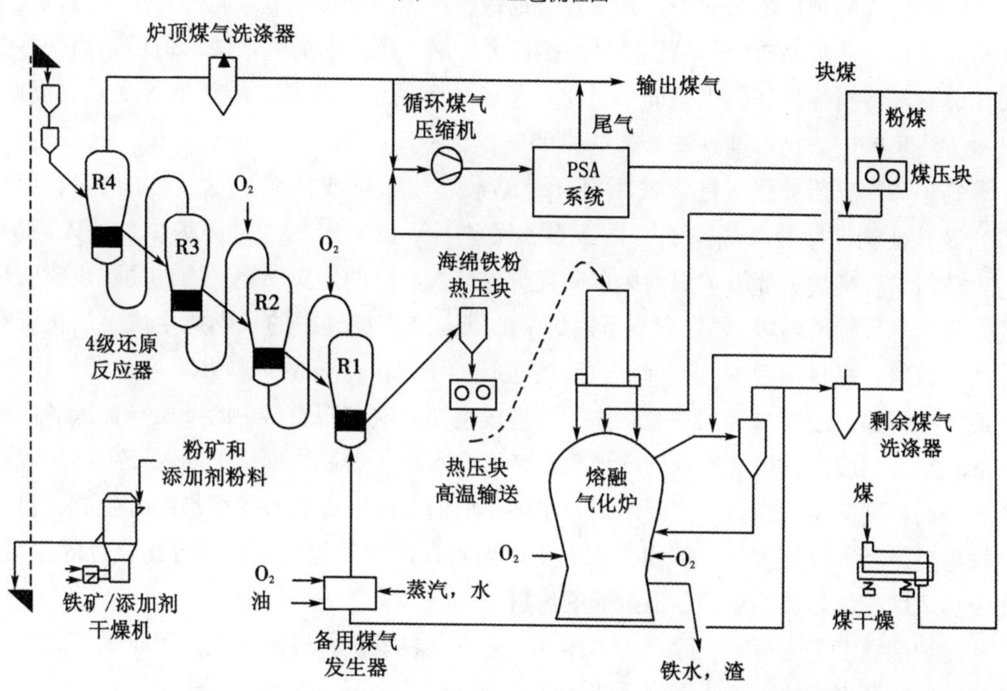

(b) FINEX 工艺流程图

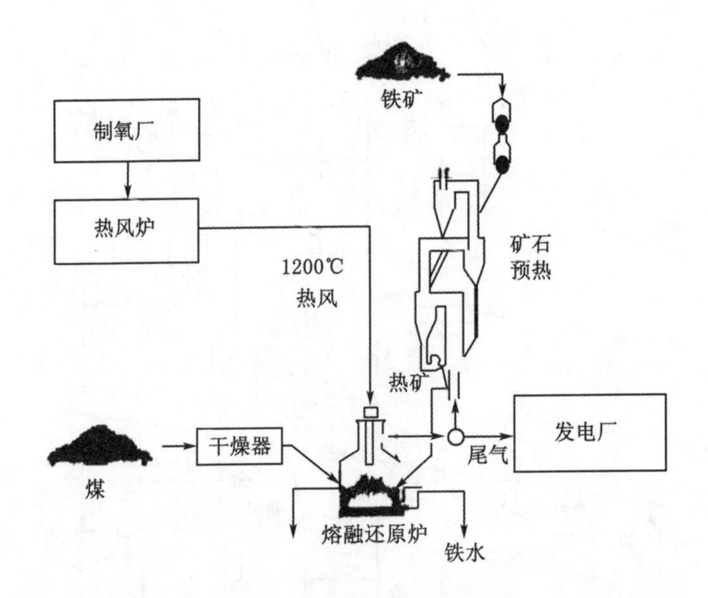

(c) HISMELT 工艺流程图

图 2-21　熔融还原铁工艺流程图

高炉炼铁是现代炼铁的主要方法，是钢铁生产中的重要环节。此种方法是由古代竖炉炼铁发展、改进而成的。尽管世界各国研究发展了很多新的炼铁法，但由于高炉炼铁技术具有经济指标良好、工艺简单、生产量大、劳动生产率高、能耗低等优点，因此，此种方法生产的铁仍占世界铁总产量的 95% 以上。

高炉炼铁工艺过程：将含铁原料（烧结矿、球团矿或铁矿）、燃料（焦炭、煤粉等）及其他辅助原料（石灰石、白云石、锰矿等）按一定比例自高炉炉顶装入高炉，并由热风炉在高炉下部沿炉周的风口向高炉内鼓入热风助焦炭燃烧（有的高炉也喷吹煤粉、天然气等辅助燃料），在高温下焦炭中的碳同鼓入空气中的氧燃烧生成一氧化碳和氢气。原料、燃料随着炉内熔炼等过程的进行而下降，下降的炉料和上升的煤气相遇，先后发生传热、还原、熔化、脱炭作用而生成生铁，铁矿石原料中的杂质与加入炉内的熔剂相结合而成渣，炉底铁水间断地放出装入铁水罐，送往炼钢厂。同时产生高炉煤气和炉渣两种副产品。高炉渣主要由矿石中不还原的杂质和石灰石等熔剂结合生成，自渣口排出后，经水淬处理后全部作为水泥生产原料；产生的煤气从炉顶导出，经除尘后，作为热风炉、加热炉、焦炉、锅炉等的燃料。

高炉炼铁工艺流程系统除高炉本体外，还有供料系统、送风系统、回收煤气与除尘系统、渣铁处理系统、喷吹燃料系统，以及为这些系统服务的动力系统等。

2.1.4　炼钢工序

炼钢方法目前主要有转炉炼钢和电炉炼钢两大类，过去使用的平炉炼钢与化铁炉炼钢国内已经全部淘汰。

2.1.4.1　转炉炼钢工艺流程

转炉炼钢原料为高炉铁水，冶炼产品为合格钢水，其工艺流程见图2－22。铁水由炼铁厂用铁水罐热装热送至炼钢厂，先兑入混铁炉混匀保温而后兑入转炉进行炼钢，或采用混铁车运送至炼钢厂不经过混铁炉而直接兑入转炉炼钢。冶炼优质钢种时，铁水需先送至脱硫站进行炉前脱硫等预处理。

转炉炼钢以铁水及少量废钢为原料，以石灰（活性石灰）、萤石等为熔剂。铁水和废钢加入炉后摇直炉体进行吹炼。根据冶炼时向炉内喷吹氧气、惰性气体的部位，可分为顶吹转炉、底吹转炉和顶底复吹转炉。顶吹就是炉顶吹氧，底吹就是炉底吹氧，顶底复吹是炉顶吹氧、炉底吹惰性气体（如 Ar、N_2等）。熔剂等辅料由炉顶料仓加入炉内。

转炉吹炼时由于氧气和铁水中的碳发生化学反应，产生含大量一氧化碳的炉气（转炉煤气），同时铁水中的杂质与熔剂相结合产生钢渣。当吹炼结束时，倾倒炉体排渣出钢；出钢过程中向钢包加入少量铁合金料使钢水脱氧和合金化。为了冶炼优质钢种，将转炉钢水再送精炼装置（如 LF 钢包精炼炉、RH 或 VD 真空处理炉等）进行精炼，对钢水进行升温、化学成分调节、真空脱气和去除杂质等。

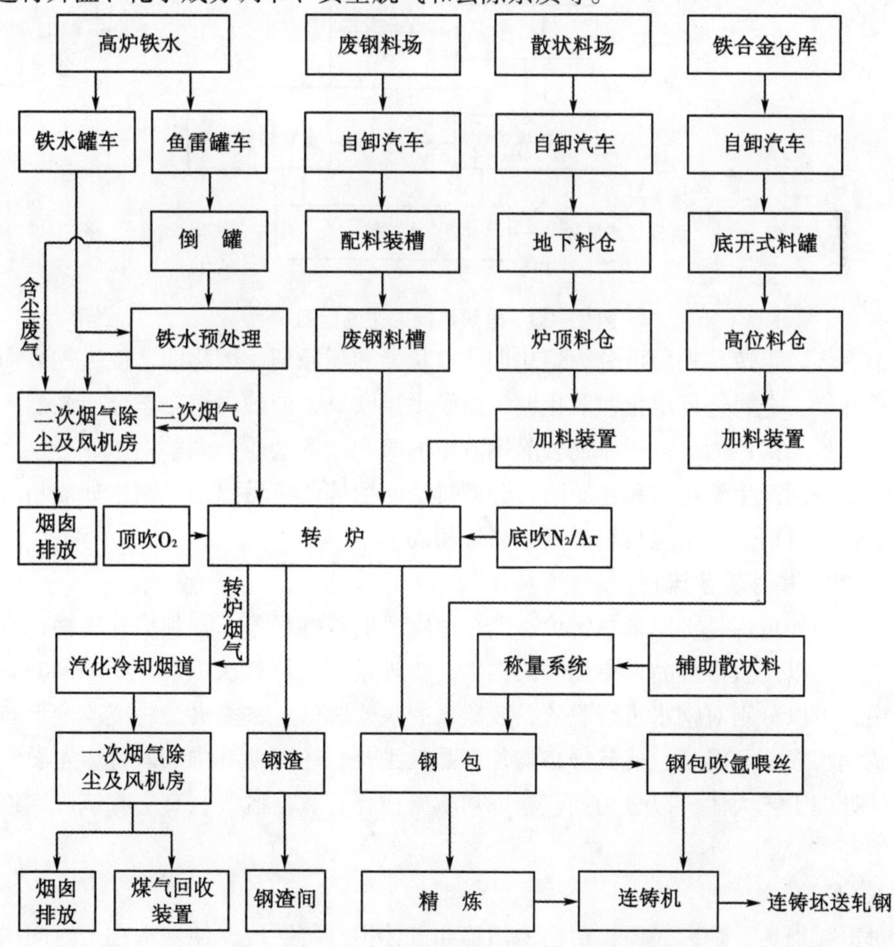

图2－22　转炉炼钢工艺流程图

2.1.4.2　电炉炼钢工艺流程

电炉炼钢以废钢为原料，辅助料有铁合金、石灰、萤石等。炼钢电炉有交流电炉和直流电炉两种，传统的多为三相交流电炉，按其功率大小又可分为普通电炉、高功率电和超高功率电炉。

电炉生产工艺流程为：先移开电炉炉盖，将检选合格的废钢料由料罐（篮）加入炉内，将炉盖复位，同时将辅助料由高位料仓通过加料系统经电炉炉盖上的料孔分期分批加入炉内，然后通电开始冶炼。有些电炉先对废钢进行预热，其方式是利用电炉烟气在炉外预热，或直接在电炉上方设预热罐利用电炉烟气预热。其工艺流程见图2－23。

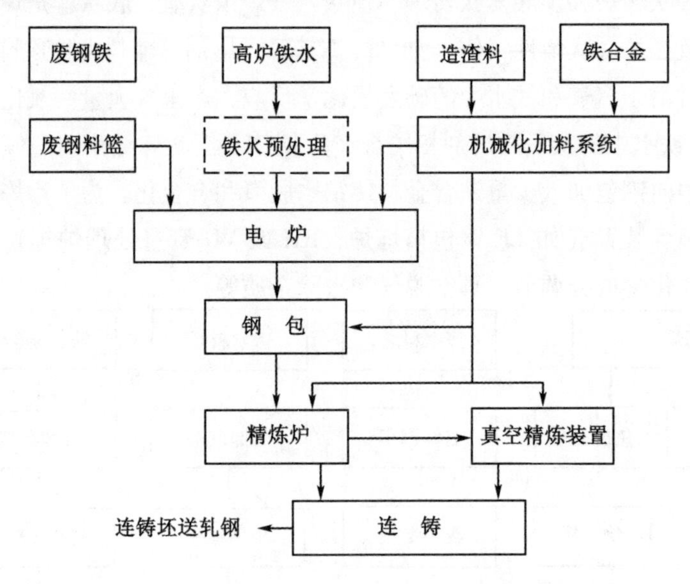

图2－23　电炉炼钢工艺流程图

整个冶炼过程按其先后可分为熔化期、氧化期和还原期。熔化期，使废钢表面的油脂类物质燃烧、金属进行熔化；氧化期，由于大量吹氧，使炉内熔融态金属激烈氧化脱碳，产生大量赤褐色烟气；还原期去除钢液中的氧和硫等杂质，调整钢水成分。在氧化期和还原期分别产生氧化渣和还原渣，分期排渣。冶炼结束后出钢，钢水如需精炼，则送精炼装置进行精炼，情况与转炉钢水精炼相同。

2.1.4.3　炉外精炼工艺流程

钢水的炉外精炼是将原来在转炉和电炉中完成的精炼任务，移到炉外的钢包或专用容器中进行，以便获得多品种更优质的钢水。炉外精炼又称二次炼钢，在不同的炉外精炼设施中，可以分别对钢水进行脱硫、脱碳、脱氧、脱气、去除夹杂物或改变形态等处理，调整钢水成分和温度，使其分布均匀、晶粒细化，还可向其中加入特殊元素。

炉外处理工艺大体可以分为钢包精炼加吹氩搅拌、真空脱气、真空吹氧脱碳以及喷粉或喂丝等类型。

（1）LF炉

通过电弧加热、炉内还原、造白渣精炼和气体搅拌等手段，使钢水在短时间内完成脱氧、脱硫、合金化和升温等综合精炼过程，达到钢水成分精确、温度均匀、夹杂物充

分上浮、从而净化钢水的目的，同时很好地协调炼钢和连铸工序，保证多炉连浇工艺的顺利进行。

（2）真空脱气处理装置（VD）与真空吹氧脱碳装置（VOD）

用于对钢液进行真空脱气处理和真空吹氧脱碳处理，生产低气体含量钢、低碳钢和不锈钢等。

（3）真空循环脱气装置（RH）与 RH-KTB/PB 装置

当大中型转炉车间主要生产低碳与超低碳的薄板钢种时，应选用 RH 真空循环脱气法与增设顶氧枪的 RH-KTB 真空精炼装置。

（4）喷粉处理

通过喷射惰性气体经粉状材料吹入铁水或钢液深处，进行脱磷、脱硫、脱氧及非金属夹杂物变性处理，生产超清洁钢。

（5）喂丝处理

向钢液喂入铝线或不同芯料的包芯线，达到脱氧、脱硫、非金属夹杂物变性处理和合金成分微调等效果。

钢水炉外精炼对于提高钢的品种质量，生产新钢种以及生产过程合理化，满足连铸对钢水成分、温度、纯净度和时间等衔接的严格要求，是不可缺少的工序，已成为现代炼钢－连铸生产中的重要环节。转炉和电炉则只承担熔化、脱磷、脱碳及升温的任务，既减轻了负荷，技术经济指标也得到了显著改善。在实际生产中，可根据不同的目的选用一种或几种手段组合的炉外精炼技术来完成所要求的精炼任务，如电炉后配置 LF + VD、转炉后配置 LF + RH – KTB 等。

2.1.4.4　连铸工艺流程

连铸生产就是将钢水连续铸坯，简化了加工钢材的程序，可以省掉过去采用的钢锭模将钢水铸锭和初轧开坯等工序，可以实现钢坯热送热轧，减少金属损耗、节约能源。

连铸生产工艺过程：把引锭头送入结晶器，将结晶器壁与引锭头之间的缝隙填塞紧密，调好中间包水口的位置，并与结晶器对位，将钢包内钢水注入中间包。当中间包内的钢液高度达到400 mm左右时，打开中间包水口将钢液注入结晶器。由于结晶器壁的强致冷效果，钢水冷凝形成坯壳；坯壳达到一定厚度时启动拉坯机，夹持引锭杆将铸坯从结晶器中缓缓拉出；与此同时，开动结晶器振动装置，铸坯在二冷区经喷水进一步冷却，使液芯全部凝固；铸坯进入拉矫机后，脱去引锭装置，矫直，由切割机切成所需尺寸，再经去毛刺和喷号，成为可用于轧钢的连铸坯。浇注过程连续进行，直至一炉或数炉钢水全部浇完。其工艺流程见图 2 – 24。

铸坯运送到轧机的方式有冷送、热送和直接轧制等三种。热送和直接轧制都需要高温无缺陷的铸坯，在工艺和设备上必须采取一系列措施，以保证大部分铸坯不需精整清理，并有足够的温度；对一些质量要求高的钢种，如不锈钢、弹簧钢和轴承钢等高碳钢需要缓冷或表面清理后冷送。

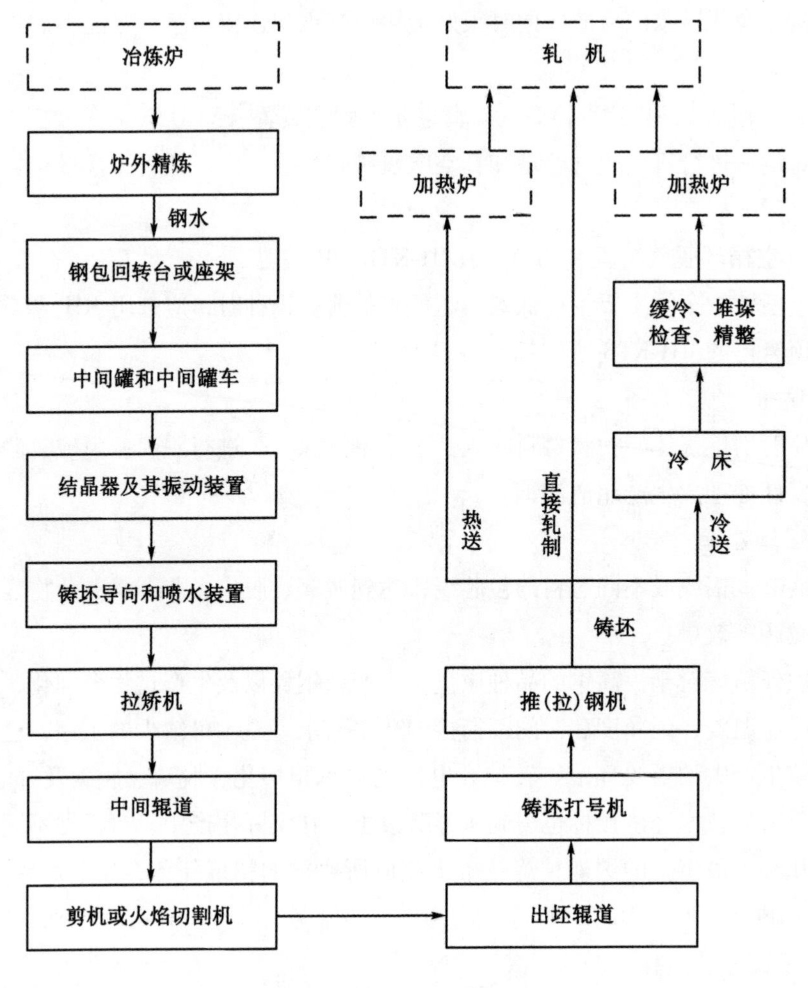

图 2-24 连铸工艺流程图

2.1.5 轧钢工序

轧钢工序是钢铁生产三大工序（炼铁、炼钢及轧钢）中的最后一道成材工序；主要以炼钢连铸生产的钢坯为原料，经备料、加热、轧制及精整处理，最终加工成指定规格、型号的产品。按照轧制温度的不同，轧钢工序主要可分为热轧和冷轧两大类；而按照产品规格不同，又可分为：板材生产（含热轧板卷、冷轧板卷和中厚板材生产，其中冷轧板卷又包括酸洗板、镀锌板、镀锡板和涂镀板等）、棒/线材生产（含棒材、线材和钢筋等生产）、型材生产（含大型型材、中小型型材和铁道用材等生产）和管材生产（含热轧无缝钢管、冷轧冷拔无缝钢管和焊缝钢管生产）等。典型轧钢工序生产工艺流程见图 2-25。

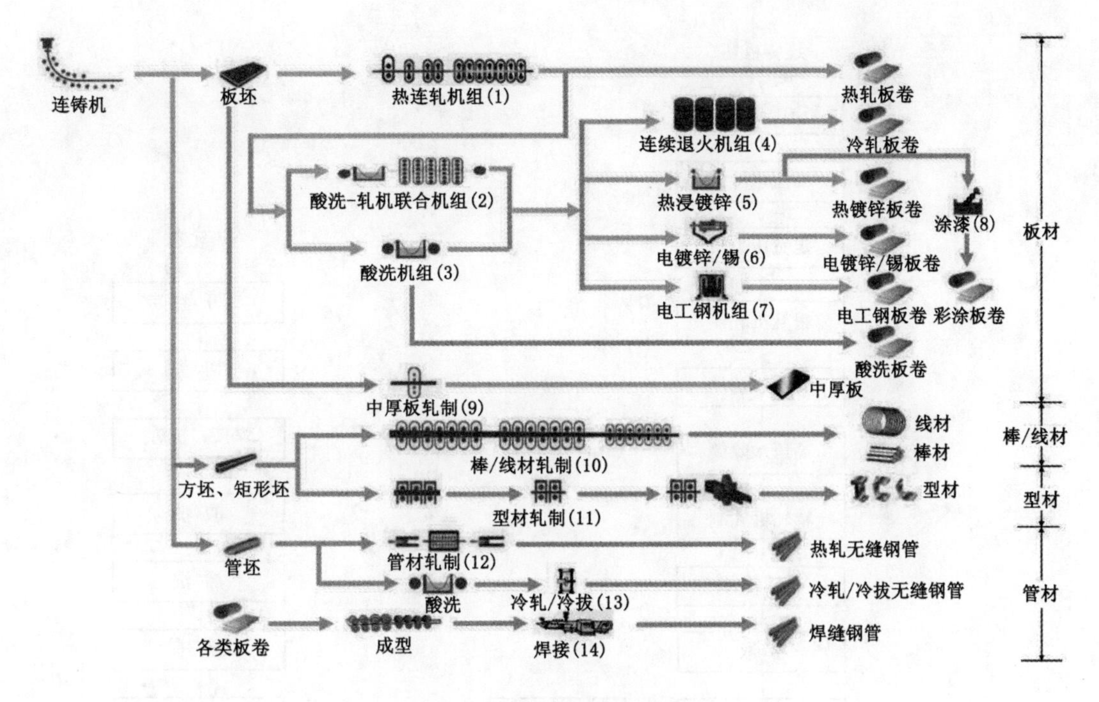

图 2－25　轧钢工艺流程图

注：图中所示为普碳钢产品的生产工艺流程；为提升不锈钢产品的生产质量，通常还需在轧制前/后进行退火、酸洗（硝酸＋氢氟酸酸洗）等处理。

2.1.5.1　板材生产工艺流程

（1）热轧板卷

热轧板卷生产主要以连铸板坯为原料，经加热、高压水除鳞、定宽、粗轧、切头尾、精轧、卷取、打捆、平整和横切等处理，最终加工成指定规格的管线钢、热轧商品钢卷和供冷轧用钢卷等。典型的热轧板卷生产工艺流程见图 2－26。

（2）冷轧板卷

冷轧板卷生产是以热轧后的板卷为原料，经酸洗、轧制、退火、涂镀等处理，最终加工成指定要求的产品。按照具体生产工艺的不同，冷轧产品又可分为：普通冷轧板卷、酸洗板卷、热镀锌板卷、电镀锌/锡板卷、彩涂板卷和电工钢板卷等。其中酸洗板卷是由热轧后的板卷，经酸洗或酸洗－轧机联合机组直接加工而成；普通冷轧板卷则是由酸洗－轧制后的板卷，经连续退火加工而成；热镀锌板卷是由酸洗－轧制后的板卷，经热浸镀锌加工而成；电镀锌/锡板卷是由退火后的冷轧板卷，经电镀锌/锡加工而成；彩涂板卷是由热镀锌后的板卷，经涂漆处理加工而成；电工钢板卷是由热轧后的硅钢原料板卷，经酸洗－轧制、脱碳退火加工而成。具体冷轧产品生产中涉及的关键性生产工艺包括：

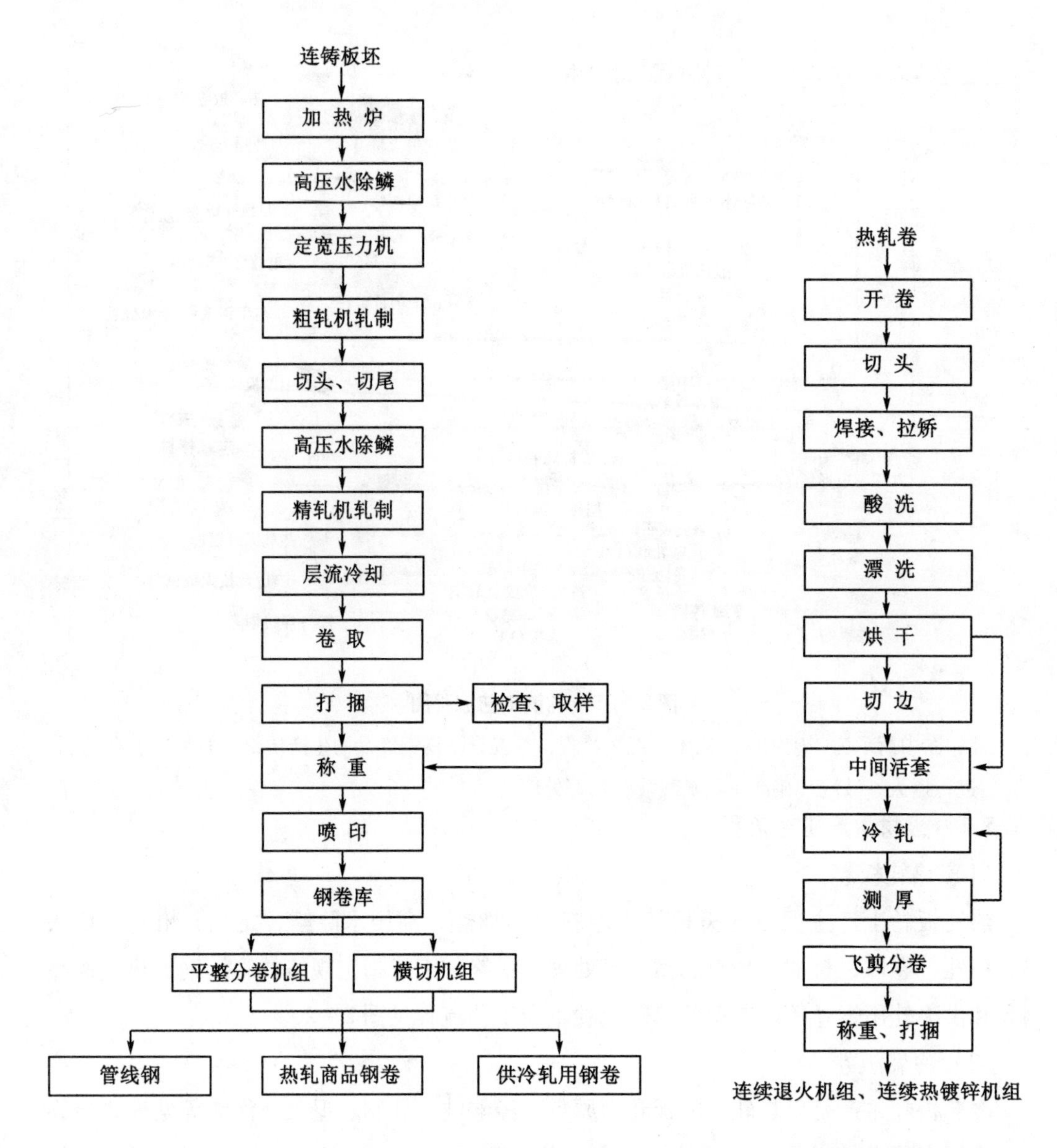

图 2-26 热轧板卷生产工艺流程图

图 2-27 酸洗-轧机联合处理工艺流程图

① 酸洗-轧制联合处理。主要是对热轧板卷进行开卷、切头、焊接、拉矫、酸洗、切边、冷轧和分卷等处理，最终加工成酸洗商品卷。典型的酸洗-轧制联合处理工艺流程示意见图 2-27，酸洗工艺流程示意见图 2-28。

② 连续退火处理。主要是对酸洗-轧制联合机组加工后的冷轧钢卷进行开卷、切头、焊接、清洗、脱脂、连续退火、湿平整、切边、静电涂油、分卷等处理，最终加工成冷轧商品卷或进一步处理加工成电镀锌/锡卷等。典型的连续退火处理工艺流程示意见图 2-29。

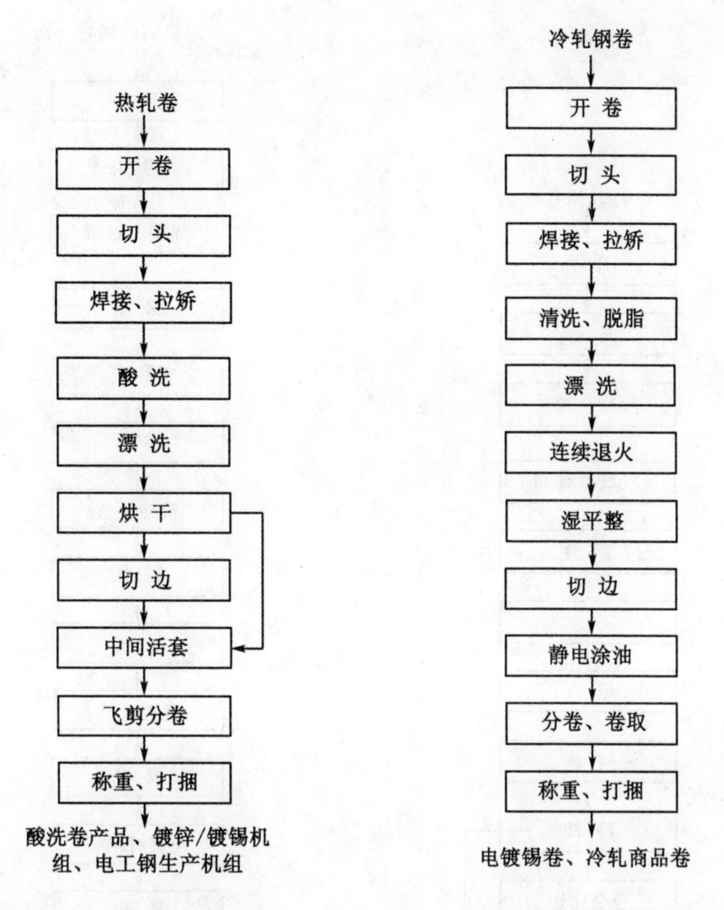

图 2-28　酸洗工艺流程图　　　图 2-29　连续退火处理工艺流程图

③ 连续热镀锌。主要是对冷轧钢卷进行开卷、切头、焊接、拉矫、清洗、脱脂、退火、锌锅热镀锌、冷却、光整、矫直、钝化、涂油、分卷等处理，最终加工成指定规格的热镀锌商品卷。典型连续热镀锌处理工艺流程示意见图 2-30。

④ 连续电镀锌/锡。主要是对退火后的钢卷进行开卷、切头、焊接、拉矫、脱脂、电解酸洗、电镀、漂洗、钝化或耐指纹化、涂油、分卷等处理，最终加工成指定规格的电镀锌/锡商品卷等。典型连续电镀锌/锡处理工艺流程示意见图 2-31。

⑤ 彩色涂层。主要是对热镀锌卷进行开卷、切头、焊接、碱洗、化学处理、初涂、精涂、烘烤、冷却、表面处理、分卷等处理，最终加工成指定规格的彩涂商品卷等。典型彩色涂层处理工艺流程示意见图 2-32。

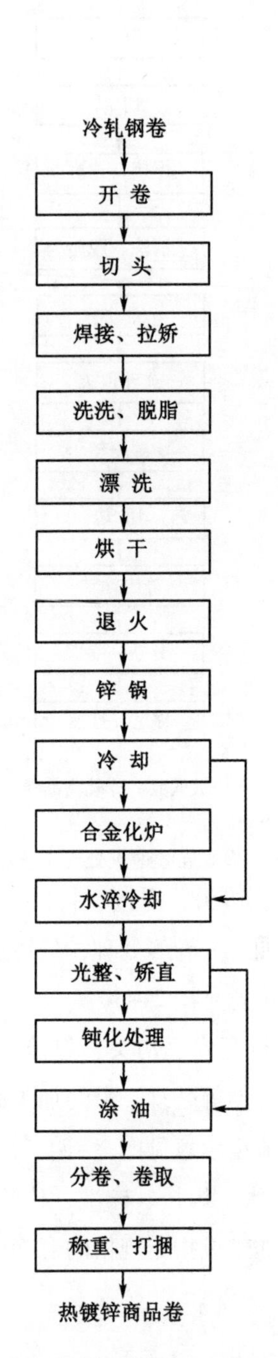

图2－30　连续热镀锌处理工艺流程图

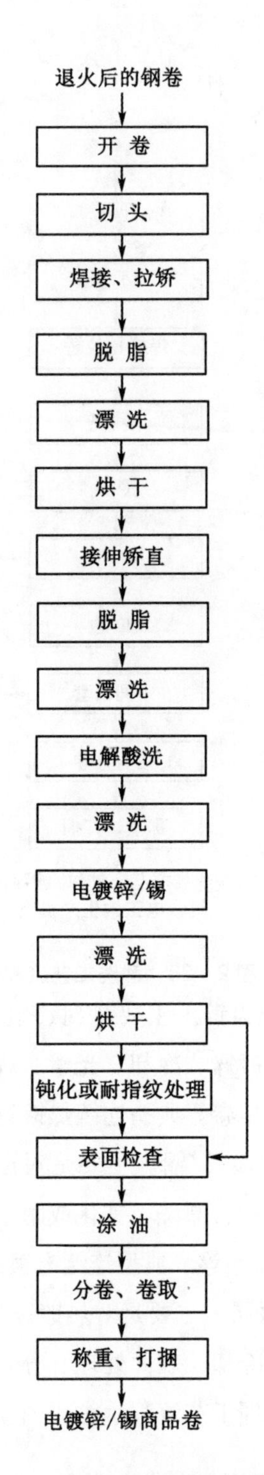

图2－31　连续电镀锌/锡处理工艺流程图

图2－32 彩色涂层处理工艺流程图　　图2－33 冷轧硅钢（HiB）工艺流程图

⑥冷轧电工钢（硅钢）。主要是对热轧后的无取向或取向硅钢原料卷进行常化酸洗、冷轧、焊接并卷、脱碳退火、切边分卷或切板等处理，最终加工成不同牌号的冷轧电工钢（硅钢板）卷，如高性能取向硅钢（HiB）、普通取向硅钢（GO）、高牌号无取向硅钢（CRNO）等。典型冷轧电工钢（硅钢）工艺流程示意见图2－33～图2－35。

（3）中厚板材

中厚板材生产以连铸方坯为原料，经加热、除鳞、轧制、矫直、冷却、剪切、正火、抛丸等处理，最终加工成各类用途的中厚板材。典型中厚板材生产工艺流程示意见图2－36。

图2－34　冷轧硅钢（GO）工艺流程图

图2－35　冷轧硅钢（CRNO）工艺流程图

图2－36　中厚板生产工艺流程图

图2－37　棒/线材生产工艺流程图

2.1.5.2　线、型材生产工艺流程

线材和型材生产，均以热轧后的钢坯为原料，经加热、高压水除鳞、轧制、切头尾、冷却和打捆后，加工成指定规格的线材和型材。典型线材、型材生产工艺流程示意分别见图2－37和图2－38。

图2－38　型材生产工艺流程图　　图2－39　热轧无缝钢管生产工艺流程图

2.1.5.3　管材生产工艺流程

管材生产以连铸坯为原料，经穿孔或卷取焊接等处理，最终加工成指定要求的管材产品。按照具体生产工艺的不同，管材产品可分为：热轧无缝钢管、冷轧冷拔无缝钢管和焊缝钢管等。

（1）热轧无缝钢管

主要是以无缝钢管坯为原料，通过加热、穿孔、除鳞、轧管、定（减）径、冷却、矫直等处理，最终加工成指定规格的热轧无缝钢管。典型热轧无缝钢管生产工艺流程示意见图2－39。

（2）冷轧冷拔无缝钢管

主要是对连铸坯进行加热、穿孔、除鳞、切头、退火、酸洗、涂油、冷轧或冷拔、热处理、矫直等处理，最终加工成指定规格的冷轧冷拔无缝钢管。典型冷轧冷拔无缝钢

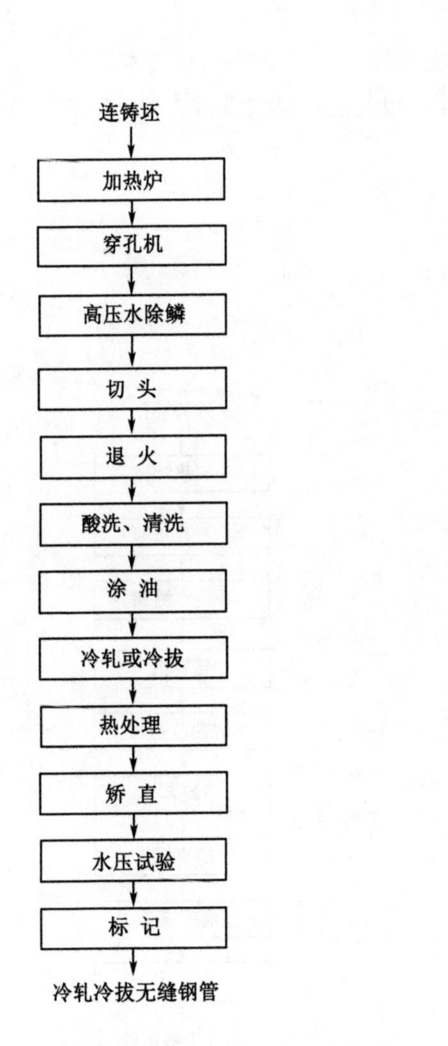

图2-40　冷轧冷拔无缝钢管生产工艺流程图

板卷材
开 卷
平 整
端部剪切及焊接
活套、成型
焊接
预矫正
热处理
定径、矫直
涡流检测
切 断
水压试验
酸 洗
检查、包装
焊缝钢管

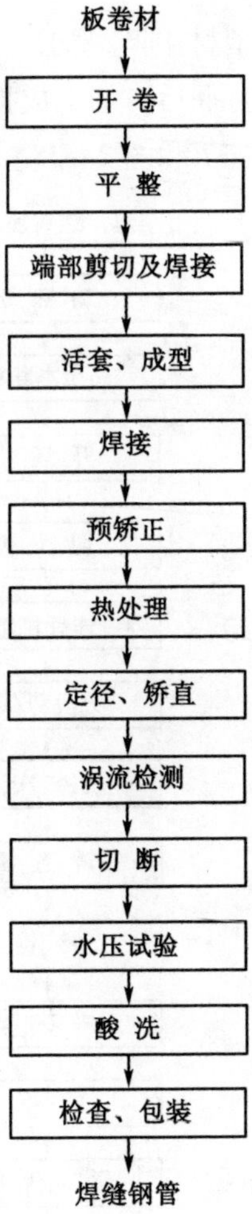

图2-41　焊缝钢管生产工艺流程图

管生产工艺流程示意见图2-40。

(3) 焊缝钢管

主要是对连铸坯进行平整、切头、焊接、热处理、定径、矫直、涡流检测、切断、水压试验、酸洗等处理，最终加工成指定规格的焊缝钢管。典型焊缝钢管生产工艺流程示意见图2-41。

2.1.5.4　不锈钢钢产品生产工艺流程

目前我国钢铁企业轧钢产品中，除普碳钢外，还有一大类为不锈钢产品。该类产品的生产工艺大体与普碳钢产品相近，只是为了获得更好的产品质量，通常需在轧制前/后对产品进行退火和酸洗等处理。典型的热/冷轧不锈钢带钢产品退火酸洗线生产工艺流程如图2-42和图2-43所示。

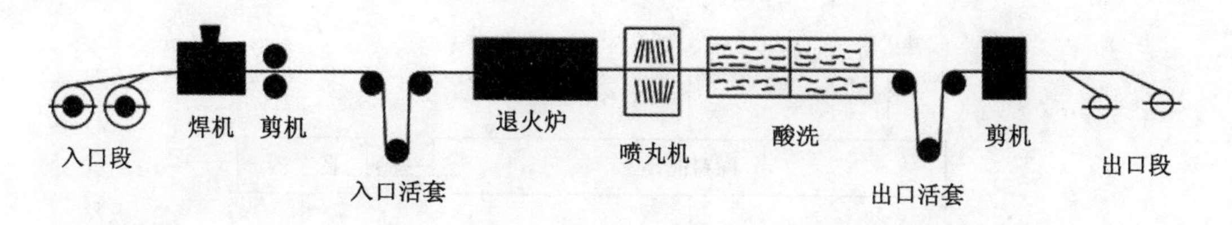

图2-42　热轧不锈钢带钢退火酸洗线（APH）生产工艺流程图

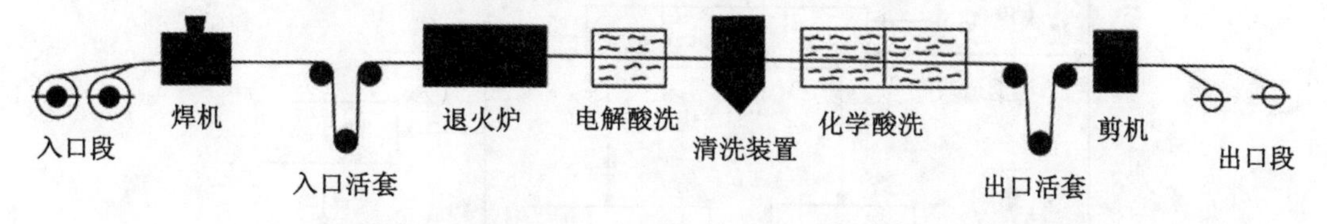

图2-43　冷轧不锈钢带钢退火酸洗线（APC）生产工艺流程图

2.2　各工序污染物来源及特点

2.2.1　烧结（球团）工序

烧结（球团）工序是钢铁企业污染性较大的环节，主要的污染物有烟粉尘、SO_2、NO_x、CO_2、CO、二噁英、氟化物、氯化物及重金属等。工业烟粉尘、SO_2是烧结（球团）工序的主要污染物，其中，SO_2占钢铁工业总排放量的60%左右，工业粉尘占钢铁工业总排放量的25%左右，烟尘占钢铁工业总排放量的20%左右，因此做好烧结（球团）工序的污染防治工作是钢铁企业整体污染防治工作的重点之一。

烧结（球团）工序烟粉尘来源如下（见图2-44和图2-45）。

① 原料准备。各种原料在卸落、破碎、筛分和储运过程中产生的粉尘。

② 烧结配料。带有热返矿的混合料在混料机初次加水时，水遇到炽热的热返矿会迅速蒸发，水蒸气夹带着大量粉尘逸出，产生高湿、高含尘浓度的废气。

③ 烧结机头。点火器点火后，抽风机从料层下部抽风，使烧结料中的燃料燃烧，燃烧产生的烟气中夹带着大量的烟粉尘。

④ 烧结机尾。烧结矿经过单辊破碎机破碎时会产生粉尘，同时烧结矿在环冷机上进行抽风冷却时也会产生大量高温含尘废气。

⑤ 成品整粒。整粒系统包括破碎和多段筛分，在破碎和筛分时会产生大量的粉尘。

烧结（球团）工序污染物排放特点如下。

① 产生的废气量大，含尘浓度高，粉尘量大，对大气的污染严重。每生产1 t烧结（球团）矿，产生6000~15000 m^3废气和20~40 kg粉尘。烧结机（机头）烟气含尘浓度（标态）0.5~6 g/m^3，机组、整粒废气浓度（标态）5~15 g/m^3。

② 废气中的SO_2含量高。烧结（球团）使用的铁矿粉、燃料、熔剂等都含有硫分。在烧结过程中，物料中绝大部分的硫燃烧生成SO_2，通过烟囱排入大气。钢铁企业的

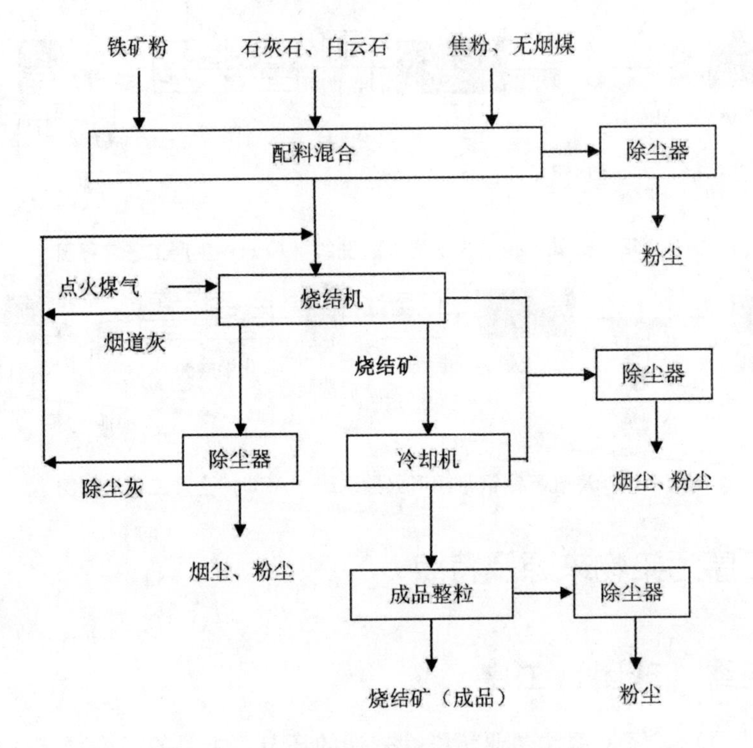

图 2－44　烧结工序烟粉尘排放源

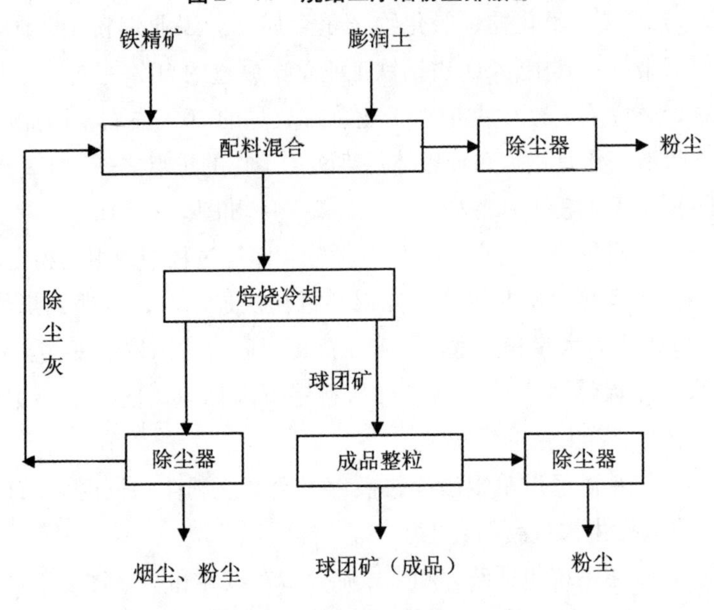

图 2－45　球团工序烟粉尘排放源

SO_2主要是在烧结过程中排出的，每生产 1 t 烧结矿，排出含 SO_2烟气 3600～4300 m^3，浓度为 1000～3000 mg/m^3。

③ 粉尘有回收利用价值。烧结厂粉尘含有 50% 左右的铁，回收后可以作为烧结原料，重新参加配料。

④ 粉尘磨损性强。烧结粉尘是磨损最严重的粉尘，因此除尘管道和除尘设备都要

考虑这一问题。

⑤ 烟气温度较高。烧结机头和机尾烟气温度较高，温度随工艺操作状况而变，烟气温度一般在 120 ~ 180 ℃。

2.2.2　焦化工序

在钢铁企业烟粉尘减排技术中，炼焦烟尘减排技术难度最大，主要是因为炼焦烟尘难以捕集且含有焦油物质，焦粉琢磨性强，处理相当困难。焦化工序烟粉尘产生量为 4 ~ 13 kg/t，烟粉尘排放量占钢铁企业总排放量的 10% 左右。

焦化工序烟粉尘来源如下（见图 2 - 46）。

① 装煤工艺。装煤时由于煤占据了炭化室内的空间，同时一部分煤在炭化室内被燃烧形成正压，荒煤气、煤烟尘一同从装煤孔向外界冲出，污染环境。采用机械装煤与顺序装煤的生产操作制度时，向炭化室内装煤的时间为 2 ~ 3 min。由于煤占据炭化室空间的速度比较慢，单位时间内由装煤孔排出的烟尘相对较少一些。采用重式装煤时，向炭化室内装煤时间仅为 35 ~ 45 s。大量煤短时间内占据炭化室空间，单位时间内由装煤孔排出的烟尘量便大很多。一般认为，装煤时吨焦产生的 TSP 为 0.2 ~ 2.8 kg，其中焦油量最高值是 500 ~ 600 m^3/min。

② 炼焦工艺。炉体在炼焦生产过程中烟尘主要来自炉门、装煤孔盖、上升管盖的泄露，特点是烟尘分散，是连续发生的，污染面大。污染物以荒煤气和烟气为主。

③ 推焦工艺。推焦是在 1 min 内推出炭化室的红焦多达 10 ~ 20 t。红焦表面积大、温度高、与大气接触后收缩产生裂缝，并在大气中氧化燃烧，引起周围空气强烈对流，产生大量烟尘。烟气温度达数百摄氏度，形成高达数百米的烟柱，污染环境。

④ 熄焦工艺。在湿法熄焦的过程中，从熄焦塔顶排出大量的烟粉尘；在干熄焦过程中，由干熄焦槽顶、排焦口等排出大量的烟粉尘。

⑤ 筛焦、转运。在焦炭进行筛分和装车的过程中产生大量的粉尘。

焦化工序污染物排放特点如下。

① 污染物种类繁多。废气中含有煤尘、焦尘和多种无机和有机污染物，无机类污染物有硫化氢、氰化氢、氨、二硫化碳等，有机类污染物有苯类、酚类以及多环和杂环芳烃。

② 危害性大。无论是有机或无机类污染物，多数属有毒有害物质，特别是以苯并（α）芘为代表的多环芳烃大都是强致癌物质。

③ 污染发生源多、面广、分散，连续性和阵发性并存。焦炉装煤、推焦和熄焦过程烟尘的产生及烟尘在焦炉顶的散落多是阵发性；煤受热分解产生的烟气在焦炉炉门装煤孔盖、上升管盖和桥管连接处的泄漏多是连续性。

④ 部分污染物可回收利用。控制和回收部分逸散物，如荒煤气、苯类及焦油产品等有用物质，不仅可减轻对大气的污染，还可带来较大的经济效益。

⑤ 焦化粉尘中的焦粉磨损性强，易磨坏管道和设备，粉尘中的焦油物质会堵塞袋

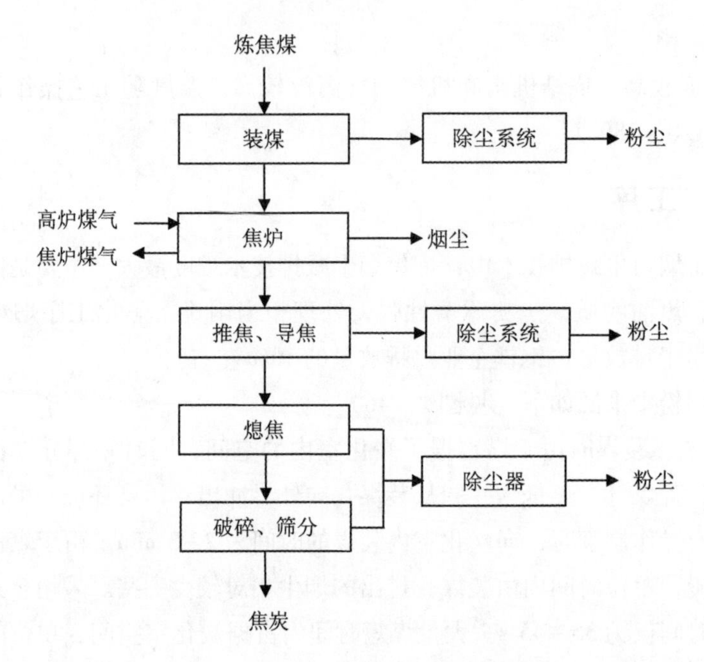

图2-46 焦化工序烟粉尘排放源

式除尘器的滤袋。

2.2.3 炼铁工序

炼铁工序烟粉尘产生量为9~12 kg/t，烟粉尘排放量占钢铁企业总排放的15%左右。

炼铁工序烟粉尘来源如下（见图2-47）。

① 矿槽、煤粉制备。炼铁原料经矿槽、皮带、振动筛、上料小车储运、装料系统进入高炉。在这过程中，给料机、振动筛等设备会产生粉尘，而且煤炭经破碎、研磨成煤粉后喷入高炉。此外，球磨机、提升机等设备也会产生煤尘。

② 高炉出铁场。出铁场出铁时，在出铁口、撇渣器、铁水沟、渣沟、生铁装入铁水罐及开堵出铁口时会产生大量含尘的高温烟气。

③ 热风炉排烟。热风炉蓄热室燃烧时产生的烟尘。

炼铁工序污染物排放特点如下：

① 散发污染物大，影响面广。炼铁厂的扬尘点多、面广，特别是中小高炉的原料矿槽及出铁场，机械化、自动化水平较低，缺少除尘设施，造成厂区一片烟尘，是钢铁厂重点污染源之一。

② 有害物质多，危害性较大。炼铁厂的粉尘中含有氧化铁、二氧化硅及石墨炭等成分，其中氧化铁中铁的质量分数可达48%~55%，二氧化硅质量分数为2%~12.77%，石墨炭质量分数为15%~35%。

③ 污染物综合利用潜力大。高炉冶炼过程中产生的高炉煤气已成为钢铁厂的主要燃料。炼铁厂生产过程中，如原料运输、处理、高炉装料、出铁过程中所产生的烟尘，

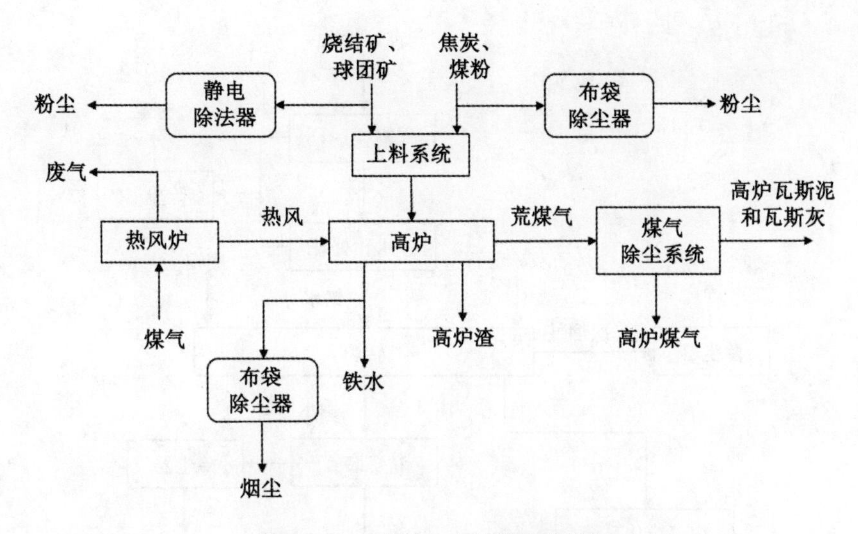

图2-47　炼铁工序烟粉尘排放源

含铁量较高，可通过净化、回收并进行处理后，实现综合利用。

2.2.4　炼钢工序

炼钢工序烟粉尘产生量为10～20 kg/t-钢，烟粉尘排放量占钢铁企业总排放量的20%左右。

炼钢工序烟粉尘来源如下（见图2-48和图2-49）。

① 铁水倒罐、预处理。铁水从铁水罐车或鱼雷罐车倒入预处理罐以及扒渣、铁水脱硫时会产生大量的含尘高温烟气。

② 一次烟尘。在转炉吹炼和电炉熔化及氧化期会产生大量的含尘烟气。

③ 二次烟尘。在兑铁水、加料、吹炼、出渣、出钢等生产过程中，由于钢水喷溅会产生大量的含尘烟气。

④ 精炼。在钢水精炼过程中，根据工艺要求加入渣料及合金，于是发生物理变化和化学反应，会产生大量的含尘烟气。

炼钢工序污染物排放特点如下：

① 转炉炼钢吹炼时原始烟气中含尘浓度可高达100～150 g/m^3，烟尘粒度50%以上小于30 μm；

② 转炉炼钢吹炼时原始烟气中CO高达90%，毒性大；

③ 电炉炼钢烟气阵发性强、烟气量波动大；

④ 电炉炼钢烟气散发点多、烟气收集难度大；

⑤ 电炉炼钢烟尘粒径细小，氧化期90%左右小于10 μm、50%左右小于2 μm，对布袋除尘器滤料要求高；

⑥ 原始烟气温度高达1200～1600 ℃，增加了除尘系统设计的复杂性；

⑦ 高温烟气中的热能、CO以及烟尘中的铁（总铁高达60%～80%）均具有较高的回收综合利用价值。

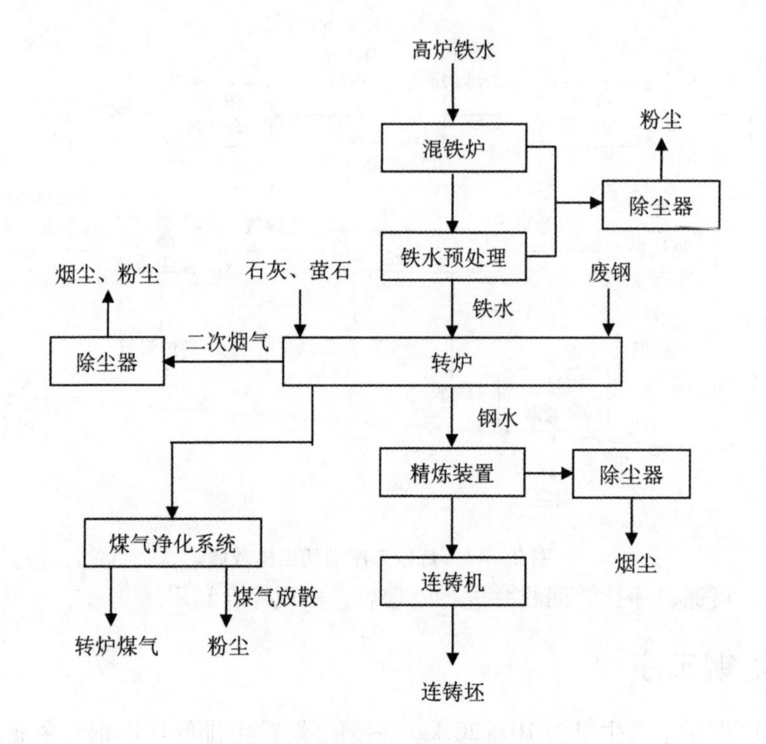

图 2-48 转炉炼钢工序烟粉尘排放源

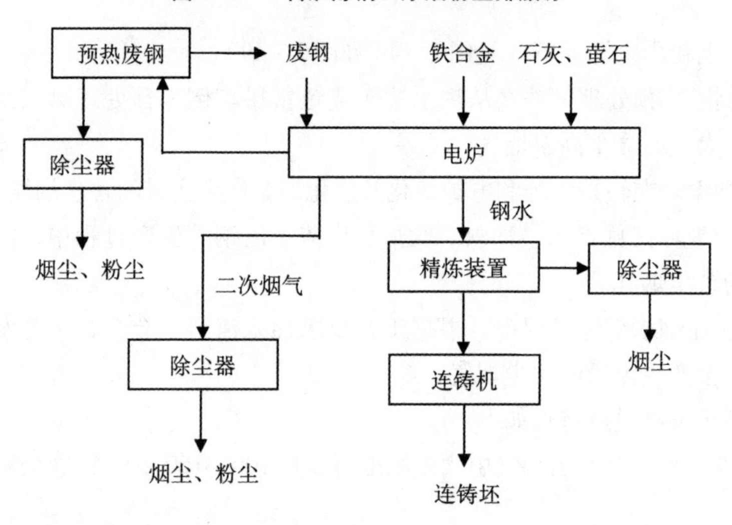

图 2-49 电炉炼钢工序烟粉尘排放源

2.2.5 轧钢工序

轧钢工序烟粉尘排放点非常多，而且以无组织排放为主，收集起来比较复杂。

轧钢工序烟粉尘来源如下（见图 2-50）：

① 钢锭、钢坯加热过程中，各种燃料在加热炉内燃烧产生的废气，废气中含有一些粒径较小的烟尘；

② 红热钢坯在轧制过程中，产生的氧化铁皮、铁屑以及喷水冷却时产生的水汽

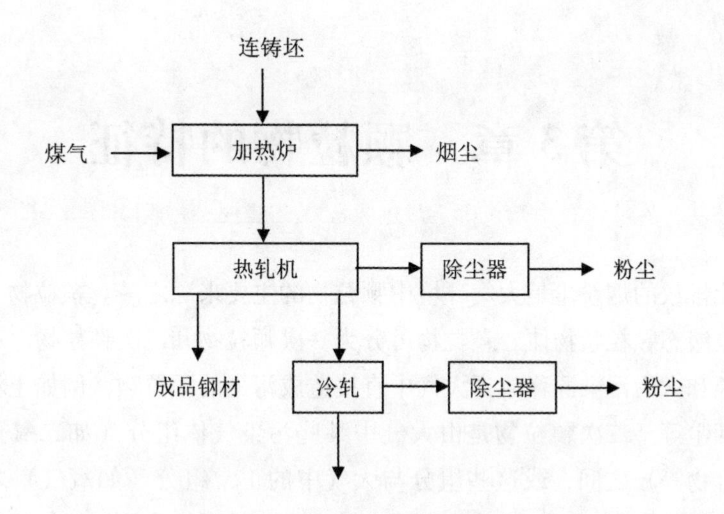

图2-50 轧钢工序烟粉尘排放源

(轧机粉尘);

③ 冷轧板轧制过程中，冷却、润滑轧辊和轧件产生的乳化液废气（油雾）；

④ 钢材酸洗过程中，酸槽加热，酸液蒸发，散出的大量酸雾；

⑤ 火焰清理钢坯表面氧化铁层时，产生的氧化铁烟尘（粉尘）；

⑥ 成品轧件表面镀层时，产生的各种金属氧化物烟气等（烟尘、粉尘）。

轧钢工序污染物排放特点如下。

① 轧钢与金属制品污染物种类多、数量少。轧钢与金属制品生产过程产生的废气、烟尘比炼铁、炼钢都少得多，但成分复杂，既有烟尘又有多种有害气体，治理和减排工艺都相对复杂。

② 热轧厂钢坯加热过程中，各种燃料在燃烧过程中产生烟气。大型轧钢厂多以煤气作燃料，燃烧状况正常时烟气中含有NO_2外，还含有SO_2和CO，颗粒物含量较少。不少小型轧钢厂以煤为燃料，烟气含尘量较高。

③ 一般热轧车间因轧制速度低，氧化铁皮颗粒粗，大部分脱落在轧机前后或辊道上，被冷却水冲至铁皮沉淀池予以回收利用。少量细铁屑散发沉降在车间内。热连轧板精轧机组因轧件产生二次氧化皮层，轧碎后，氧化铁屑颗粒细小，又因轧制速度逐渐增高，随水蒸气升起的氧化铁尘变成褐红色烟尘，会对车间工作条件及周围环境造成影响。

④ 冷轧板轧机在生产时均需往轧辊上喷淋大量润滑冷却剂，由于工作温度较高而产生乳液烟雾。

第3章　颗粒物的特征

钢铁工业排放的烟粉尘是大气环境中颗粒物的主要来源之一。颗粒物是指分散在大气中的固态或液态颗粒状物体。颗粒物可分为一次颗粒物和二次颗粒物。一次颗粒物是由天然污染源和人为污染源释放到大气中直接造成污染的颗粒物，例如土壤粒子、海盐粒子、燃烧烟尘等。二次颗粒物是由大气中某些污染气体组分（如二氧化硫、氮氧化物、碳氢化合物等）之间，或这些组分与大气中的正常组分（如氧气）之间通过光化学氧化反应、催化氧化反应或其他化学反应转化生成的颗粒物，例如二氧化硫转化生成硫酸盐。各种大气颗粒物的形成特征与危害如表3-1所示。

表3-1　各种大气颗粒物形成与效应

形态	分散质	粒径/μm	形成特征	主要效应
烟尘	固、液微粒	0.01~5	蒸发、凝聚、升华等过程，一旦形成再难分散	影响能见度
烟	固体颗粒	0.01~1	升华、冷凝、燃烧过程	降低能见度，影响人体健康
烟雾	液滴、固粒	<1	冷凝过程，化学反应	降低能见度，影响人体健康
霾	液滴、固粒	<1	冷凝过程，化学反应	湿度小时有吸水性，其他同烟
粉尘	固体粒子	1~100	机械粉碎、扬尘、煤燃烧	能形成水核
雾	液滴	2~200	雾化、蒸发、凝结和凝聚过程	降低能见度，有时影响人体健康

3.1　颗粒物的基本特征

3.1.1　颗粒物的粒径分布

大气颗粒物的粒径是指颗粒物粒子粒径的大小，粒径通常指颗粒物的直径。目前多用空气动力学直径（D_p）来表示。空气动力学直径为与所研究粒子有相同终端降落速度的、密度为1 g/cm^{3}的球体直径。也就是将实际的颗粒粒径换成具有相同空气动力学特性的等效直径（或等当量直径），转换公式为：

$$D_p = D_g K \sqrt{\frac{\rho_p}{\rho_0}} \tag{3-1}$$

式中：D_g——几何直径；

K——形状系数，当粒子为球状时，取$K=1$；

ρ_p——忽略了浮力效应的颗粒密度；

ρ_0——参考密度，取 $\rho_0 = 1\ g/cm^3$。

从式（3－1）可见，对于球状粒子，ρ_p对 D_p是有影响的。当 ρ_p较大时，D_p会比 D_g大，由于大多数大气粒子满足 $\rho_p \leqslant 10$，因此 D_P和 D_g的差值因子必定小于 3。

依据粒径的大小，颗粒物常见分类如下，如图 3－1 所示。

① 总悬浮颗粒物（total suspended particulate，TSP）：用标准大容量颗粒采样器在滤膜上所收集到的颗粒物的总质量，通常称为总悬浮颗粒物。其粒径多在 100 μm 以下，尤以 10 μm 以下的为最多；

② 飘尘（suspended dust）：可在大气中长期漂浮的悬浮物称为飘尘，其粒径主要是小于 10 μm 的颗粒物；

③ 降尘（fall dust）：能用采样罐采集到的大气颗粒物。在总悬浮颗粒物中一般直径大于 10 μm 的粒子由于自身的重力作用会很快沉降下来，这部分颗粒物称为降尘；

④ 可吸入粒子（respirable suspended particulate，RSP 或 inhalable particulate，IP）：易于通过呼吸过程而进入呼吸道的粒子，目前国际标准化组织（ISO）建议将其定为 $D_p \leqslant 10$ μm，我国也采用了这个建议；

⑤ PM_{10}（particulate matter of less than 10 μm；equivalent to RSP or IP）：空气动力学直径小于 10 μm，可吸入颗粒物；

⑥ $PM_{2.5}$（particulate matter of less than 2.5 μm）：细颗粒或空气动力学直径小于 2.5 μm，可入肺颗粒物。

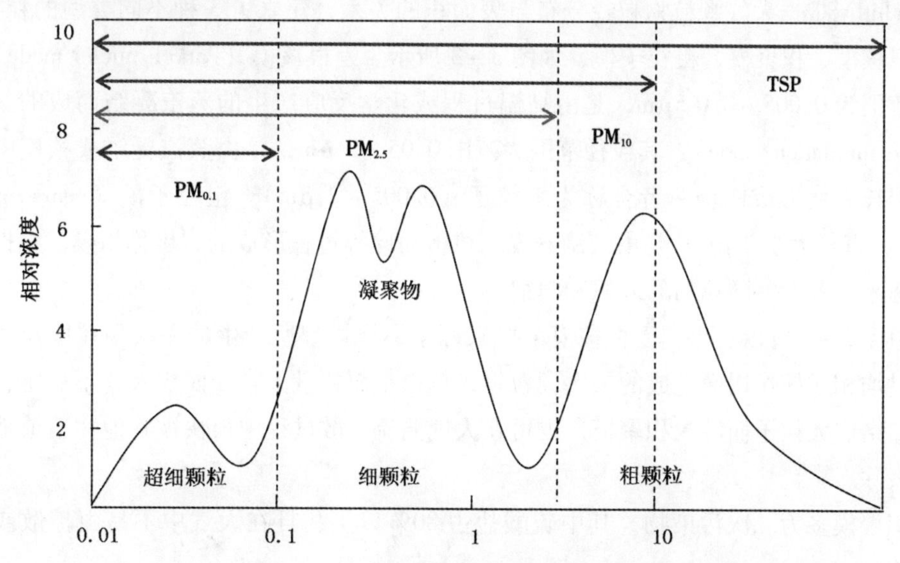

图 3－1　颗粒空气动力学直径/μm

图 3－2 所示是某城市大气颗粒物的粒子数浓度、表面积浓度和质量或体积浓度分布曲线。

由图 3－2 可见，显示大气颗粒物的粒子数浓度、表面积浓度和质量或体积浓度分

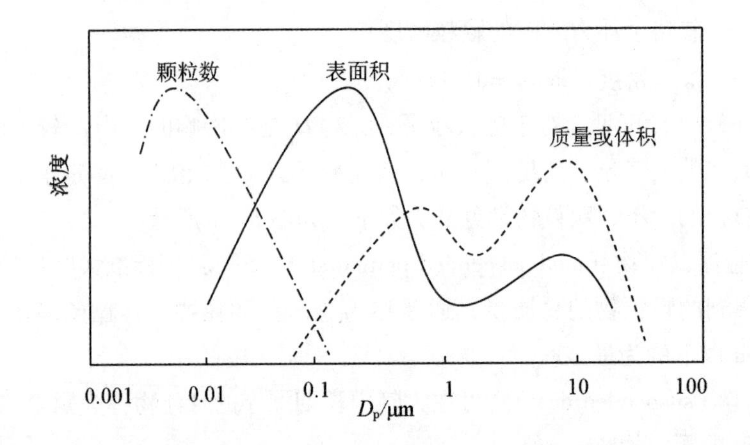

图3-2　某城市大气颗粒物的粒子数浓度、表面积浓度和质量或体积浓度分布曲线

布是呈现不同规律的。质量分数分布：在可吸入性颗粒物粒径范围内，大气中气溶胶粒子质量分数分布为双峰型，其中一个峰在0.3 μm左右，另一个峰在10 μm附近，也就是说，大气中0.3 μm和10 μm的颗粒物居多数。目前国内的研究结果表明，PM_{10}与TSP的质量比约为0.6~0.8，比前10年高出10%~20%，说明我国空气中的细颗粒物的比例在上升。颗粒数分布：大多数颗粒的粒径约为0.01 μm。表面积分布：表面积主要决定于0.2 μm的颗粒。

3.1.2　颗粒物的三模态

Whitby根据大气颗粒物粒径分布与表面积的关系，建立了3种不同类型的粒径模，即爱根核模、积聚模、粗粒子模，如图3-3所示。爱根核模（Aitken nuclei mode），其粒径范围为0.005~0.0 5μm，是由高温过程或化学反应产生的蒸汽凝结而成的。积聚模（accumulation mode），其粒径范围为范围0.05~2 μm，是由蒸汽凝结或核模中的粒子凝聚长大而形成的。两者合称为细粒子（0.005~2 μm）。粗粒子模（coarse partide mode），直径大于2 μm，是由液滴蒸发、机械粉碎等过程形成的，也称粗模。根据以上三模态来解释大气颗粒物的来源和归宿。

由图3-3可以看出，爱根核模主要来源于燃烧过程所产生的一次颗粒以及气体分子通过均相成核作用而生成的二次颗粒物，粒径小而数量大且表面积大，不稳定，易相互碰撞结成大粒子而转入积聚模，也可在大气湍流扩散过程中很快被其他物质或地面吸收而去除。

积聚模多为二次污染物，其中硫酸盐占80%以上，且在大气中不易由扩散或碰撞而去除。

粗粒子模的粒子称为粗粒子，多由机械过程所产生的扬尘、液滴蒸发、海盐溅沫、火山爆发和风沙等一次颗粒物所构成，组成与地面土壤十分相近，这些粒子主要靠干沉降和湿沉降过程去除。

细粒子与粗粒子的化学组成完全不同，一般不会相互转化。

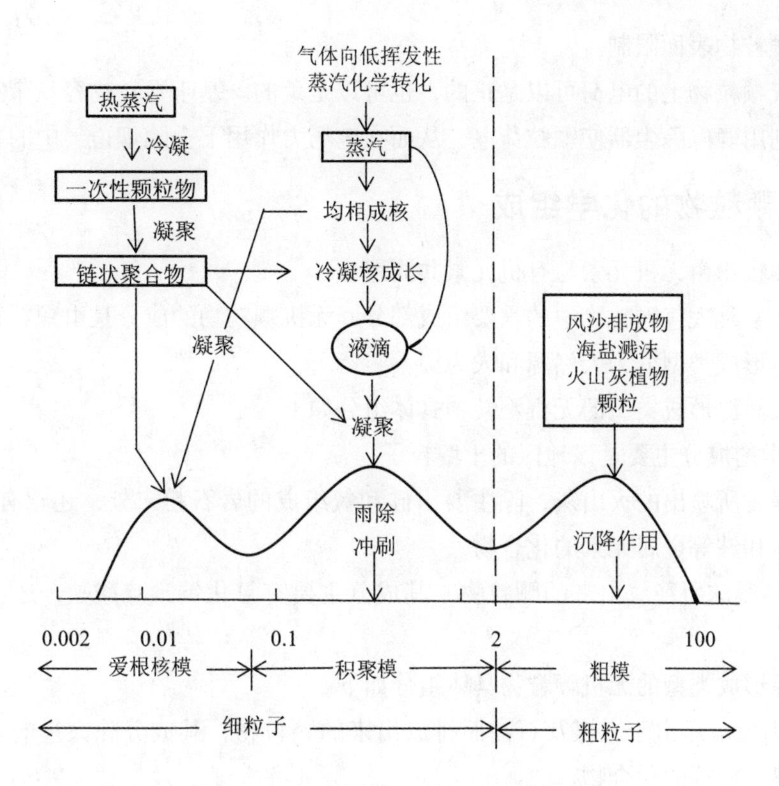

图3-3 气溶胶的粒径分布及其来源

3.1.3 颗粒物的表面性质

大气颗粒物有三种重要的表面积性质，即成核作用、黏合、吸着。

① 成核作用（nucleation）是指过饱和蒸汽在颗粒物表面形成液滴的现象。雨滴的形成就属于成核作用。

② 黏合或凝聚（coagulation）是小颗粒形成较大的凝聚体并最终达到很快沉降粒径的过程。粒子可以被相互紧紧地黏合或在固体表面上黏合。

相同组成的液滴在相互碰撞时可能凝聚，固体粒子相互黏合的可能性随粒径的降低而增大，颗粒物的黏合程度与颗粒物及表面的组成、电荷、表面模组成及表面的粗糙度有关。

③ 吸着（吸附）指气体分子被颗粒物吸着的现象。

- 如果气体或蒸汽溶解在微粒中，这种现象称为吸收（absorption）；
- 若气体或蒸汽吸着在颗粒物表面上，则定义为吸附（adsorption）；
- 涉及特殊的化学相互作用的吸着，定义为化学吸附作用。如大气中 CO_2 和 SO_2 与 $Ca(OH)_2$ 的颗粒反应：

$$Ca(OH)_2\ (s) + CO_2 \longrightarrow CaCO_3 + H_2O$$

$$Ca(OH)_2\ (s) + SO_2 \longrightarrow CaSO_3 + H_2O$$

化学吸着的其他例子，如 SO_2 与氧化铁气溶胶的反应，硫酸气溶胶与 NH_3 的反应等，受到颗粒物表面限制。

在大气颗粒物上的电荷可以是正的，也可以是负的。基于颗粒物容易带有电荷这一性质，可利用静电除尘器使颗粒荷电，从而在电场力作用下去除烟道气中的颗粒物。

3.1.4 颗粒物的化学组成

大气颗粒物由无机元素与有机元素共同组成。

无机元素是大气颗粒物中的重要组成部分，无机颗粒物的成分是由颗粒物的形成过程决定的，形成类型分为天然源和人为源。

其中天然源形成类型的无机颗粒物具体组分如下。

① 扬尘的成分主要是该地区的土壤粒子。

火山爆发所喷出的火山灰，除主要由硅和氧组成的岩石粉末外，还含有一些如锌、锑、硒、锰和铁等金属元素的化合物。

② 海洋溅沫所释放出来的颗粒物，其成分主要有氯化钠，硫酸盐，还会有一些镁化合物。

人为源形成类型的无机颗粒物具体组分如下。

① 火力发电厂由于燃煤及石油而排放出来的颗粒物，其成分除大量的烟尘外，还含有铍、镍、钒等的化合物。

② 工业焚烧炉会排放出砷、铍、镉、铜、铁、汞、镁、锰、镍、铅、锑、钛、钒和锌等的化合物。

③ 燃用含铅汽油的汽车尾气中则含有大量的铅。

其中铝、锰、铁、锌等化学元素是 $PM_{2.5}$中主要的地壳元素成分，人为污染主要来源于重金属镉、镍、铅等，这些重金属元素虽然浓度较低，但是毒性很大，较容易集聚于颗粒物表面，并且长时间停留在大气中，对人的健康产生重大危害。图 3 - 4 详述了无机颗粒物的基本组成和来源。

有机颗粒物是大气中的有机物质凝聚而形成的颗粒物，或有机物质吸附在其他颗粒物上面而形成的颗粒物。粒径较小，属于爱根核模或积聚模，大多是通过气态污染物的凝聚而成（主要是由矿物燃料燃烧、废弃物焚化等高温燃烧过程所形成）。污染物主要有烷烃、烯烃、芳烃、多环芳烃及少量的亚硝胺、杂氮化合物、环酮、醌类、酚类和有机酸等。图 3 - 5 详述了粗颗粒和细颗粒中重要的化学形态分布。

据大气颗粒物化学组成与粒径之间的关系报导，获得了有关颗粒物的粒径谱特征和污染化学方面有价值的结果：颗粒物中的元素浓度 - 粒径分布方面，不同元素的含量因地、因季节而异；分布类型大多呈双峰型，对人体健康危害较大的重金属主要依附于粒径小于2 μm的颗粒物上，所以研究 $PM_{2.5}$中无机元素的分布特征对于分析颗粒物来源及其对人体健康的影响具有重要的实际意义。

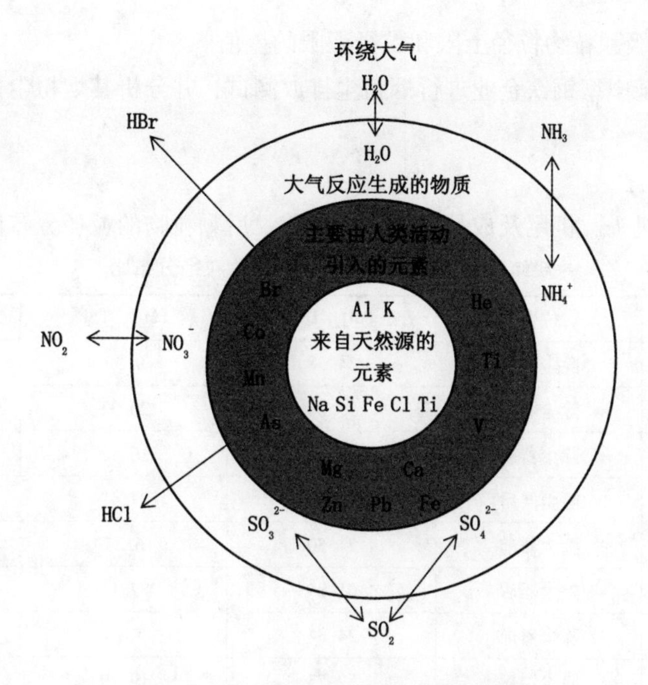

图3-4 无机颗粒物基本组成和来源

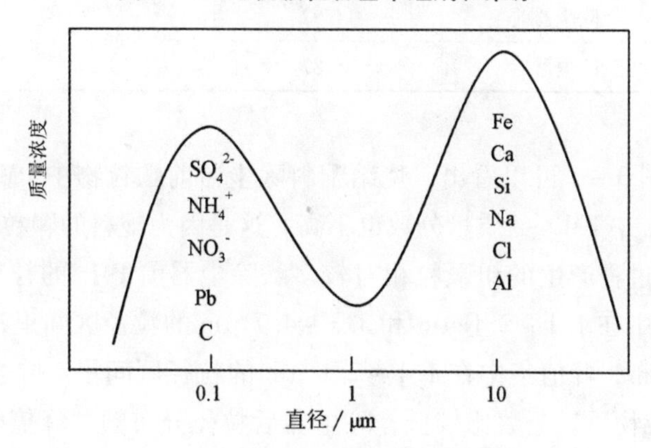

图3-5 粗颗粒和细颗粒中化学形态分布

3.2 钢铁企业颗粒物排放特征

3.2.1 烟粉尘粒径分布

颗粒物粒径分布的表示方法有很多种，本书选用以质量分数对粒径取微分的方法来表示。这种方法的优点在于在表示宽粒径分布的颗粒时，仍然能够比较好地在图中分析颗粒物的粒径分布情况。颗粒物质量分数的粒径分布频度 $\mathrm{d}C/\mathrm{d}D_\mathrm{p}$ 计算式如下：

$$\frac{\mathrm{d}C}{\mathrm{d}D_\mathrm{p}}=\frac{\Delta C}{\Delta D} \tag{3-2}$$

式中，ΔC——某级颗粒物的质量分数，$\mathrm{mg/Nm^3}$；

ΔD——某级颗粒物粒径上限和粒径下限的差值。

下面，选择某中型钢铁企业进行烟粉尘排放测试，并分析其烟粉尘排放粒径分布特征。

3.2.1.1 烧结工序

烧结配料、机头、机尾及成品整粒除尘器前、后颗粒物的粒径分布比见表3-2。

表3-2　烧结工序各除尘器前、后颗粒物粒径分布比　%

污染源	位置	PM_{10}/TSP	$PM_{2.5}/TSP$	$PM_{2.5}/PM_{10}$
烧结配料	除尘器前	34.38	9.39	27.30
	除尘器后	55.08	20.33	36.90
烧结机机头	除尘器前	48.67	16.13	33.13
	除尘器后	92.26	77.45	83.94
烧结机机尾	除尘器前	21.50	6.25	29.06
	除尘器后	61.84	37.11	60.00
成品整粒	除尘器前	24.84	7.18	28.89
	除尘器后	52.73	19.29	36.59
煤粉破碎	除尘器前	14.82	5.73	38.66
	除尘器后	95.87	59.37	61.93

（1）烧结配料

由表3-2和图3-6可以看出，烧结配料除尘器前颗粒物中PM_{10}的质量分数只有34.38%，而且PM_{10}中$PM_{2.5}$的质量分数也不高，这是因为配料的颗粒物主要来自原料的破碎、混合，这些过程产生的粗颗粒相对较多。除尘器前PM_{10}的粒径分布频度呈双峰分布，峰值分别集中在1.1~2.1 μm和3.3~4.7 μm的粒径区间里；除尘器后PM_{10}的质量分数呈单峰分布，峰值集中在1.1~2.1 μm的粒径区间里。除尘器前、后PM_{10}中1.1 μm以下的颗粒物质量分数比较低，除尘器后粒径分布频度峰值朝着小颗粒的方向移动。除尘器后$PM_{2.5}$、PM_{10}的质量分数较除尘器前均有所增加。

（2）烧结机机头

由表3-2和图3-7可以看出，烧结机机头除尘器前颗粒物中PM_{10}的质量分数很高，这是因为机头的颗粒物主要来自烧结配料燃烧产生的烟尘。细模态颗粒的主要生成机理为气化凝结，机头烟气中大部分颗粒物均经过了高温燃烧或加热过程，因此细颗粒含量要明显高于常温下只经过纯物理破碎的配料工艺产生的粉尘。机头除尘器前、后PM_{10}的质量分数均呈单峰分布，峰值均集中在0.4~0.7 μm的粒径区间里，但除尘器后0~0.4 μm颗粒物质量分数比除尘器前大很多。经典燃烧论认为煤粉燃烧产生的颗粒物呈双峰分布，峰值分别出现在0.1 μm和1 μm处。与纯煤粉燃烧相比，机头颗粒峰值粒径位于二者中间，这是因为烧结过程产生的颗粒物不仅包括配料燃烧产生的烟尘，而且包括烧结布料过程中产生的粉尘。除尘器后$PM_{2.5}$、PM_{10}的质量分数较除尘器前均有所增加。

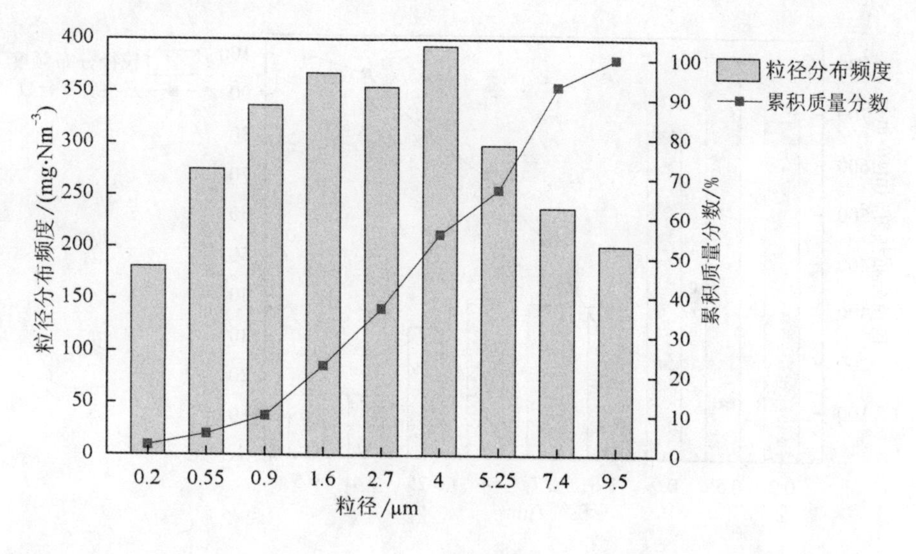

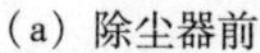

（a）除尘器前

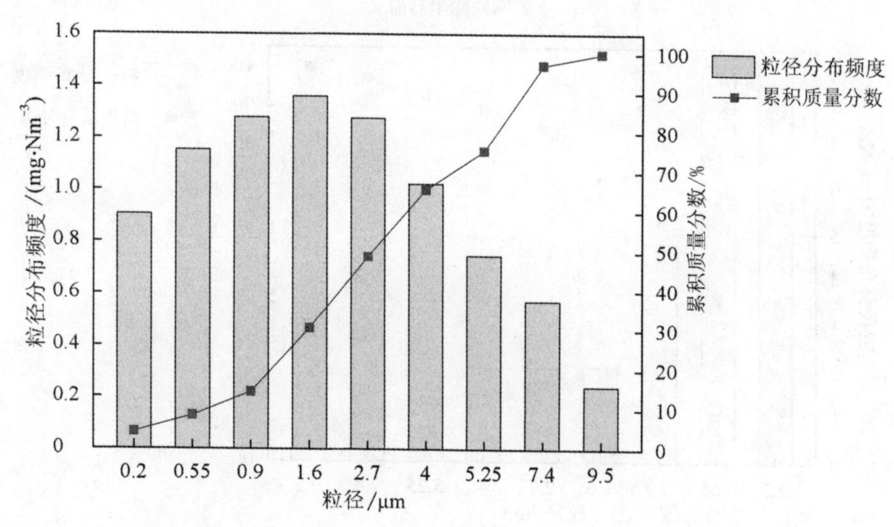

（b）除尘器后

图3－6　烧结配料除尘器前、后PM_{10}的粒径分布和累积分布

（3）烧结机机尾

由表3－2和图3－8可以看出，机尾除尘器前、后PM_{10}的质量分数均呈双峰分布，峰值分别集中在0.4～0.7 μm和2.1～3.3 μm的粒径区间里，主要是因为机尾的颗粒物主要来自配料燃烧产生的烧结灰和破碎时产生的粉尘，前者细颗粒物居多，后者则粗颗粒物较多。除尘器后$PM_{2.5}$、PM_{10}的质量分数较除尘器前均增加。

（4）成品整粒

由表3－2和图3－9可以看出，成品整粒和烧结配料类似，除尘器前颗粒物中PM_{10}的质量分数只有24.84%，而且PM_{10}中$PM_{2.5}$的质量分数也不高，这是因为整粒的颗粒物主要来自烧结矿的破碎、筛分和转运，粗颗粒居多。除尘器前PM_{10}的质量分数呈双峰分布，峰值分别集中在1.1～2.1 μm和4.7～5.8 μm的粒径区间里；除尘器后PM_{10}的

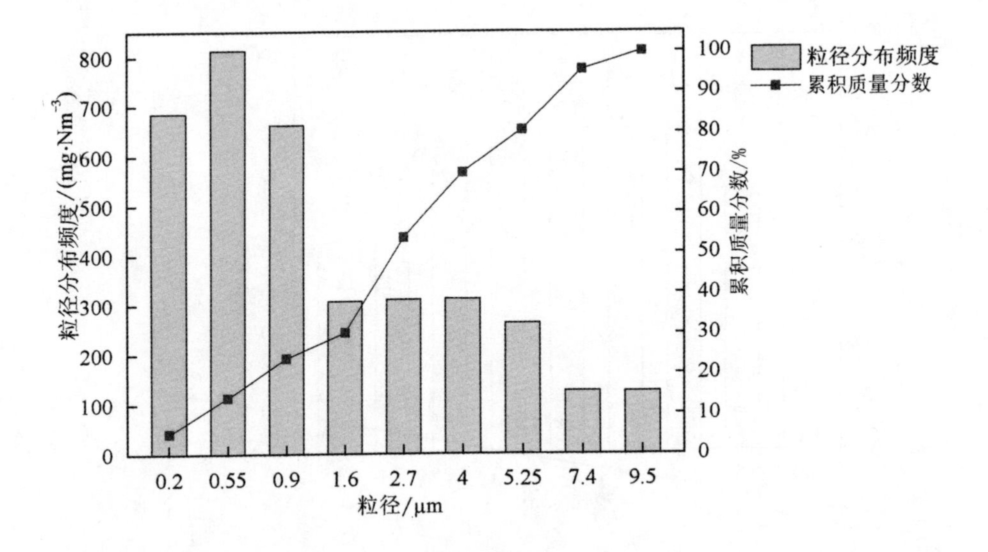

（a）除尘器前

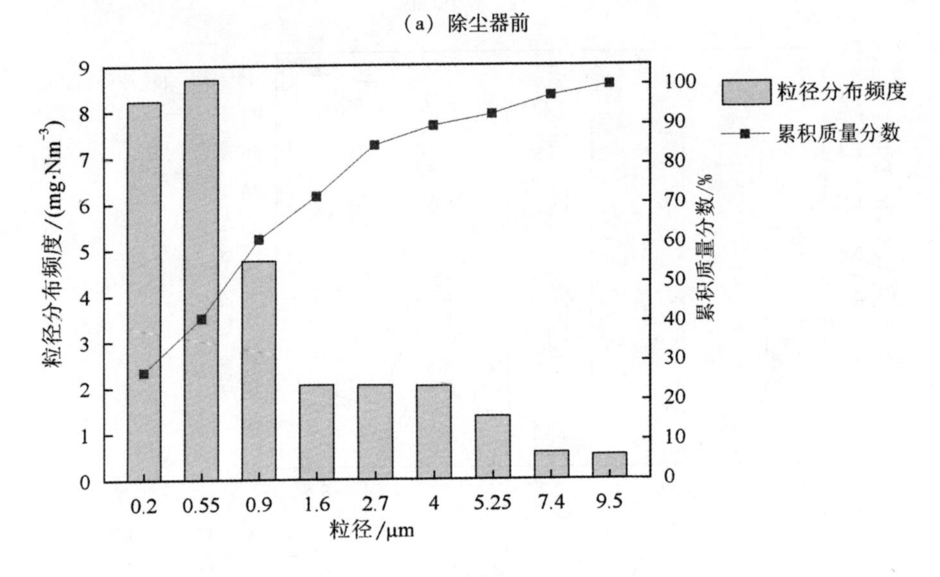

（b）除尘器后

图3－7　烧结机机头除尘器前、后PM_{10}的粒径分布和累积分布

质量分数呈单峰分布，峰值集中在0.7～1.1 μm的粒径区间里。除尘器前PM_{10}中1.1 μm以下的颗粒物质量百分数比较小。

（5）煤粉破碎

由表3－2和图3－10可以看出，煤粉破碎除尘器前颗粒物中PM_{10}的质量分数只有14.82%，而PM_{10}中$PM_{2.5}$的质量分数为38.66%，这是因为煤粉破碎的颗粒物主要来自煤块的破碎、筛分和转运，粗颗粒居多。除尘器前PM_{10}的质量分数呈双峰分布，峰值分别集中在0.85～0.947 μm和2.482～2.762 μm的粒径区间里；除尘器后PM_{10}的质量分数呈单峰分布，峰值集中在0.85～0.947 μm的粒径区间里。煤粉破碎PM_{10}中除尘器前和除尘器后0.5 μm以下的颗粒物质量分数比较少，且0.2 μm以下的颗粒物含量几乎为零。

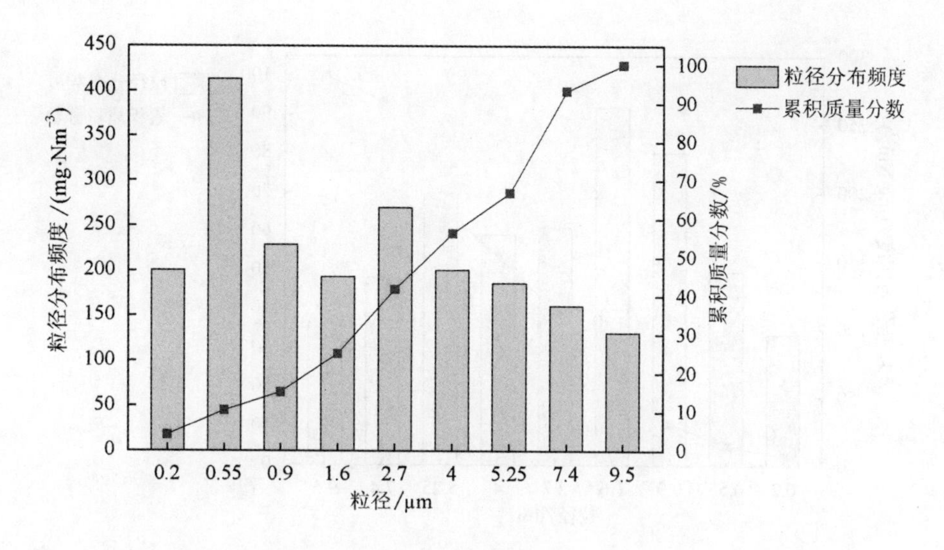

（a）除尘器前

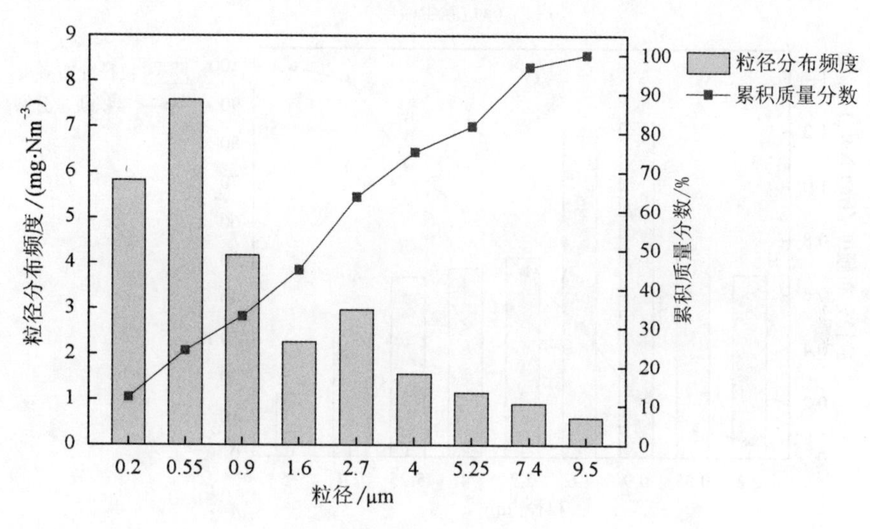

（b）除尘器后

图 3－8　烧结机机尾除尘器前、后 PM_{10} 的粒径分布和累积分布

3. 2. 1. 2　焦化工序

装煤及推焦、干熄焦排气和筛分及转运除尘器前、后的颗粒物粒径分布比见表 3－3。

表 3－3　　焦化工序各除尘器前、后颗粒物粒径分布比　　%

污染源	位置	PM_{10}/TSP	$PM_{2.5}$/TSP	$PM_{2.5}$/PM_{10}
装煤及推焦	除尘器前	20. 47	5. 96	29. 13
	除尘器后	62. 60	28. 26	45. 15
干熄焦排气	除尘器前	13. 24	1. 83	13. 86
	除尘器后	47. 34	17. 18	36. 28
筛分及转运	除尘器前	20. 37	5. 90	28. 95
	除尘器后	42. 00	22. 63	53. 89

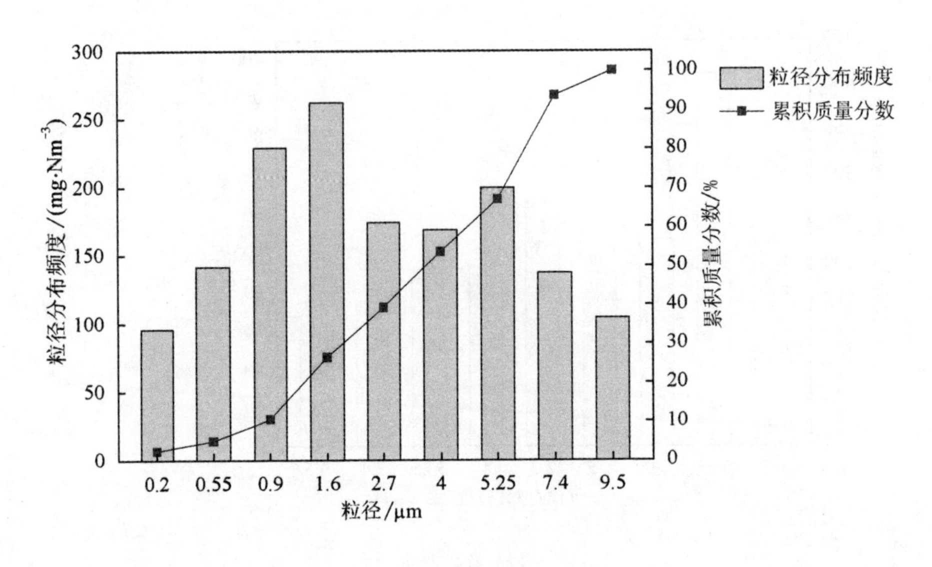

(a) 除尘器前

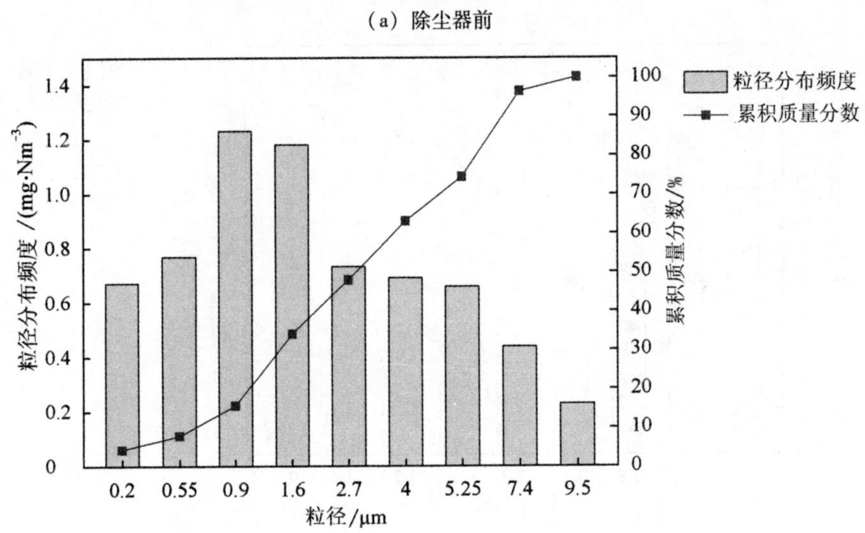

(b) 除尘器后

图3－9　成品整粒除尘器前、后PM_{10}的粒径分布和累积分布

(1) 装煤及推焦

由表3－3和图3－11可以看出，装煤及推焦除尘器前颗粒物中PM_{10}的质量分数不高，而且PM_{10}中$PM_{2.5}$的质量分数也很低。这说明装煤及推焦的颗粒物主要以粗颗粒为主，原因是装煤及推焦颗粒物主要来自装煤孔排出的烟尘和推焦时焦炭在空气中燃烧产生的烟尘。这些颗粒的黏附性比较大，相互碰撞时容易团聚成大颗粒。装煤及推焦除尘器前PM_{10}质量分数呈双峰分布，峰值分别集中在0.4～0.7 μm和1.1～2.1 μm的粒径区间里；除尘器后PM_{10}的质量分数呈单峰分布，峰值集中在0.4～0.7 μm的粒径区间里。除尘器前PM_{10}中1.1 μm以下的颗粒物质量分数比较低，且除尘器后质量分数峰值朝着小颗粒的方向移动。

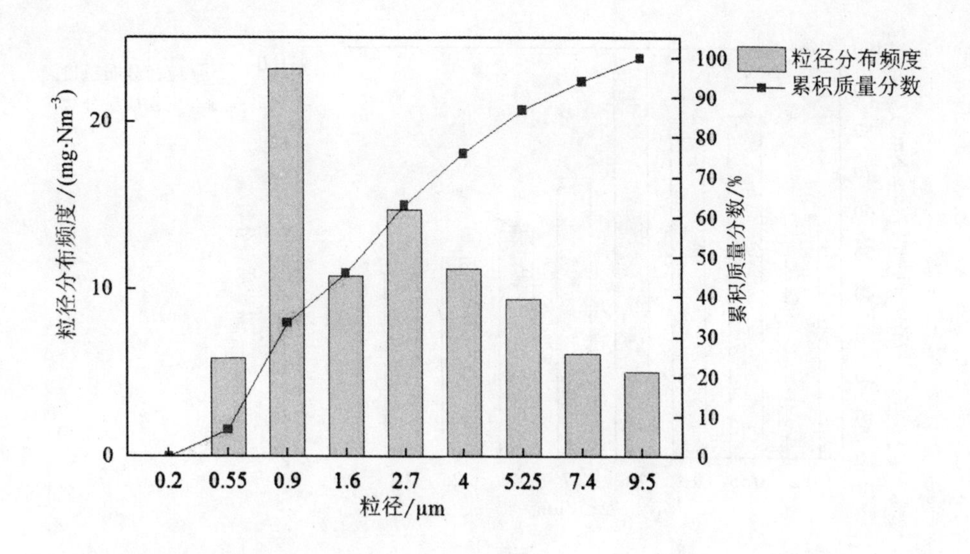

（a）除尘器前

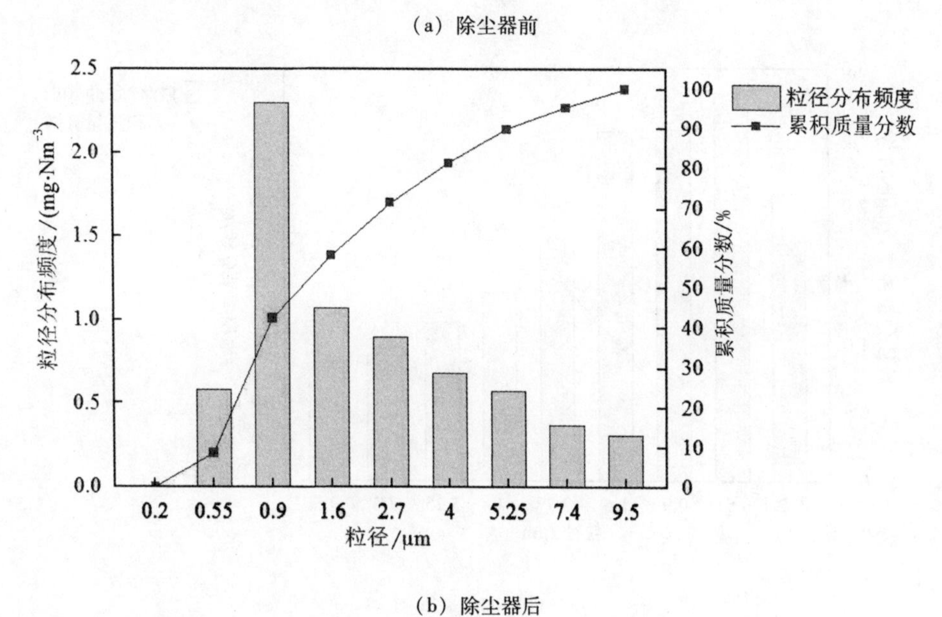

（b）除尘器后

图3－10　烧结煤粉破碎除尘器前、后PM_{10}的粒径分布和累积分布

（2）干熄焦排气

由表3－3和图3－12可以看出，干熄焦排气除尘器前颗粒物中PM_{10}的质量分数极低，只有13.24%，而且PM_{10}中$PM_{2.5}$的质量分数也很低。干熄焦排气颗粒物主要来自干熄炉的顶部在装焦作业时产生的高温烟尘、干熄炉放散烟气中的粉尘以及干熄炉下部排焦时产生的粉尘，这些颗粒物中大部分为物理破碎时产生的粉尘，所以大颗粒比较多。干熄焦排气除尘器前PM_{10}的质量分数呈双峰分布，峰值分别集中在0.4～0.7 μm和4.7～5.8 μm的粒径区间里；除尘器后PM_{10}的质量分数也呈双峰分布，峰值分别集中在0.4～0.7 μm和3.3～4.7 μm的粒径区间里。

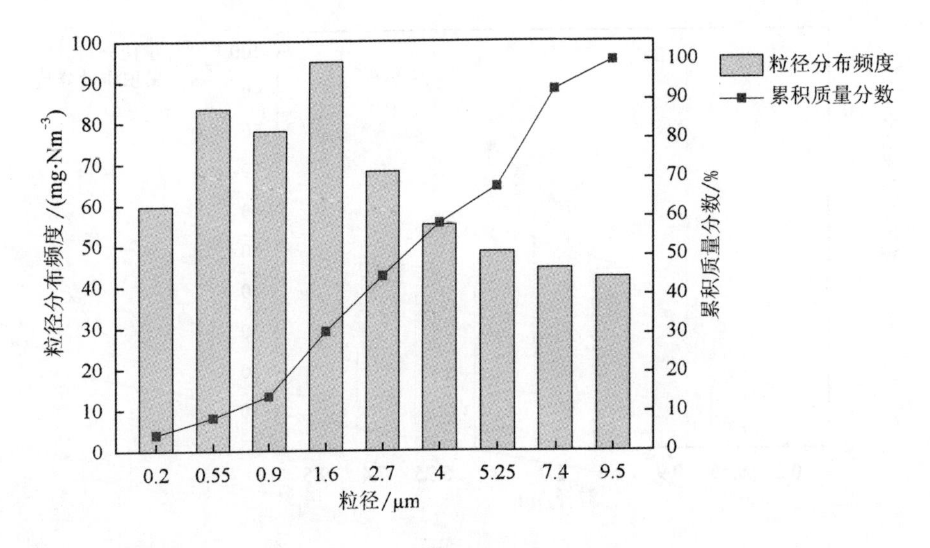

(a) 除尘器前

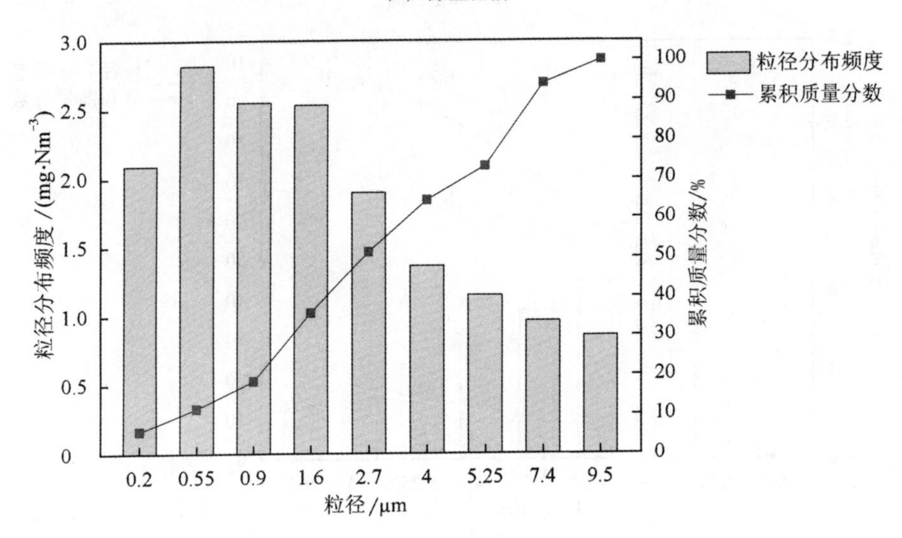

(b) 除尘器后

图3－11 装煤及推焦除尘器前、后 PM_{10}的粒径分布和累积分布

（3）筛分及转运

由表3－3和图3－13可以看出，筛焦及转运和干熄焦排气类似，除尘器前颗粒物中PM_{10}的质量分数较低，而且PM_{10}中$PM_{2.5}$的含量也很低，这是由于筛焦及转运颗粒物主要来自纯物理破碎时产生的粉尘，大颗粒物相对比较多。装煤及推焦除尘器前PM_{10}质量分数呈单峰分布，峰值集中在1.1～2.1 μm的粒径区间里；除尘器后PM_{10}质量分数呈双峰分布，峰值分别集中在0.4～0.7 μm和1.1～2.1 μm的粒径区间里。除尘器前PM_{10}的质量分数分布比较均匀，除尘器后$PM_{2.5}$和PM_{10}的质量分数较除尘前均有所增加，且除尘器后质量分数峰值朝着小颗粒的方向移动。

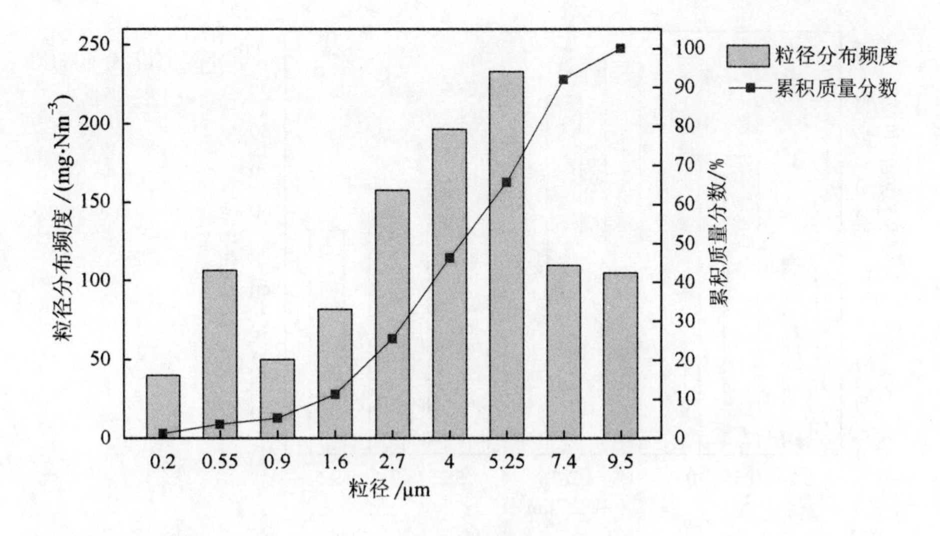

（a）除尘器前

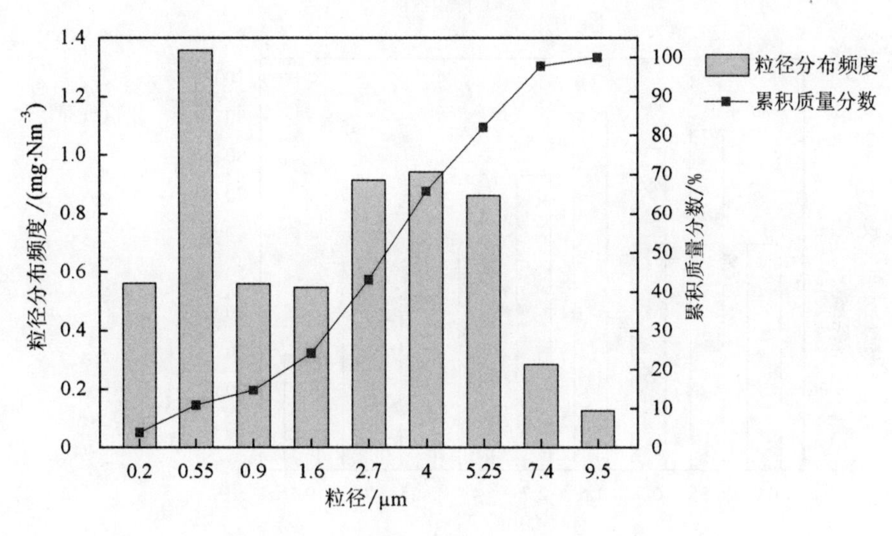

（b）除尘器后

图3－12　干熄焦排气除尘器前、后PM_{10}的粒径分布和累积分布

3.2.1.3　炼铁工序

高炉矿槽和出铁场以及高炉煤粉上料除尘器前、后的颗粒物粒径分布比见表3－4。

表3－4　炼铁工序各除尘器前、后颗粒物粒径分布比　%

污染源	位置	PM_{10}/TSP	$PM_{2.5}$/TSP	$PM_{2.5}$/PM_{10}
高炉矿槽	除尘器前	19.20	1.44	7.52
	除尘器后	37.47	14.36	38.31
高炉出铁场	除尘器前	58.37	30.88	52.90
	除尘器后	73.55	52.26	71.05
高炉煤粉上料	除尘器前	39.51	10.98	27.80
	除尘器后	49.97	28.17	56.37

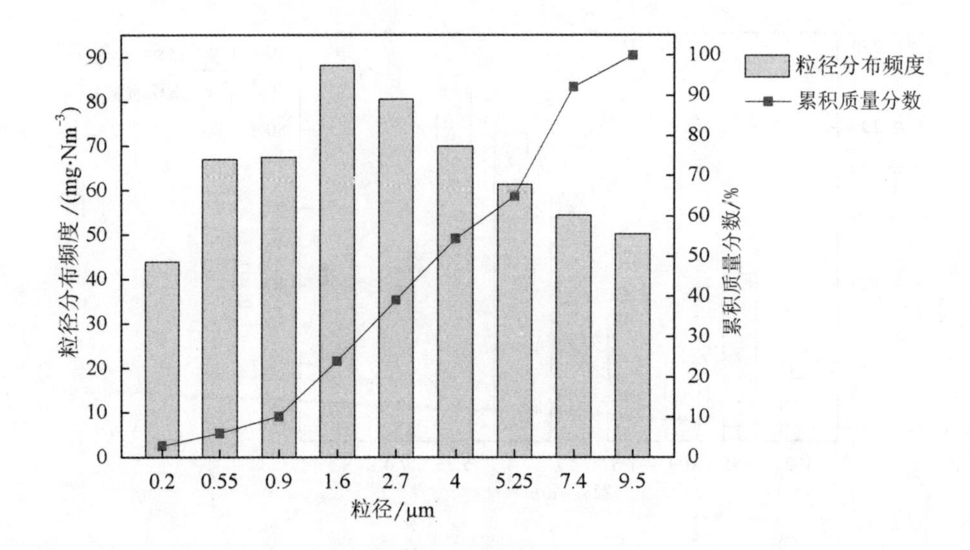

(a) 除尘器前

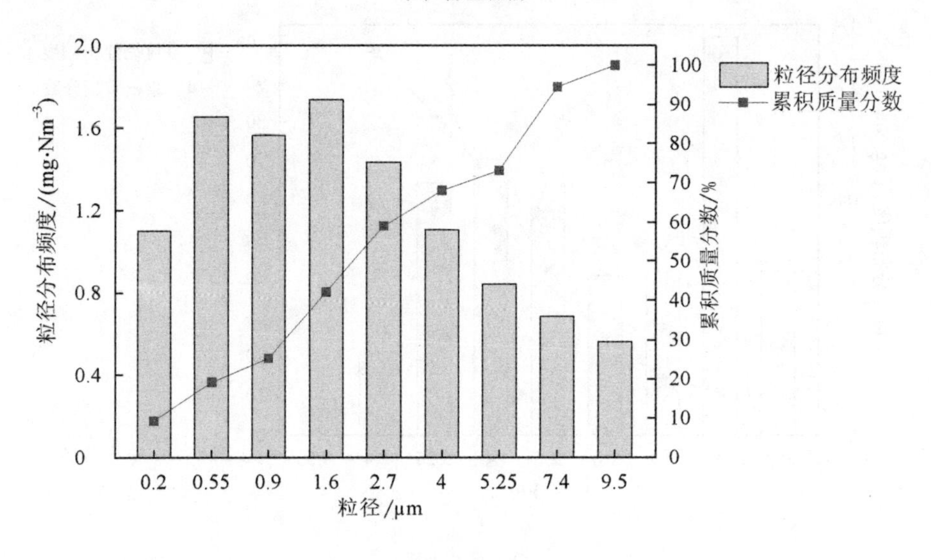

(b) 除尘器后

图 3－13　筛焦及转运除尘器前、后 PM_{10} 的粒径分布和累积分布

（1）高炉矿槽

由表 3－4 和图 3－14 可以看出，高炉矿槽除尘器前颗粒物中 PM_{10} 的质量分数只有 19.20%，而且 PM_{10} 中 $PM_{2.5}$ 的质量分数也非常低，仅为 7.52%，这是因为矿槽颗粒物主要来自烧结矿槽、焦炭槽等槽上系统和给料机、振动筛、称量漏斗等槽下系统以及转运站作业时产生的粉尘，这些粉尘均属于纯物理破碎产生，大颗粒居多。矿槽除尘器前 PM_{10} 的质量分数呈双峰分布，峰值分别集中在 3.3～4.7 μm 和 5.8～9.0 μm 的粒径区间里；除尘器后 PM_{10} 质量分数呈单峰分布，峰值集中在 2.1～3.3 μm 的粒径区间里。高炉矿槽除尘器前、后 PM_{10} 中 2.1 μm 以下的颗粒物质量分数比较少，除尘器后 $PM_{2.5}$ 和 PM_{10} 的质量分数较除尘前均有所增加，除尘器后质量分数峰值朝着小颗粒的方向移动。

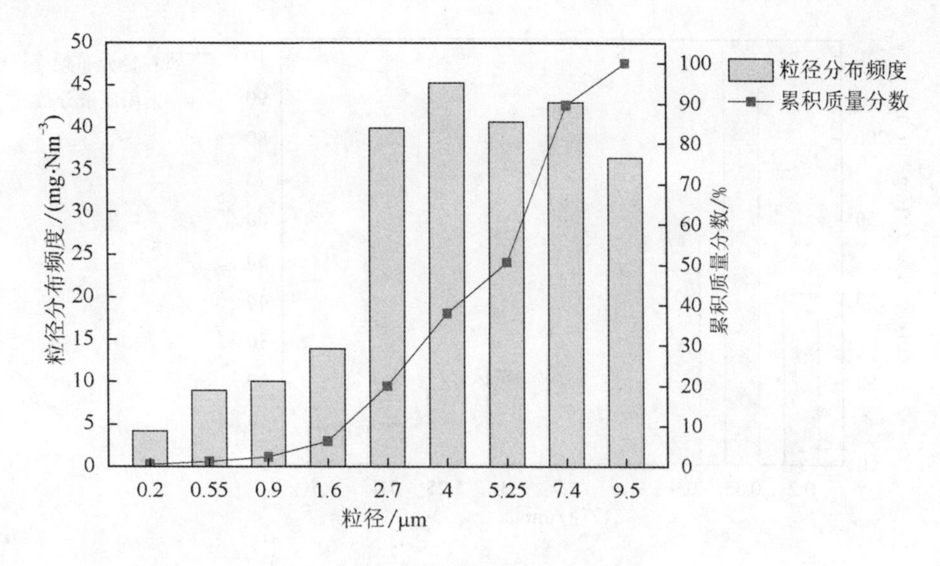

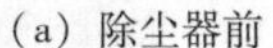

（a）除尘器前

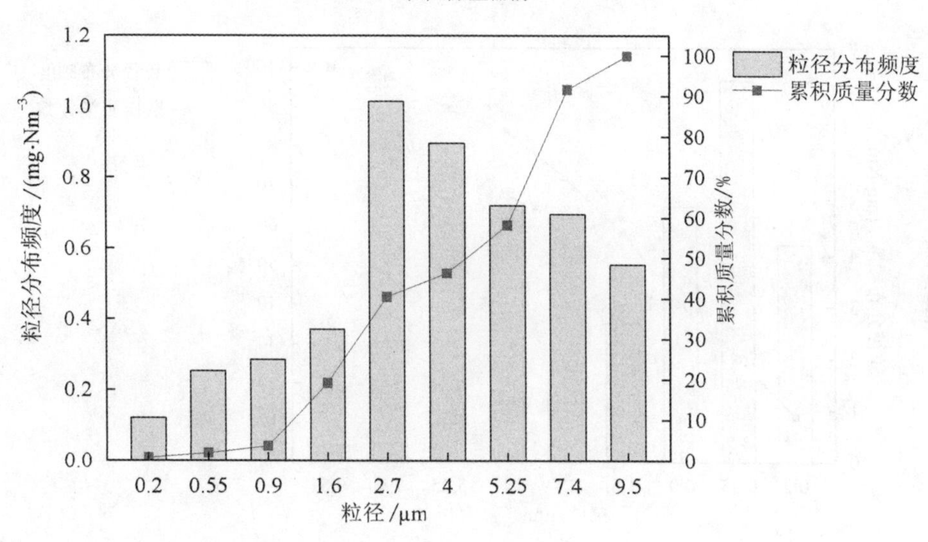

（b）除尘器后

图3-14　高炉矿槽除尘器前、后PM_{10}的粒径分布和累积分布

（2）高炉出铁场

由表3-4和图3-15可以看出，高炉出铁场除尘器前颗粒物中PM_{10}的质量分数比较高，为58.37%，而且PM_{10}中$PM_{2.5}$的质量分数也很高。这是因为出铁场颗粒物主要来自出铁口、铁沟、撇渣器和铁水罐等部位产生的一次烟尘和开、堵铁口时产生的二次烟尘，这些烟尘为炼铁原料高温加热过程中无机元素气化凝结和铁水、高炉渣与周围氧气相互作用时产生的，烟尘中的细颗粒物居多。除尘器前、后PM_{10}的质量分数均呈单峰分布，峰值均集中在0.4~0.7 μm的粒径区间里，但除尘器后0~0.4 μm颗粒物质量分数比除尘器前大很多，且除尘器后$PM_{2.5}$和PM_{10}的质量分数较除尘前均有所增加。

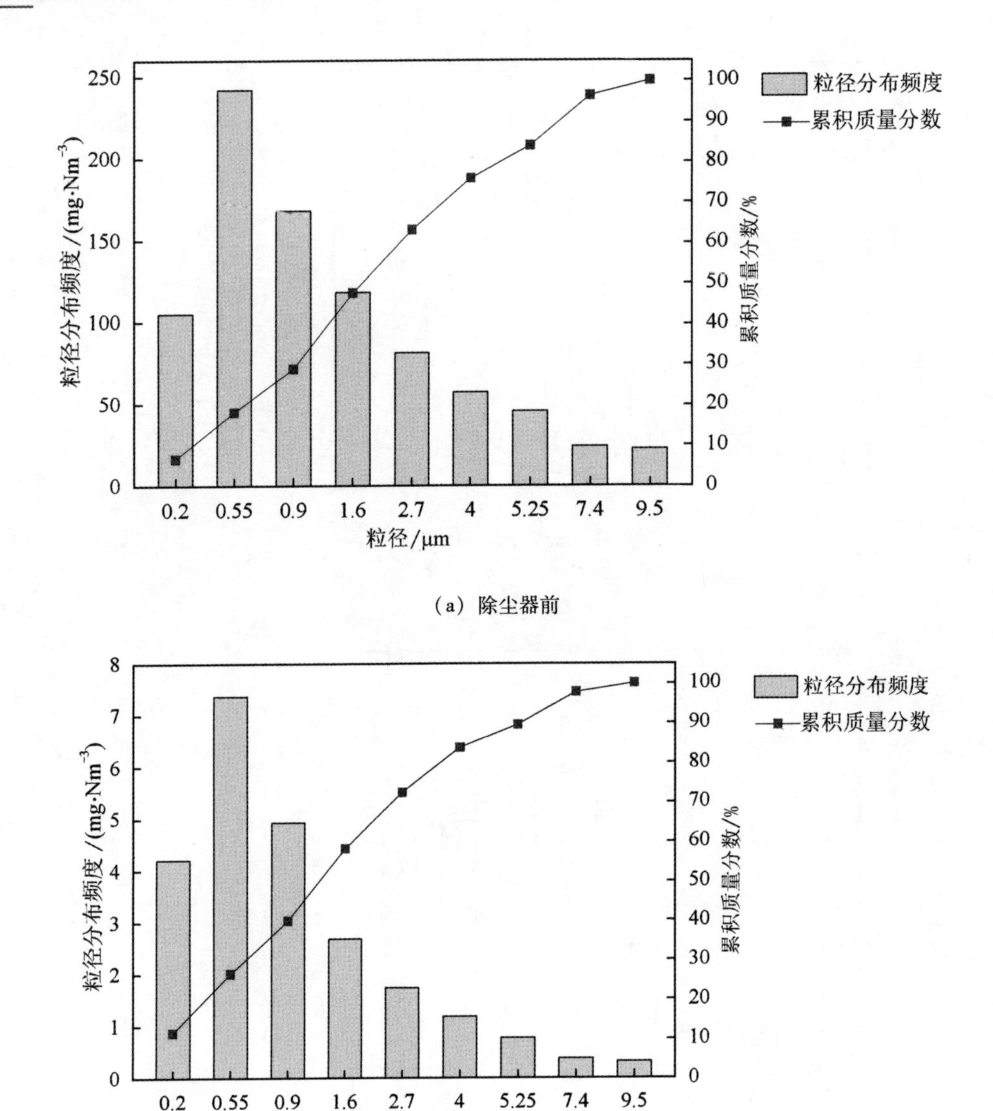

(a) 除尘器前

(b) 除尘器后

图3－15　高炉出铁场除尘器前、后PM_{10}的粒径分布和累积分布

（3）高炉煤粉上料

由表3－4和图3－16可以看出，高炉煤粉上料除尘器前颗粒物中PM_{10}的质量分数为39.51%，而且PM_{10}中$PM_{2.5}$的质量分数为27.80%。这是因为煤粉上料的颗粒物主要来自给料机、振动筛、称量漏斗等槽下系统以及转运站作业时产生的粉尘，这些粉尘均属于纯物理破碎产生，大颗粒居多。煤粉上料除尘器前PM_{10}的质量分数呈双峰分布，峰值分别集中在0.211～0.235 μm和2.482～2.762 μm的粒径区间里；除尘器后PM_{10}质量分数呈单峰分布，峰值集中在0.211～0.235 μm的粒径区间里。高炉煤粉上料除尘器前PM_{10}中2.7 μm以下的颗粒物质量分数比较低，除尘器后PM_{10}中2.7 μm以下的颗粒物质量分数比除尘前明显有所增加，除尘器后质量分数峰值朝着小颗粒的方向移动，说明除尘器对大颗粒物的捕集效果较好。

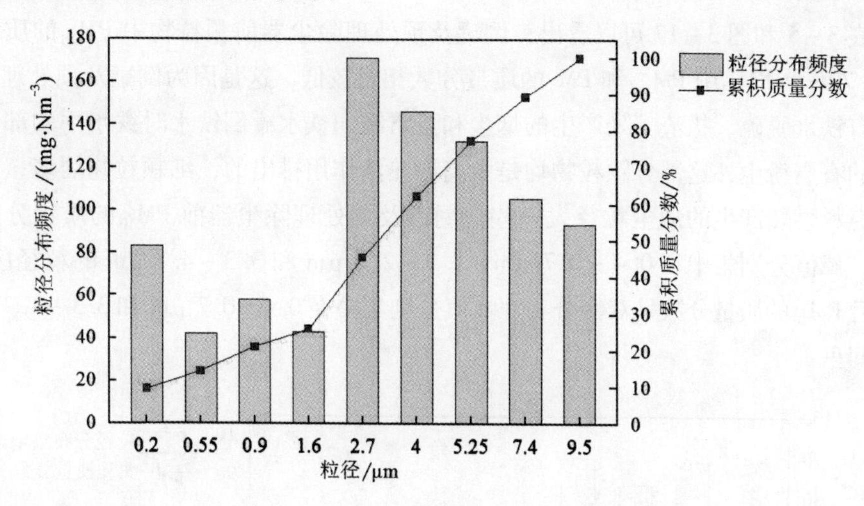

（a）除尘器前

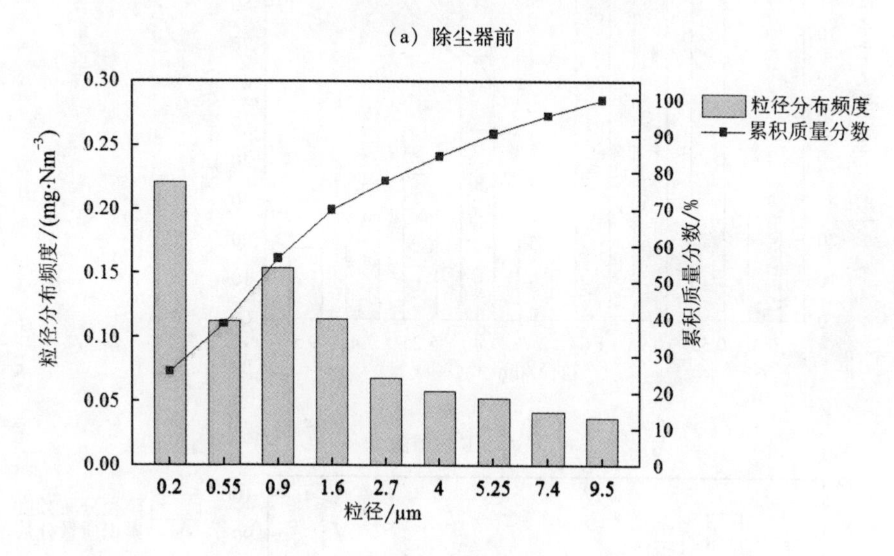

（b）除尘器后

图 3－16　高炉煤粉上料除尘器前、后 PM_{10} 的粒径分布和累积分布

3.2.1.4　炼钢工序

倒罐及预处理、转炉二次烟气和精炼除尘器前、后的颗粒物粒径分布比见表 3－5。

表 3－5　炼钢工序各除尘器前、后颗粒物粒径分布比　%

污染源	位置	PM_{10}/TSP	$PM_{2.5}$/TSP	$PM_{2.5}$/PM_{10}
倒罐及预处理	除尘器前	84.79	34.58	40.79
	除尘器后	94.56	47.40	50.13
转炉二次烟气	除尘器前	82.42	43.14	52.36
	除尘器后	96.61	58.79	60.86
精炼	除尘器前	85.42	31.80	37.23
	除尘器后	96.26	48.76	50.66

(1) 倒罐及预处理

由表3-5和图3-17可以看出，倒罐及预处理除尘器前颗粒物中PM_{10}的质量分数高达84.79%，PM_{10}中$PM_{2.5}$和PM_1的质量分数相对较低，这是因为倒罐及预处理颗粒物主要来自铁水脱硫、扒渣等处产生的烟尘和鱼雷罐向铁水罐倒铁水时铁水中的部分碳析出形成的石墨粉尘，这部分颗粒物均是由高温热泳作用排出的，细颗粒物居多，但粒径要比纯燃料燃烧产生的烟尘粒径大一些。倒罐及预处理除尘器前PM_{10}的质量分数呈三峰分布，峰值分别集中在0.4~0.7 μm、1.1~2.1 μm和3.3~4.7 μm的粒径区间里；除尘器后PM_{10}的质量分数呈双峰分布，峰值分别集中在0.4~0.7 μm和3.3~4.7 μm的粒径区间里。

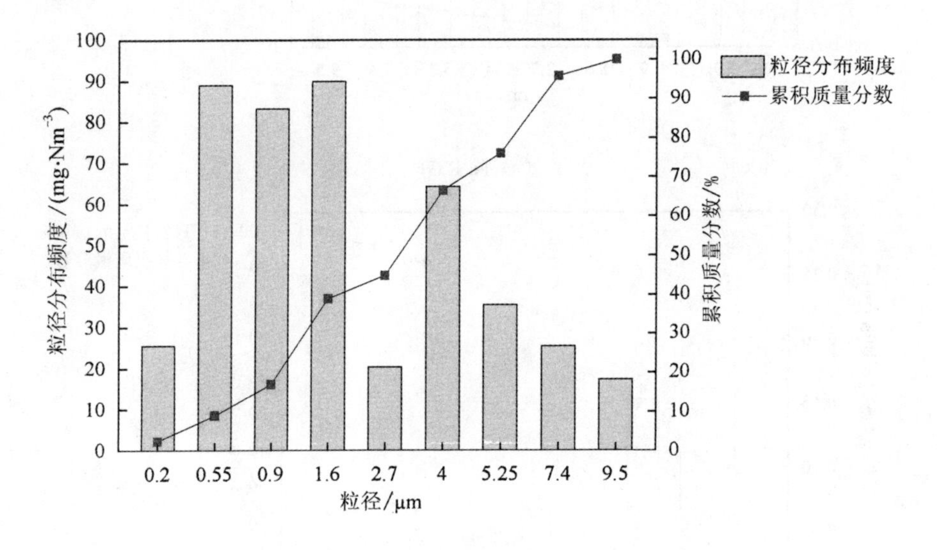

(a) 除尘器前

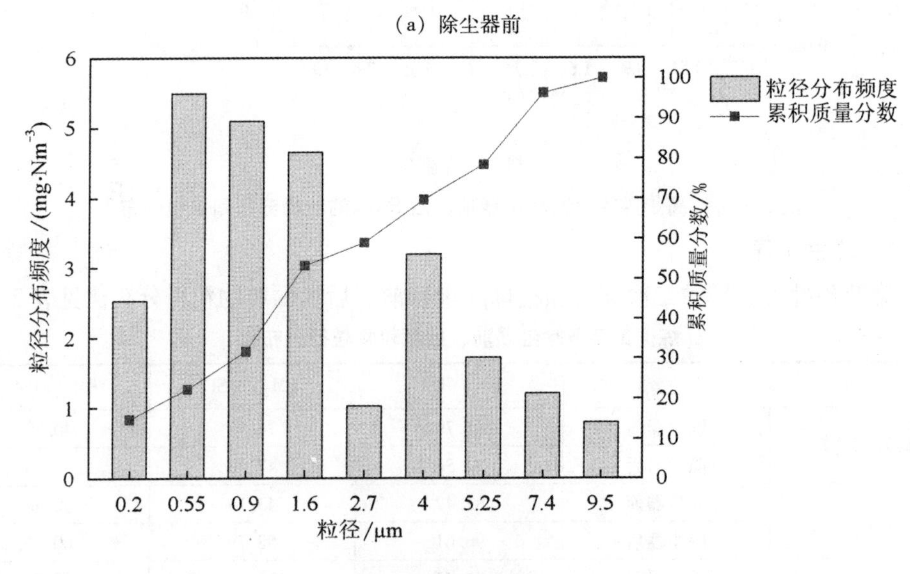

(b) 除尘器后

图3-17 倒罐及预处理除尘器前、后PM_{10}的粒径分布和累积分布

（2）转炉二次烟气

由表3-5和图3-18可以看出，转炉二次烟气和倒罐及预处理类似，除尘器前颗粒物中PM_{10}的质量分数高达82.42%，但PM_{10}中$PM_{2.5}$和PM_1的质量分数相对倒罐及预处理来说比较高，这是因为转炉二次烟气颗粒物主要来自转炉兑铁水、加料、吹炼、出渣、出钢等过程中产生的高温烟气中的烟尘，在兑铁水、吹炼和出钢时产生的高温烟气高达1200℃，颗粒物因高温热泳作用排出，细颗粒物居多。除尘器前PM_{10}的质量分数呈双峰分布，峰值分别集中在0.4~0.7 μm和1.1~2.1 μm的粒径区间里；除尘器后PM_{10}的质量分数呈单峰分布，峰值集中在0.4~0.7 μm的粒径区间里。除尘器前、后2.1 μm以下的颗粒物质量分数要远高于2.1~10 μm颗粒物的质量分数。除尘器后PM_1、$PM_{2.5}$和PM_{10}的质量分数较除尘器前均有所增加。

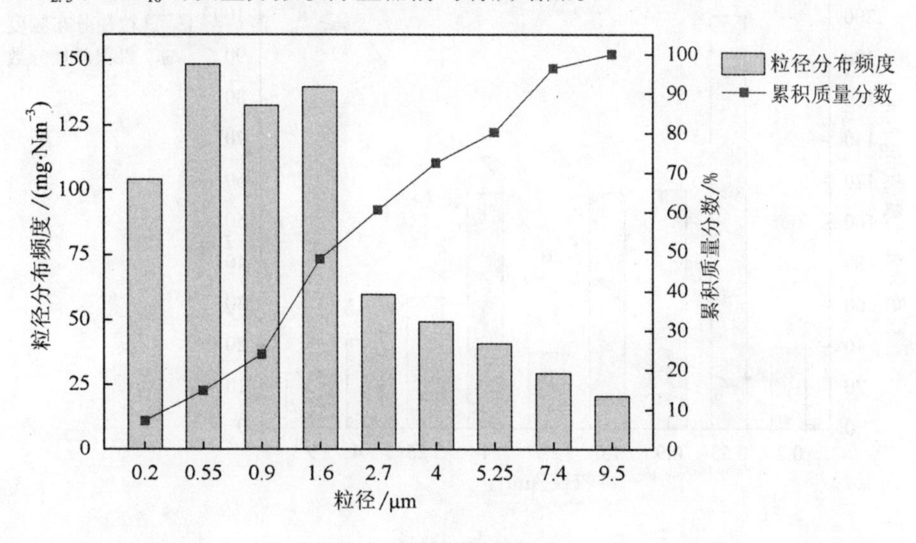

（a）除尘器前

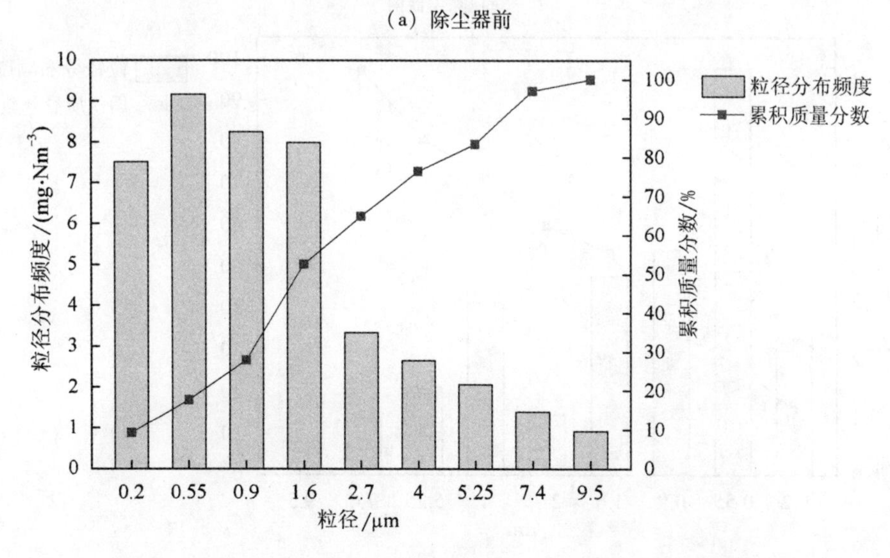

（b）除尘器后

图3-18　转炉二次烟气除尘器前、后PM_{10}的粒径分布和累积分布

（3）精炼

由表3－5和图3－19可以看出，精炼除尘器前颗粒物中PM_{10}的质量分数高达85.42%；PM_{10}中$PM_{2.5}$的质量分数为31.80%，相对较低；$PM_{2.5}$中PM_1的质量分数为48.64%。精炼颗粒物主要来自精炼过程中加入的料渣和合金与铁水发生物理变化和化学反应时产生的烟尘，这部分颗粒物均是由高温热泳作用排出，细颗粒物居多，但粒径要比纯燃料燃烧产生的烟尘大一些。精炼除尘器前、后PM_{10}的质量分数均呈双峰分布，峰值分别集中在0.4～0.7 μm和3.3～4.7 μm的粒径区间里，但除尘器后PM_1、$PM_{2.5}$和PM_{10}质量分数较除尘器前均有所增加。除尘器前、后PM_{10}中1.1 μm以下的颗粒物质量分数比较低。

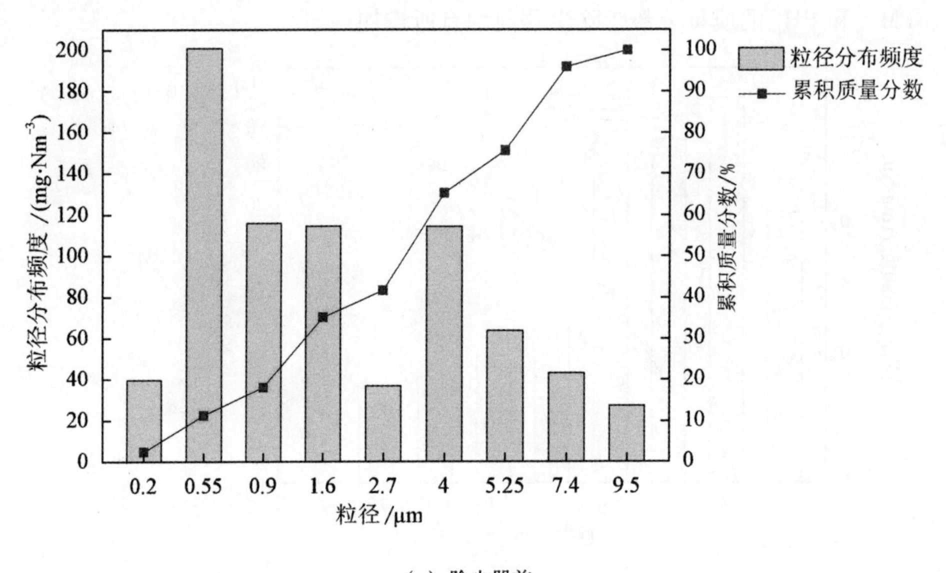

（a）除尘器前

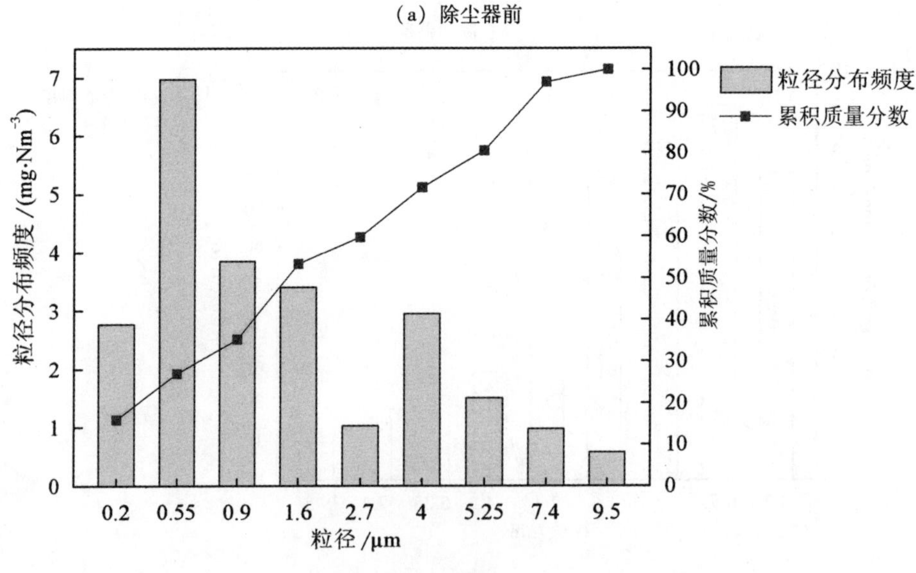

（b）除尘器后

图3－19　精炼除尘器前、后PM_{10}的粒径分布和累积分布

3.2.1.5 封闭原料场

封闭原料场除尘器前、后的颗粒物粒径分布比见表3-6。

表3-6 封闭原料场除尘器前、后颗粒物粒径分布比 %

污染源	位置	PM_{10}/TSP	$PM_{2.5}$/TSP	$PM_{2.5}$/PM_{10}
封闭原料场	除尘器前	26.52	7.91	29.82
	除尘器后	55.89	44.85	80.25

由表3-6和图3-20可以看出，封闭原料场与高炉矿槽类似，除尘器前颗粒物中PM_{10}的质量分数为26.52%，而且PM_{10}中$PM_{2.5}$的质量分数为29.82%。这是因为封闭原料场的颗粒物主要来自给焦炭、矿石等卸料系统以及转运站作业时产生的粉

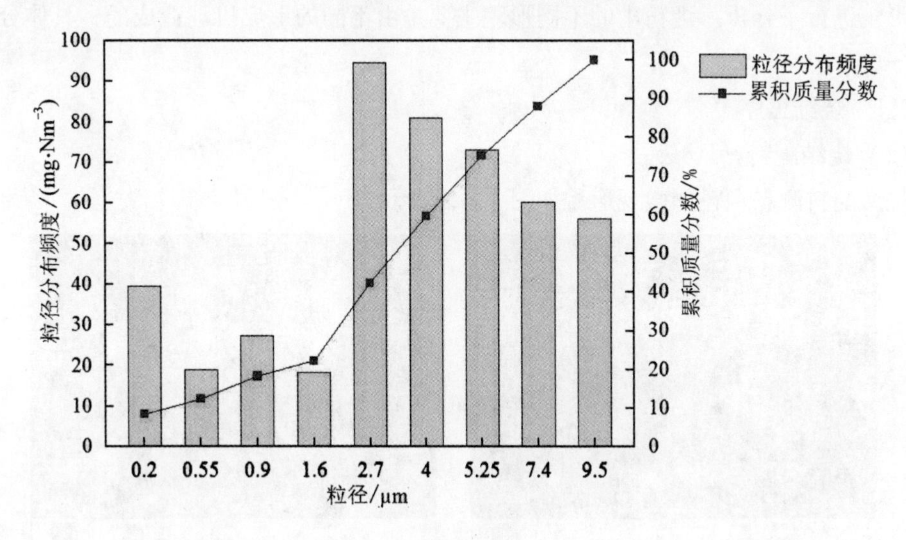

(a) 除尘器前

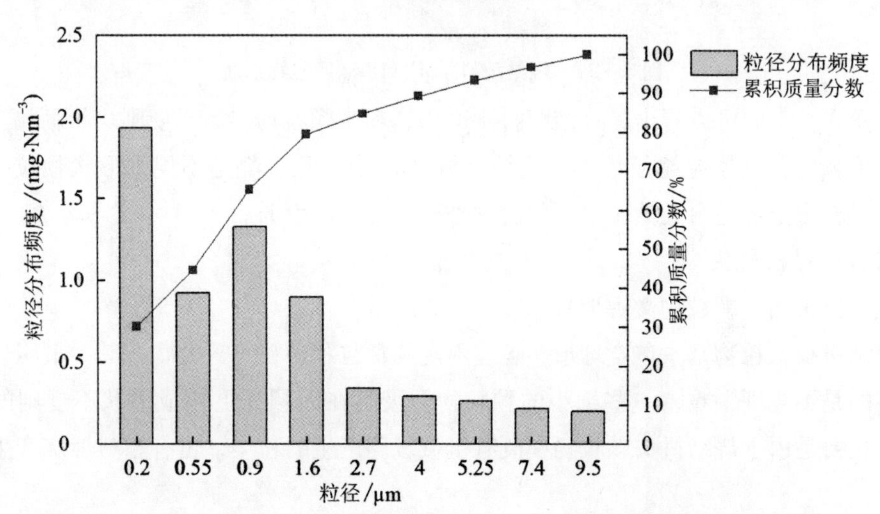

(b) 除尘器后

图3-20 封闭原料场除尘器前、后PM_{10}的粒径分布和累积分布

尘，这些粉尘均由纯物理破碎产生，大颗粒居多。封闭原料场除尘器前 PM_{10} 的质量分数呈双峰分布，峰值分别集中在 0.211～0.235 μm 和 2.482～2.762 μm 的粒径区间；除尘器后 PM_{10} 质量分数呈单峰分布，峰值集中在 0.211～0.235 μm 的粒径区间里。封闭原料场除尘器前 PM_{10} 中 2.7 μm 以下的颗粒物质量含量比较少，除尘器后 PM_{10} 中 2.7 μm 以下的颗粒物质量分数比除尘前明显有所增加，除尘器后质量分数峰值向小颗粒的方向移动，说明除尘器对大颗粒物的捕集效果较好。

3.2.2　烟粉尘微观形貌

本小节利用扫描电子显微镜（SEM）对该大型企业不同工序、不同粒径的烟粉尘的具体形貌进行了分析。烟粉尘的不同形貌主要是由不同的形成机理造成的，具体分析如下。

3.2.2.1　烧结工序

（1）烧结配料

烧结配料测点颗粒物微观形貌如图 3－21 所示。

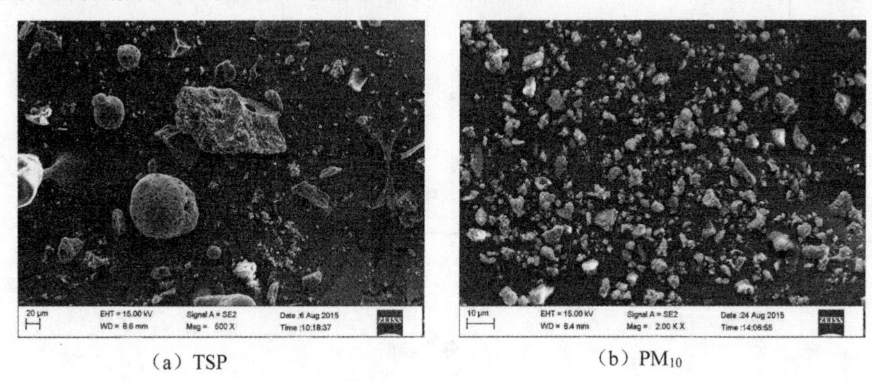

（a）TSP　　（b）PM_{10}

图 3－21　烧结配料 TSP，PM_{10} 颗粒物形貌

从图 3－21 中可以看出，烧结配料 TSP 中，粉尘颗粒均多为无规则块状颗粒，有少量的球形颗粒，且颗粒粒径较大。烧结配料 PM_{10} 中，几乎都是不规则形状颗粒，因为烧结配料粉尘全部是由天然矿物原料物理破碎、混合产生的。

（2）烧结机机头

烧结机头测点颗粒物微观形貌如图 3－22 所示。

烧结机头颗粒物基本包含球形颗粒、不规则颗粒和颗粒物聚合物，其中最明显且含量较多的是不规则颗粒，一些细小的颗粒物会吸附在大颗粒上构成形状不规则的聚合物。这主要是由于烧结机头颗粒物中既有机械破碎产生的粉尘，也有燃料燃烧产生的烟尘。

（3）烧结机机尾

烧结机尾测点颗粒物微观形貌如图 3－23 所示。

机尾排放颗粒物主要为不规则形状颗粒。机尾烟气生成温度一般在 900 ℃左右，再

（a）TSP

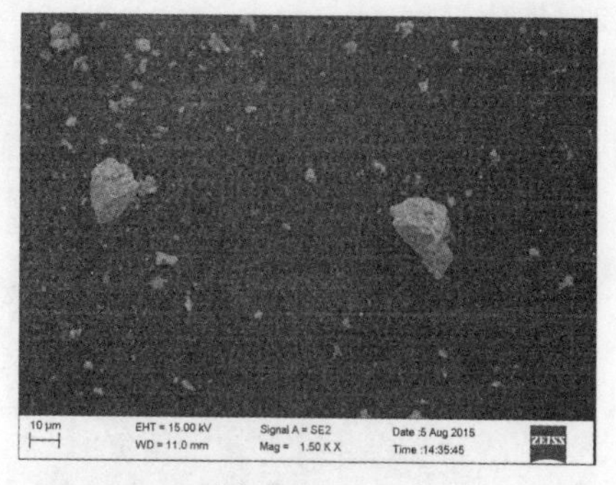
（b）PM_{10}

图 3－22　烧结机头 TSP，PM_{10} 颗粒物形貌

（a）TSP

（b）PM_{10}

图 3－23　烧结机尾 TSP，PM_{10} 颗粒物形貌

经过余热回收系统迅速降温至 150 ℃以下，原料中成灰元素基本不会发生气化现象，其他熔融物质也迅速从熔融状态向凝固状态转化。机尾超细颗粒应为前端烧结工艺中无机物质气化凝结过程产生。

（4）成品整粒

成品整粒测点颗粒物微观形貌如图 3－24 所示。

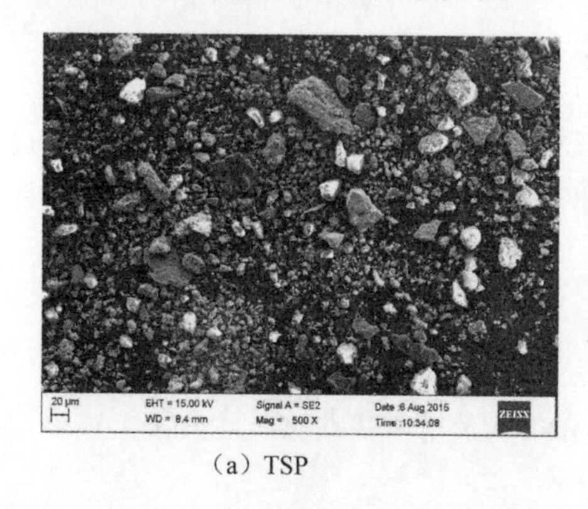
（a）TSP

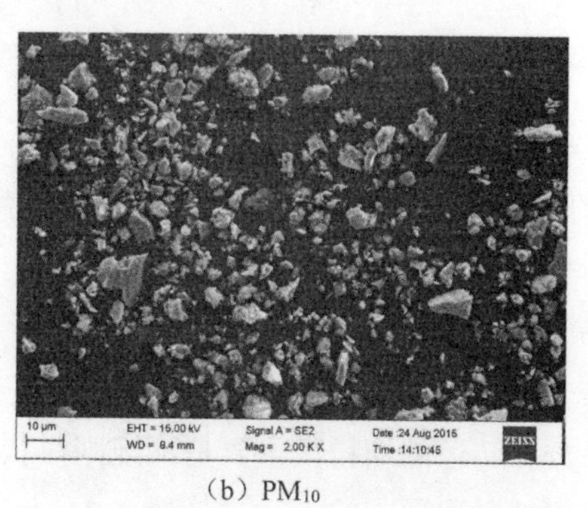
（b）PM_{10}

图 3－24　烧结整粒 TSP，PM_{10} 颗粒物形貌

由于整粒过程粉尘主要为烧结残灰粒子和矿物破碎粒子，此部分球状粒子表面发生大量细颗粒凝聚形成不规则粒状，从图 3－24 中可以看出同样的趋势。

3.2.2.2 焦化工序

(1) 装煤及推焦

装煤及推焦测点颗粒物微观形貌如图 3-25 所示。

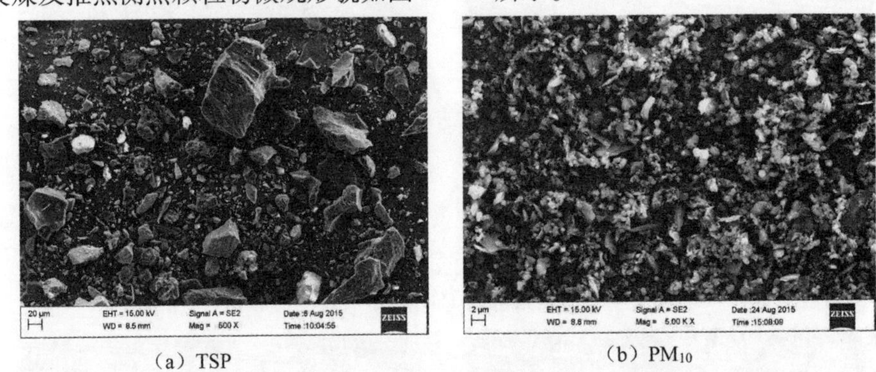

(a) TSP (b) PM_{10}

图 3-25 装煤推焦 TSP，PM_{10} 颗粒物形貌

装煤及推焦烟粉尘主要是由于煤粉之间或焦炭之间的各种机械碰撞、摩擦和破碎过程形成的。因此，烟粉尘形貌多是不规则块状或粉末状颗粒，且大颗粒较多。

(2) 干熄焦排气

干熄焦排气测点颗粒物微观形貌如图 3-26 所示。

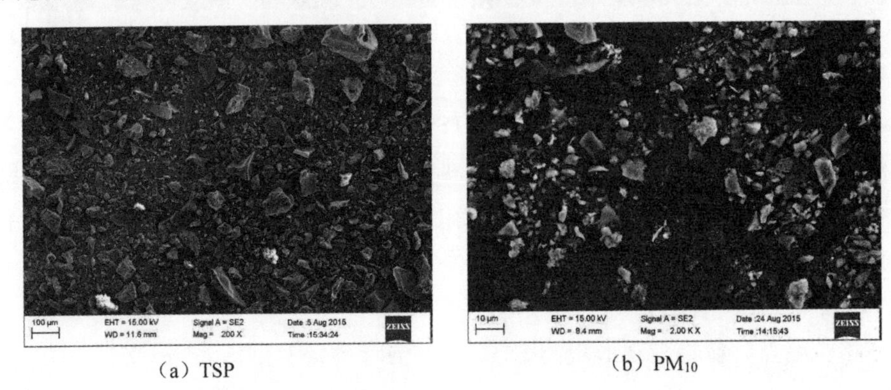

(a) TSP (b) PM_{10}

图 3-26 干熄焦排气 TSP，PM_{10} 颗粒物形貌

干熄焦烟气经过隔板除尘器后，大部分粒径较大的颗粒物已经被去除，再经过布袋除尘器后，颗粒物粒径小于 100 μm。且烟粉尘主要是不规则块状颗粒物，主要是由于气流的分散作用形成。

(3) 筛分及转运

筛分及转运测点颗粒物微观形貌如图 3-27 所示。

筛分和转运的烟粉尘主要是不规则块状和条状及粉末状颗粒，且大颗粒较多，主要是各种机械过程形成的。

3.2.2.3 炼铁工序

(1) 高炉矿槽

高炉矿槽测点颗粒物微观形貌如图 3-28 所示。

（a）TSP　　（b）PM_{10}

图 3－27　筛分及转运 TSP，PM_{10} 颗粒物形貌

（a）TSP　　（b）PM_{10}

图 3－28　高炉矿槽 TSP，PM_{10} 颗粒物形貌

矿槽大颗粒主要为不规则块状或粉末状颗粒，主要是原料破碎和其他机械过程产生。

（2）高炉出铁场

高炉出铁场测点颗粒物微观形貌如图 3－29 所示。

（a）TSP　　（b）PM_{10}

图 3－29　高炉出铁场 TSP，PM_{10} 颗粒物形貌

出铁场大颗粒主要由球形颗粒与超细颗粒聚合形成，大多数球表面为光滑的表面，亚微米到微米级的铁粉群黏附在不规则球形颗粒物上，有很少量的不规则块状颗粒物。大颗粒比例极小，以 10 μm 以下粒径的颗粒物为主。

3.2.2.4　炼钢工序

（1）倒罐及预处理

倒罐及预处理测点颗粒物微观形貌如图 3－30 所示。

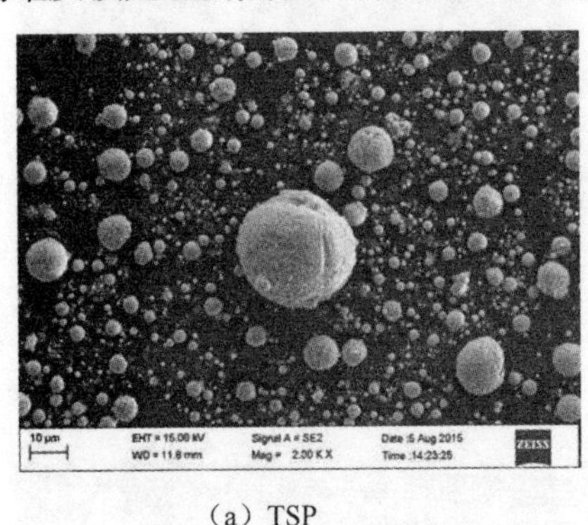

（a）TSP

（b）PM_{10}

图 3－30　倒罐及预处理 TSP，PM_{10} 颗粒物形貌

倒灌及预处理微观形貌来看，主要以球形颗粒为主，有少量不规则颗粒，大颗粒含量较少，10 μm 以下的颗粒物含量居多。

（2）转炉二次烟气

转炉二次烟气测点颗粒物微观形貌如图 3－31 所示。

（a）TSP

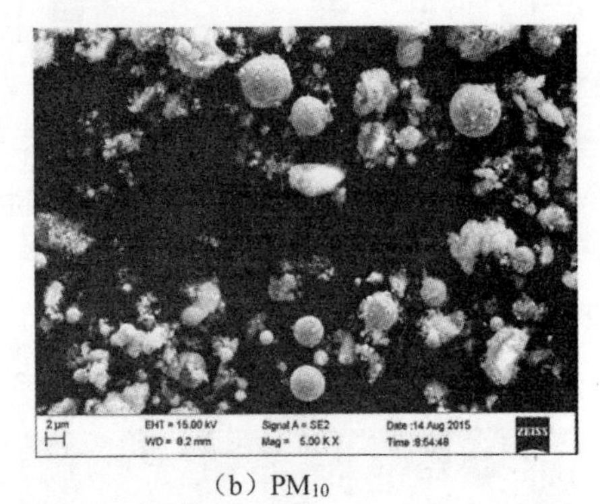

（b）PM_{10}

图 3－31　转炉二次烟气 TSP，PM_{10} 颗粒物形貌

炼钢转炉烟气主要包含球形颗粒、不规则颗粒聚合体和超细颗粒几种颗粒构型，大颗粒含量普遍较少。

（3）精炼

精炼测点颗粒物微观形貌如图 3－32 所示。

精炼烟粉尘形态主要有不规则块状、球状和颗粒物聚合体。

3.2.3　烟粉尘化学组成

利用能谱仪（EDS）对某钢铁企业的烟粉尘样本的化学组成进行了简要分析，扫描出烧结工序、焦化工序、炼铁工序以及炼钢工序的主要元素，部分结果如图 3－33 ~图 3－36 所示。

（a）TSP

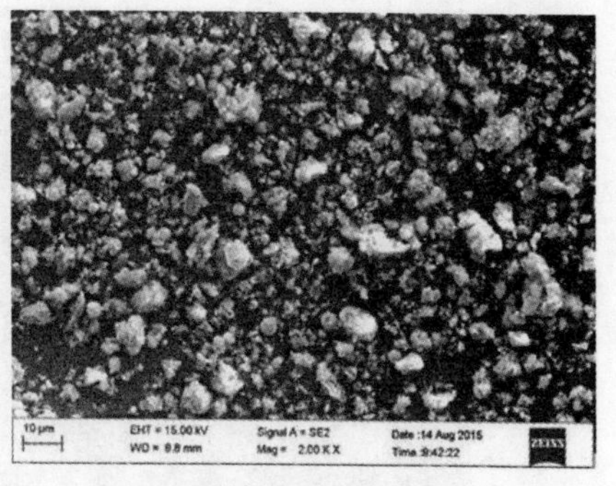

（b）PM_{10}

图3－32　精炼TSP，PM_{10}颗粒物形貌

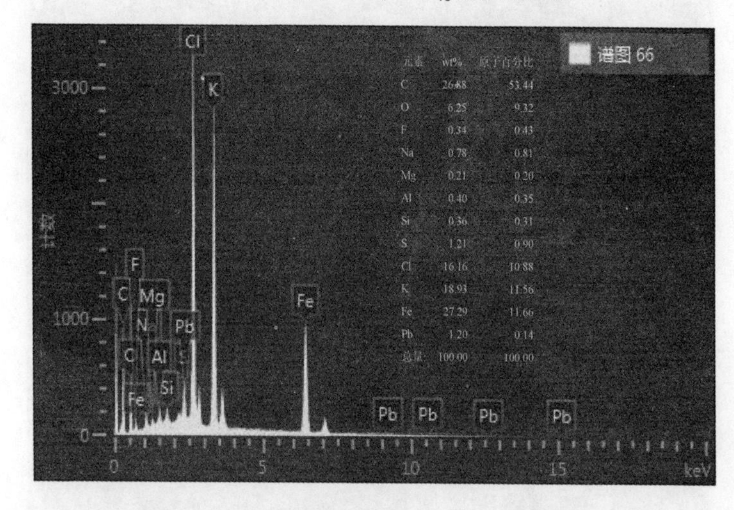

图3－33　烧结工序EDS元素分析结果

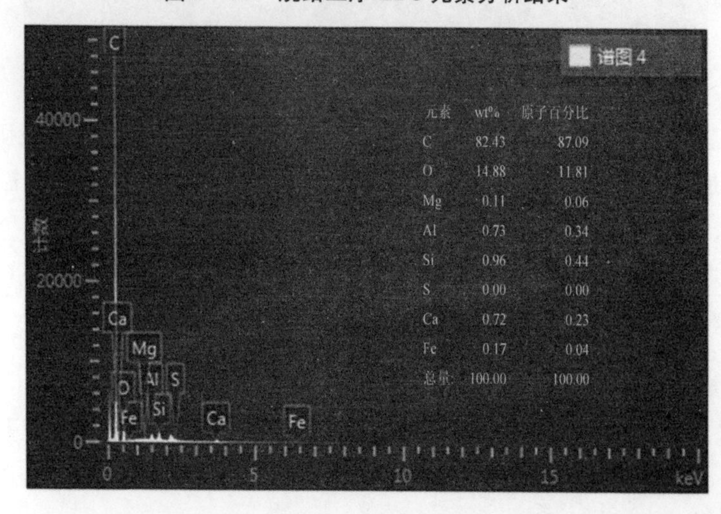

图3－34　焦化工序EDS元素分析结果

分析结果表明：烧结工序机头烟粉尘检出的主要元素是Fe、K、Cl、C、Si、Al、Mg、Na等，Fe元素含量最高；机尾烟粉尘检出的主要元素是Fe、C、Si、K、Ca、Al、

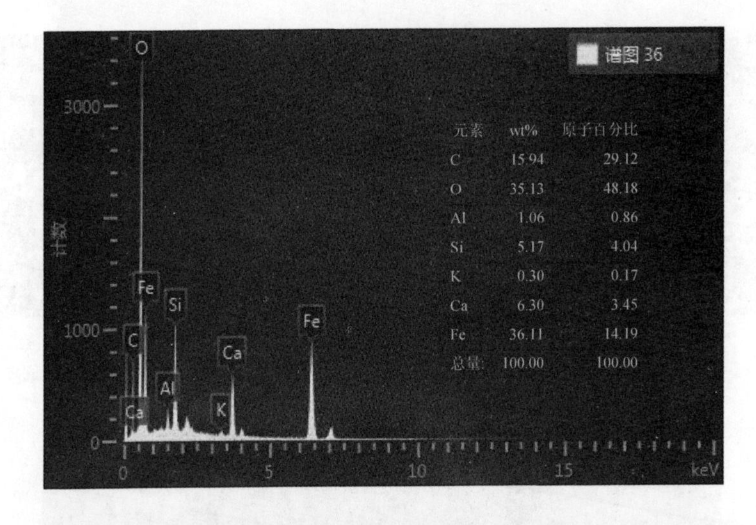

图 3－35　炼铁工序 EDS 元素分析结果

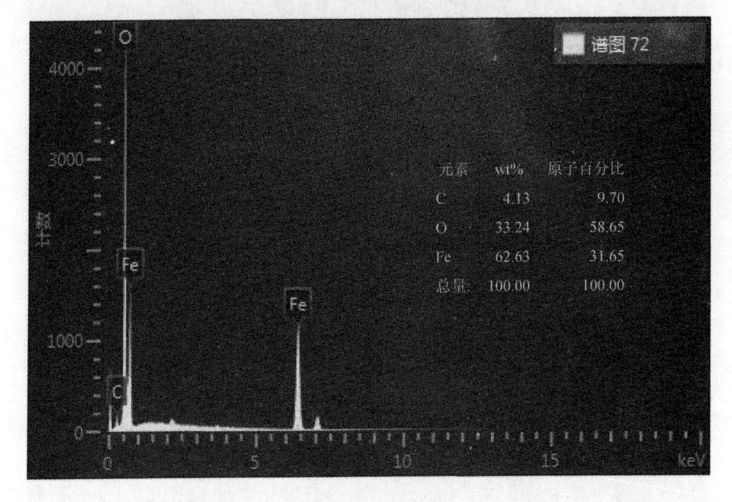

图 3－36　炼钢工序 EDS 元素分析结果

Mg 等。焦化工序烟粉尘检出的主要元素中以 C 元素含量最高；炼铁工序矿槽烟粉尘检出的主要元素是 Fe、Ca、Si、Al、Cu、Cl、K 等，出铁场烟粉尘检出的主要元素是 C、Si、S、Fe、K、Ca、Al 等；炼钢工序烟粉尘检出的主要元素中 Fe、Ca、Si 含量较高。各测点检出的烟粉尘主要元素与其形成机理基本吻合。

第 4 章　颗粒物脱除技术

钢铁企业中，从原料准备到钢材出厂的各个生产环节均有颗粒物产生，污染源分布广泛。炼焦、烧结等工序除必要的定期检修外，24 小时不间断生产，导致了颗粒物的连续排放。

颗粒物对人体健康会产生一定的不良影响，其影响程度取决于颗粒物的浓度大小和在人其中暴露的时间长短。不但影响钢铁企业内产业工人的身体健康，也影响钢铁企业周边广大范围内居民的身体健康。有研究表明，颗粒物的浓度增加，会导致上呼吸道感染、心脏病、肺炎等疾病发生率的增加，甚至会增加老年心脏病患者的死亡率。另外，颗粒物的粒径大小也是影响人体健康的一个因素。粒径越小的颗粒，越容易长时间漂浮在大气中，并且极易被人吸入肺部。粒径越小的颗粒物，其比表面积越大，极易吸附空气中的各种有害污染物，如重金属。

颗粒物不但会影响人体健康，而且对机器设备的安全运行同样是一个威胁。例如，烧结机下部装有主抽风机，在烧结机履带密封的条件下，将空气或热风从烧结机顶部抽入，经过料层帮助料层干燥并提供焦粉燃烧所需的氧气。若烧结机机头除尘装置效率不达标，或者烧结机抽风系统密封不严，一些粗颗粒物极易进入高负压的风机内，使风机转子叶片磨损加快，缩短转子的使用寿命。再例如，高炉热风炉鼓风机是一台能产生几百千帕压力的高压透平机。如果有粗颗粒物进入鼓风机，将会磨损其叶片，降低鼓风机压力，严重时需要更换转子。这将会导致高炉休风，严重影响高炉冶炼的生产进度。因此，在鼓风机进口处必须加装粉尘过滤设备，以保护鼓风机叶片，延长使用寿命。

因此，钢铁企业内使用颗粒物脱除技术显得尤为重要。颗粒污染物控制技术是我国大气污染控制的重点，也是钢铁企业废气治理的重点。所谓颗粒物脱除技术，就是指气体与粉尘颗粒的多项混合物的分离操作技术，常称为除尘技术或者颗粒物污染物控制技术。从含尘气体中分离并捕集颗粒物的装置称为除尘器或除尘设备。

4.1　常用颗粒物脱除技术及设备

4.1.1　机械除尘技术

机械除尘技术是利用重力、惯性力、离心力等机械力将颗粒物从气流中分离出来的技术。根据这个原理制造的常见除尘设备有重力除尘器、惯性除尘器和旋风除尘器等。

4.1.1.1 重力除尘器

重力除尘器是利用颗粒物在重力作用下自然沉降而被分离的除尘设备，也称重力沉降室。不同粒径颗粒物的沉降速度不同，如图 4－1 所示。颗粒物的密度和粒径越大，越容易沉降分离。当含尘气体从管道进入重力除尘器时，由于横截面积突然增大，流速迅速降低，颗粒物会在重力的作用下逐渐沉降到灰斗中，最后由输送机械送出。重力除尘器是钢铁企业常用的预净化设备。

（1）重力除尘器的特点

重力除尘器的主要优点是：① 结构简单；② 阻力低，一般为 50～150 Pa；③ 维护费用低，耐高温高压，适合处理室温或高温气体；④ 故障率低，运行可靠性高。

其缺点是：① 除尘效率低，一般只有 40%～50%，适用于捕集 50 μm 以上的颗粒物，对小于 5 μm 的颗粒物去除效率几乎为零，如图 4－2 所示；② 体积庞大。

重力除尘器的特点使其在多种场合都有应用。尤其是当含尘量大且粒度很粗时，先使用重力除尘器预先净化特别有利于保护串联的下一级除尘器。

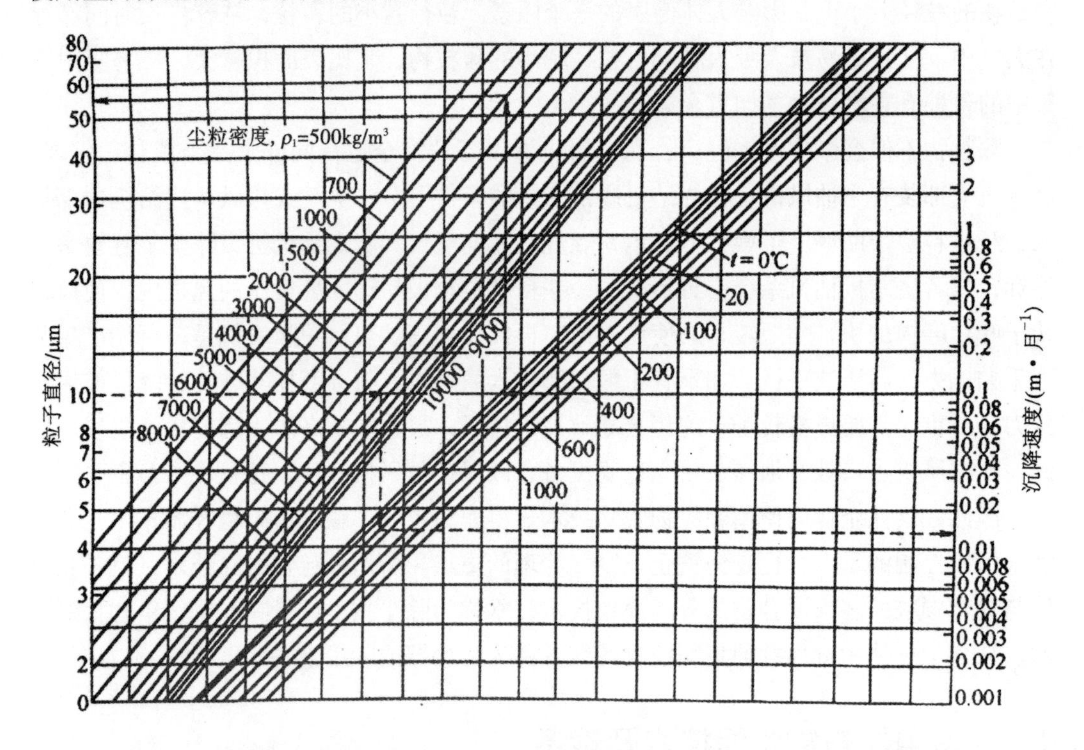

图 4－1　层流空气中球形颗粒物的重力自然沉降速度（适用于 $d<100\mu m$ 的颗粒）

（2）重力除尘器的分类

重力除尘器按层数可分为单层式重力沉降室和多层式重力沉降室，如图 4－3 所示。按气流方向可分为水平气流式重力除尘器和垂直气流式重力除尘器，如图 4－4 和图 4－5 所示。按除尘器内部有无挡板还可分为有挡板重力除尘器和无挡板重力除尘器，如图 4－6 所示。

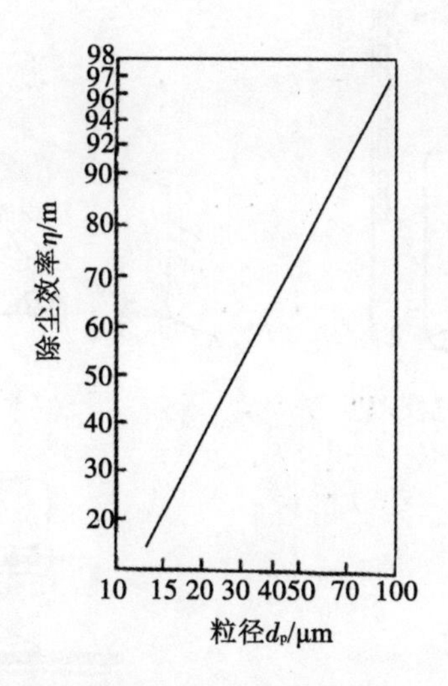

图4－2　重力除尘器对不同粒径颗粒物的去除效率（粉尘浓度为2.1 g/m³）

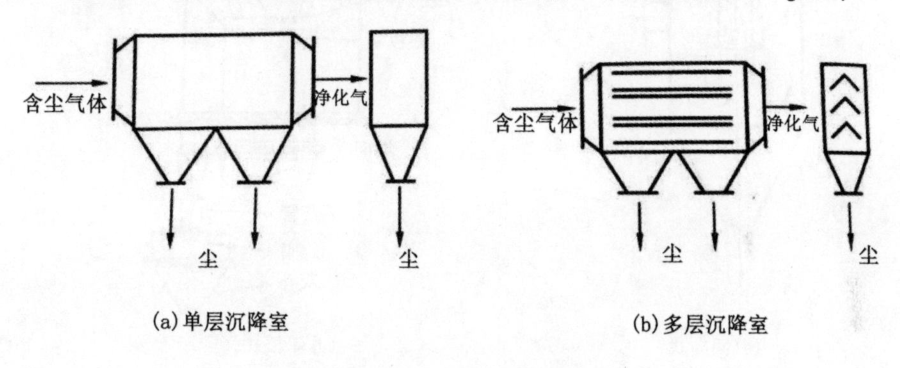

图4－3　单层式与多层式重力沉降室

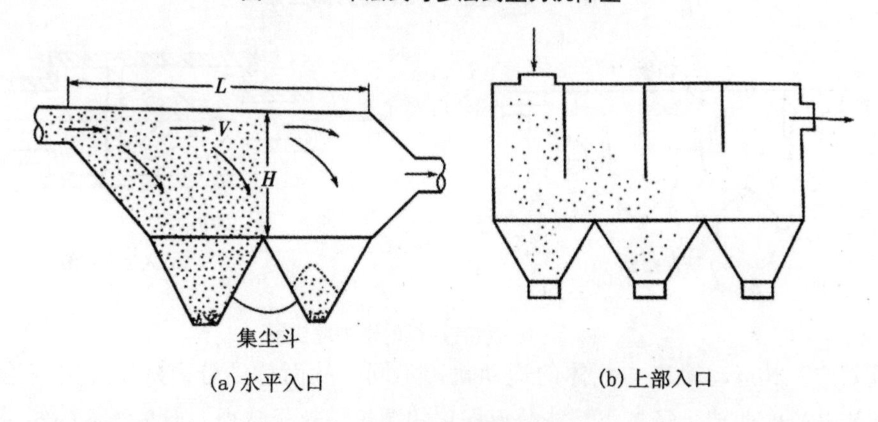

图4－4　水平气流式重力除尘器

4.1.1.2　惯性除尘器

惯性除尘技术是借助挡板或叶片等装置，改变含尘气体的气流方向，从而使颗粒物因为惯性与气流相分离的技术。含尘气体进入惯性除尘器后，一种方式是气流根据管道形状变化急速转向，另一种方式是冲击在挡板或者叶片上之后再急速转向，而颗粒物由

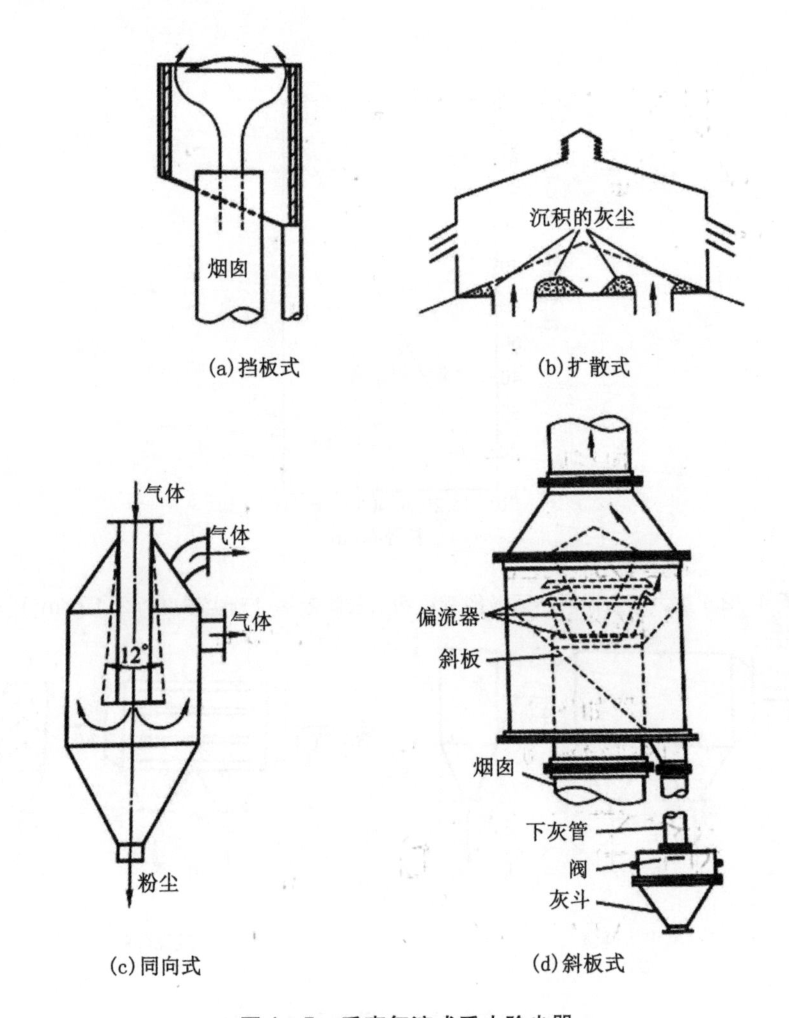

图 4－5　垂直气流式重力除尘器

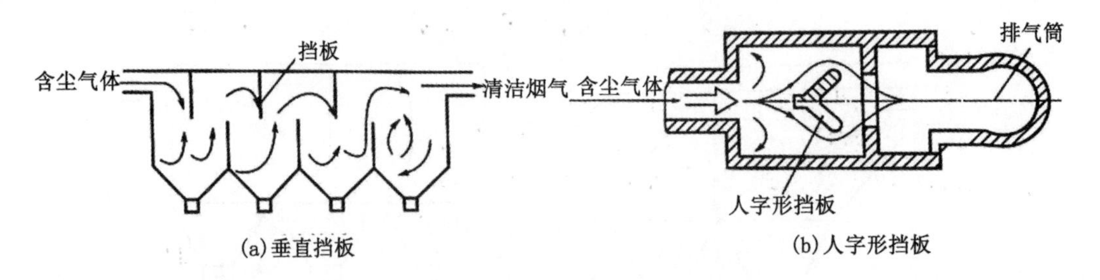

图 4－6　装有挡板的重力除尘器

于惯性效应，其运动轨迹与气体的运动轨迹不同，从而达到分离效果。由理论分析可知，回旋气流的曲率半径越小，能分离捕集的颗粒物粒径越小，但是气流的转变次数越多，除尘效率越高，同时会增大气流阻力。

(1) 惯性除尘器的特点

惯性除尘器的主要优点是：① 气流速度高，可大大减少除尘器体积；② 没有活动部件，可用于处理高温、高浓度含尘气体；③ 对细颗粒物的分离效率较重力除尘器而言大幅提高，可捕集 10 ~ 20 μm 的颗粒物。

其主要缺点是：① 对于 10 μm 以下颗粒物的捕集效率仍然很低，只能作为预净化设备使用；② 由于气体流速高，因此阻力较大，一般为 600 ~ 1200 Pa，且容易磨损，影响使用寿命。

（2）惯性除尘器的分类

根据惯性除尘器的结构，可将其分为碰撞式惯性除尘器和回流式惯性除尘器两种。

碰撞式惯性除尘器的结构示意图如图 4 – 7 所示。所谓碰撞式，是指用一个或几个挡板阻碍含尘气体的前进方向，使颗粒物由于惯性作用碰撞在挡板上并分离出来。这种除尘器挡板数量少，因此阻力较低。其原理与装有挡板的重力除尘器类似，但是气流速度远高于重力除尘器。

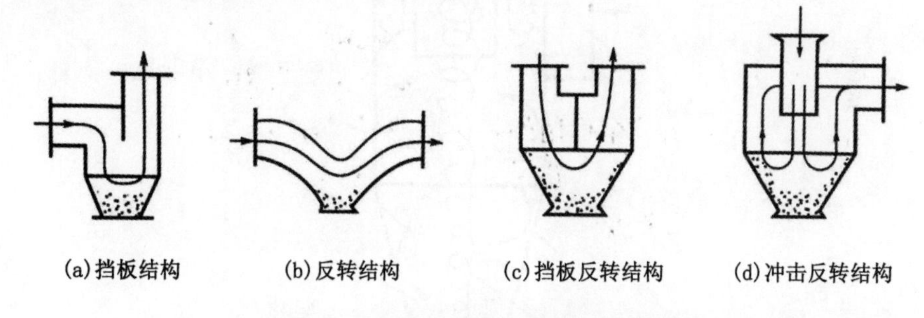

图 4 –7　碰撞式惯性除尘器结构示意图

回流式惯性除尘器是把含尘气体用挡板或者叶片分割为若干股细小气流，使任意一股气流都具有相同的较小的回转半径和较大的回转角度。最常用的挡板结构为百叶式挡板，如图 4 – 8 所示。每片挡板长度约 20 mm，挡板与挡板之间距离 3 ~ 6 mm，挡板安装与铅垂线夹角约 30°，使气流回转角度约 150°。此类惯性除尘器的气流速度一般取 12 ~ 15 m/s，以保证颗粒物的分离效率并防止颗粒物的二次飞扬。此类除尘器由于挡板数较多，因此阻力较大。

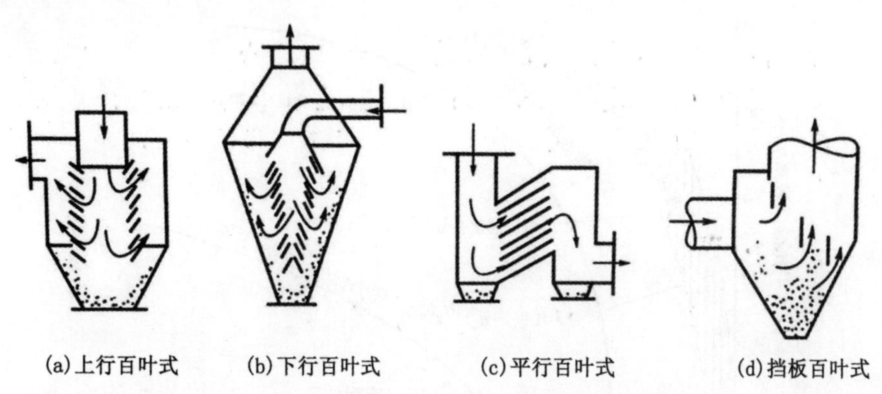

图 4 –8　回流式百叶挡板惯性除尘器结构示意图

4.1.1.3　旋风除尘器

旋风除尘技术是利用含尘气体在锥体内高速旋转，使颗粒物产生离心运动，从气流中分离出来的技术。旋风除尘器由筒体、锥体、进气管、排气管和排灰口等组成，如图4-9所示。当含尘气体从筒体切向进入除尘器后，经叶片导流板产生旋流。含尘气体在旋转过程中将密度大于气体的颗粒物甩向壁面。颗粒物接触到壁面后在重力的作用下落入排灰管。净化后的气体与未捕集的颗粒一起经排气管排出。旋风除尘器可单独使用，也可用作含尘气体的预净化器使用。但是，旋风除尘器的阻力一般比重力除尘器和惯性除尘器要高。旋风除尘器对5~10 μm以上的颗粒物有较好的捕集效果，但是对5 μm以下的颗粒物捕集效果较差，如图4-10所示。

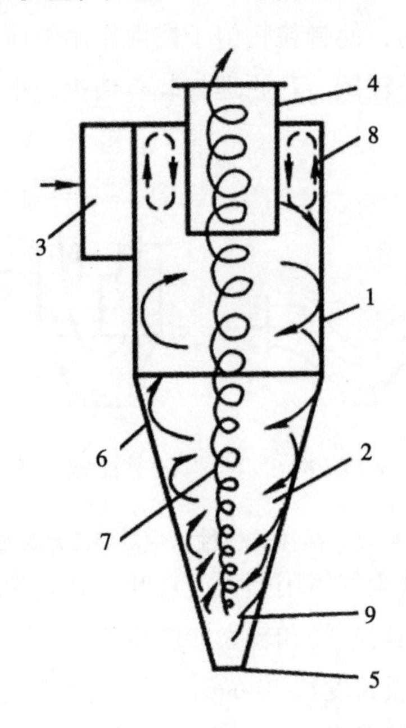

图4-9 旋风除尘器机构及内部气流组织

1—筒体；2—锥体；3—进气管；4—排气管；5—排灰口；
6—含尘气流；7—净化气流；8—二次流；9—回流区

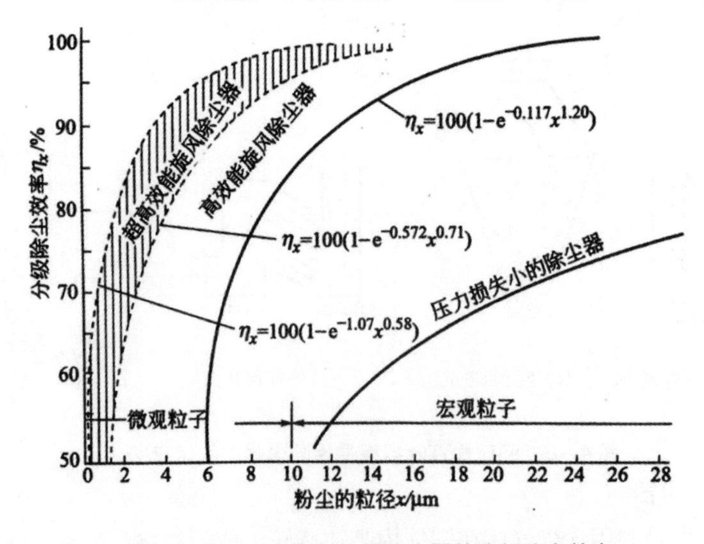

图4-10 不同类型旋风除尘器的分级除尘效率

（1）旋风除尘器的特点

旋风除尘器的主要优点是结构简单，造价便宜，体积小，无运动部件，操作维修方便，压力损失适中，动力损耗不大，耐高温高压，可用于处理高浓度粉尘（大于 500 g/m^3）。其主要缺点是对于小粒径的颗粒物（5 μm 以下）脱除效率不高，对于流量变化大的含尘气体净化能力较差。

（2）旋风除尘器的分类

旋风除尘器经过了上百年的发展，由于不断改进和为了适应各种场合的应用，出现了多种多样的类型，可根据不同特点和要求进行分类。

按旋风除尘器的构造，可分为普通旋风除尘器、异型旋风除尘器、双旋风除尘器和组合式旋风除尘器。

按旋风除尘器的效率，可分为通用旋风除尘器和高效旋风除尘器。

按清灰方式，可分为干式旋风除尘器和湿式旋风除尘器。

按进气和排灰方式，可分为切向进气轴向排灰[见图 4-11(a)]、切向进气周边排灰[见图 4-11(b)]、轴向进气轴向排灰[见图 4-11(c)]和轴向进气周边排灰[见图 4-11(d)]四类旋风除尘器。

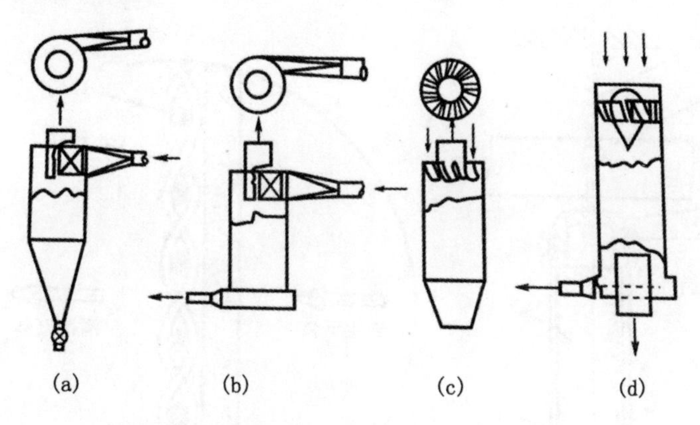

图 4-11　不同进气和排灰方式的旋风除尘器

旋风除尘器的进气口也可以有多种形式，常见的有螺旋面进气口、切向进气口、渐开线进气口和轴向进气口，如图 4-12 所示。

多管旋风除尘器在烧结机头除尘中有所应用。但是，随着环保法规对细颗粒物排放的要求越来越严格，旋风除尘器已经不能达到环保要求，故而在钢铁企业中逐渐被淘汰。

4.1.2　袋式除尘技术

袋式除尘技术属于过滤式除尘技术的一种，是指利用纤维性滤袋捕集粉尘的技术，在钢铁企业以及其他工业企业中都有广泛的应用。袋式除尘器的除尘过程主要由滤袋完成。滤袋是袋式除尘器的核心部件，由各种滤料纤维织造后缝制而成，过滤机理取决于

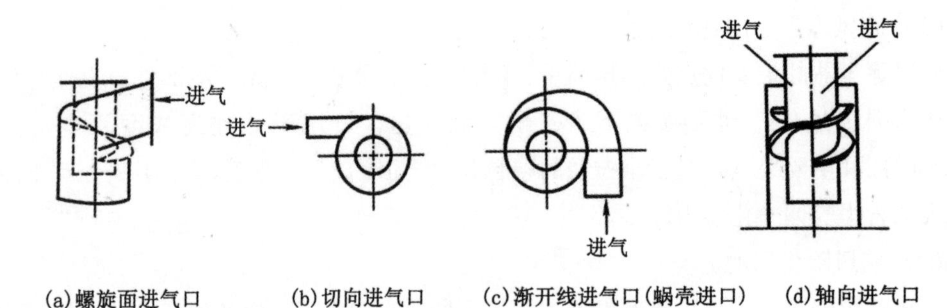

图 4-12 旋风除尘器的不同进气口方式

滤料和粉尘层等多种过滤效应。含尘气体以 0.5~3 m/min 的速度通过滤料，由于滤袋很薄，颗粒物在滤料纤维层里运行的时间仅 0.01~0.3 s。颗粒物从气体中分离有两种机制，一种是纤维层对颗粒物的捕集，另一种是粉尘层对颗粒物的捕集。前一种机制常见于新使用或刚清灰后的滤袋，而后一种机制常见于已使用了一段时间的滤袋。从某种意义上讲，后一种机制更为重要。滤料的基本结构和过滤过程如图 4-13 所示。同种滤料在不同过程中的分级除尘效率如图 4-14 所示。

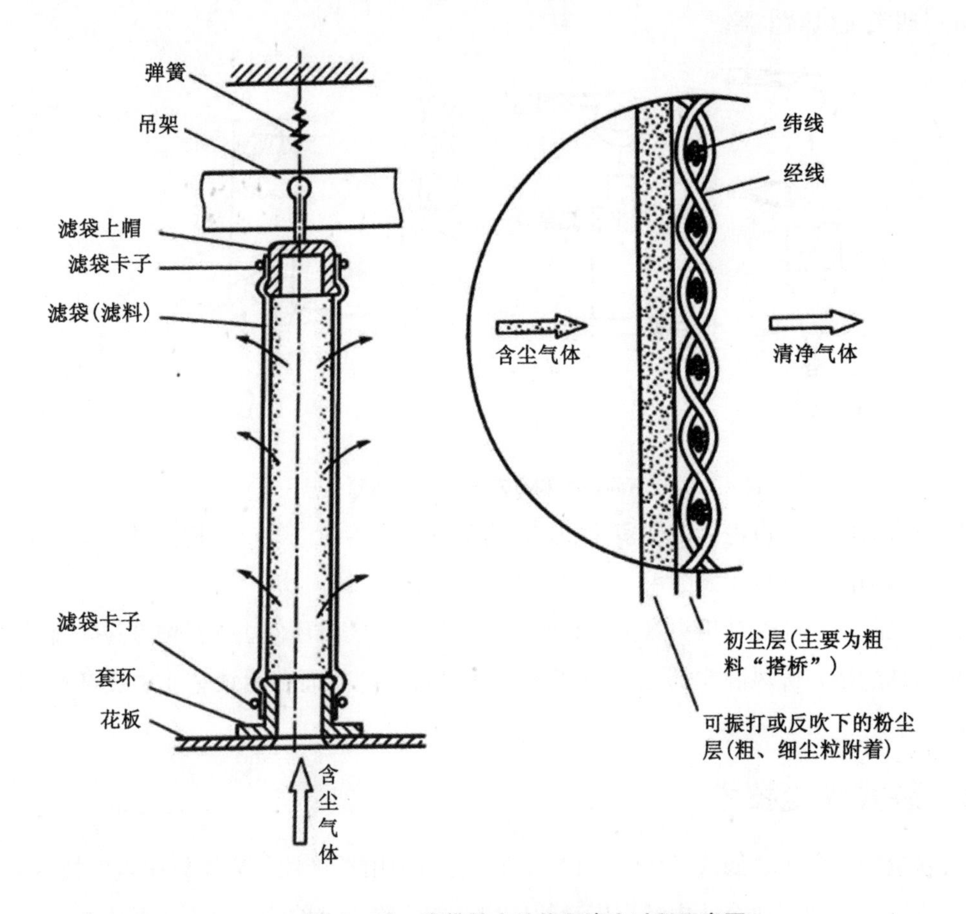

图 4-13 滤袋基本结构和滤尘过程示意图

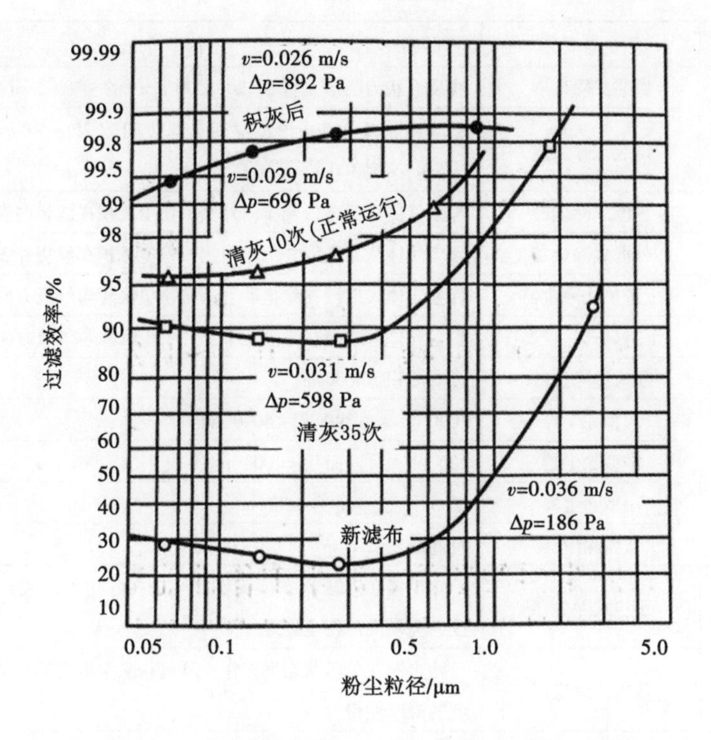

图 4 – 14　同种滤料在不同过程中的分级除尘效率

（1）袋式除尘器的特点

袋式除尘器的优点有：① 净化含尘气体中微米或亚微米级的颗粒物具有较高的效率，一般可达 99% 以上；② 可以捕集多种干性粉尘，特别是比电阻较高的颗粒物，袋式除尘器的净化效率要远高于静电除尘器的净化效率；③ 可以耐受很宽范围的颗粒物浓度变化；④ 可根据不同气量要求设计处理烟气量从几立方米每小时到几百万立方米每小时；⑤ 可小型化，使用灵活，运行稳定可靠。

袋式除尘器的缺点有：① 受滤料的耐温和耐腐蚀等性能影响，目前，通常应用的滤料可耐温 250 ℃左右，采用耐高温滤袋会增加投资和维护费用；② 不适用于净化含黏结和吸湿性强的含尘气体，否则将会产生结露，堵塞滤袋空隙；③ 过滤风速有限，一般纺织滤布滤料的过滤速度为 0. 5 ~ 2 m/min，毛毡滤料过滤速度取 1 ~ 5 m/min。

（2）袋式除尘器的分类

在各种除尘器中，袋式除尘器的类型最多，根据其特点可进行不同分类。其分类可按除尘器的结构分类，可按除尘器内的压力和温度分类，也可按除尘器的清灰方式分类，如表 4 – 1 所示。

常见袋式除尘器的结构形式如图 4 – 15 所示。

表 4－1　　袋式除尘器的分类

分类方式		除尘器名称	技术特点
按结构分类	滤袋形状不同	圆袋式除尘器	滤袋形状为圆形，直径 120～300 mm，高度 2～3 m
		扁袋式除尘器	滤袋形状为扁袋形，厚度及滤袋间隙 25～50 mm，高度 0.6～1.2 m，深度 300～500 mm
	过滤方向不同	内滤式除尘器	含尘气体从滤袋内侧流向外侧，粉尘沉积在滤袋内表面上
		外滤式除尘器	含尘气体从滤袋流外侧向内侧，粉尘沉积在滤袋外表面上
	进气口位置不同	上进风式除尘器	含尘气体入口设在除尘器上部，粉尘沉降与气流方向一致
		下进风式除尘器	含尘气体入口设在除尘器下部，粉尘沉降与气流方向相反
	过滤面积不同	超大型除尘器	过滤面积≥5000 m^2
		大型除尘器	1000 m^2≤过滤面积＜5000 m^2
		中型除尘器	200 m^2≤过滤面积＜1000 m^2
		小型除尘器	20 m^2≤过滤面积＜200 m^2
		微型除尘器	过滤面积＜20 m^2
按压力和温度分类	压力不同	正压式除尘器	除尘器在正压状态下工作，风机在除尘器之前，不适用于高浓度、高硬度的粉尘处理
		负压式除尘器	除尘器在负压状态下工作，风机在除尘器之后，适用于处理高湿度的凝结性粉尘
	温度不同	常温型除尘器	工作温度＜120 ℃
		高温型除尘器	工作温度＞120 ℃
按清灰方式分类		振动清灰式除尘器	振动频率 20～30 次/s，振幅 20～50 mm
		反吹清灰式除尘器	利用与过滤气流方向相反的反向气流，在反向气流的作用下使粉尘层脱落，一般用于内滤式除尘器
		反吹振动联合清灰式除尘器	反吹清灰方式不能充分清落粉尘时，需采用有微弱振动的联合清灰方式
		脉冲喷吹清灰式除尘器	滤袋上方装有脉冲控制系统控制的喷吹管，压缩空气可根据时间或阻力值自动喷吹清灰
		脉冲反吹清灰式除尘器	给予反吹气流脉动动作的清灰方式，具有较强的清灰作用
		气箱反吹清灰式除尘器	将滤袋分为若干个气室，清灰时按顺序逐个气室进行，一般用于外滤式除尘器

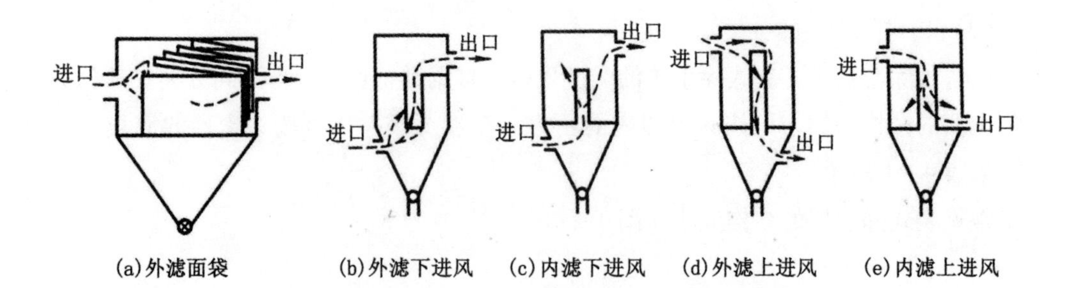

图 4－15　常见袋式除尘器结构示意图

4.1.3　静电除尘技术

静电除尘技术是利用静电力将含尘气体中的颗粒物分离出来的技术。含尘气体进入静电除尘器后，通过一个足以使气体电离的静电场，产生大量的正负离子和电子并使颗粒物荷电，荷电后的颗粒物在电场力的作用下向集尘极移动并沉积在集尘极上。当集尘极上的粉尘沉积达到一定厚度时，清灰机构将灰尘清入灰斗中并排出。常用的集尘极清灰方法有湿法、干法和声波法三种。静电除尘的基本过程如图 4－16 所示。

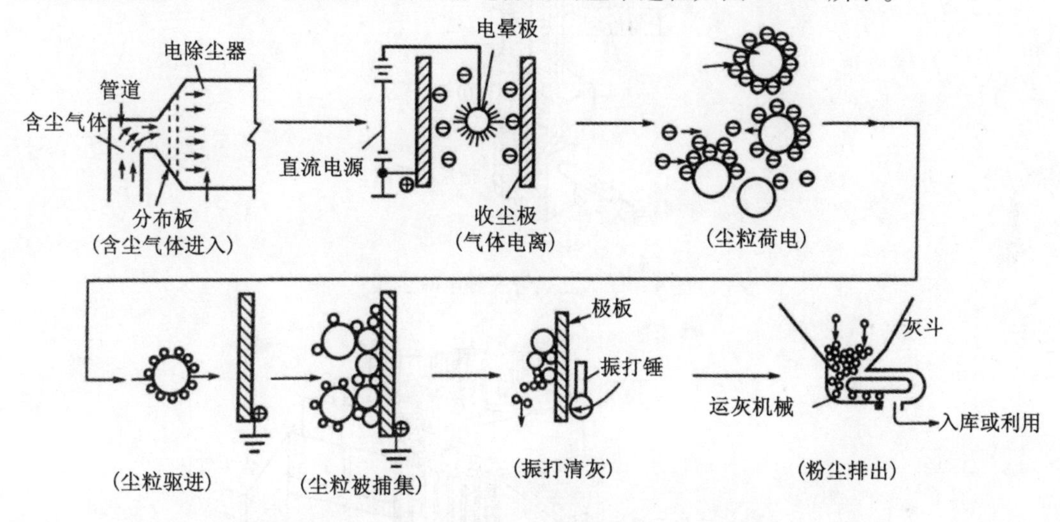

图 4－16　静电除尘器工作基本原理示意图

（1）静电除尘器的特点

静电除尘器的优点有：① 除尘效率高，可达99%以上；② 气流阻力小，压力损失一般为160～300 Pa；③ 耗电量小，每处理1000 m^3含尘气体耗电0.5～0.6 kW · h；④ 烟 气处理量大，可达10^6 m^3/h；⑤ 可耐高温（350 ℃以下）。

静电除尘器的缺点有：① 机构复杂，钢材消耗量大；② 体积巨大，占地面积大；③ 初投资高；④ 制造、安装、运行要求高；⑤ 对粉尘比电阻特性较敏感；⑥ 烟气浓度高时需要预净化。

（2）静电除尘器的分类

按集尘极的清灰方式可分为干式静电除尘器、湿式静电除尘器、半湿式静电除尘器和雾状粒子静电捕集器。

按含尘气体在除尘器内的运动方向可分为立式静电除尘器和卧式静电除尘器。

按集尘极形状可分为管式静电除尘器和板式静电除尘器，如图 4－17 和图 4－18 所示。

按集尘极和电晕极的配置形式可分为单区静电除尘器和双区静电除尘器。

按极板间距可分为窄间距静电除尘器、常规间距静电除尘器和宽间距静电除尘器。

按处理含尘气体的温度可分为常温型静电除尘器（不大于300 ℃）和高温型静电除

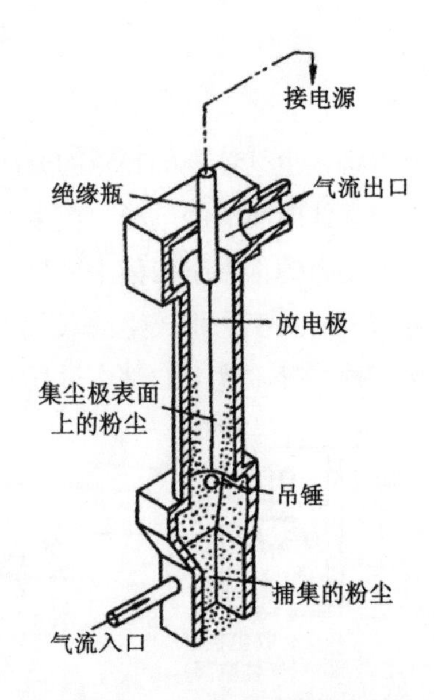

图4－17　立式管式静电除尘器

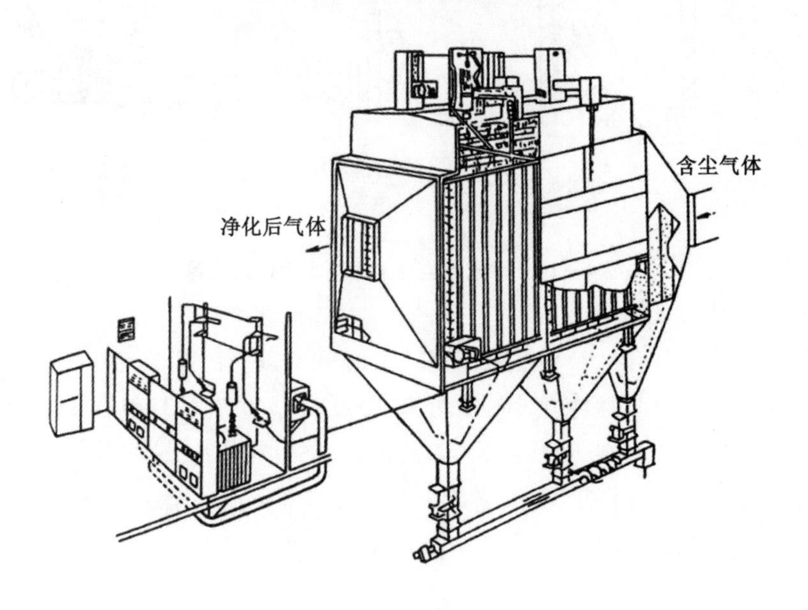

图4－18　卧式板式静电除尘器

尘器（300～400 ℃）。

按处理含尘气体的压力可分为常压型静电除尘器（不大于10 kPa）和高压型静电除尘器（10～60 kPa）。

除了上述类型的静电除尘器，近些年还发展出很多种新型的静电除尘器，如低温型静电除尘器、喷雾型湿式静电除尘器（WESP）、移动电极静电除尘器和电袋复合除尘器。

4.1.4　湿法除尘技术

湿法除尘技术是一种将颗粒物从气体中转移到液体中的过程，利用水（或其他液体）与含尘气体充分接触，并伴随有传热、传质过程，经过洗涤使颗粒物与气体分离的技术。当含尘气体进入除尘器后，与反向喷淋装置喷出的洗涤水或其他溶液充分混合，烟气中的细微颗粒物凝结成粗大的聚合体，在导向器的作用下，气流高速冲进水斗的洗涤液中，液面产生大量的泡沫并形成水膜，使含尘气体与洗涤液有充分的接触时间，捕捉气体中的颗粒物。含尘气体净化以后经过气液分离器处理之后由烟囱排出。湿式除尘器在 19 世纪末的钢铁企业中就已经开始用来脱除大颗粒的粉尘。

（1）湿式除尘器的特点

湿式除尘器的优点有：① 设备投资少，结构比较简单；② 除尘效率高，能够脱除 0.1μm 以上的颗粒物；③ 设备没有可动部件，不易发生故障；④ 在除尘过程中，还可将气流冷却、加湿并且净化有毒有害气体，非常适用于高温高湿烟气的处理；⑤ 可净化易燃及有害气体，如高炉煤气和转炉煤气。

湿式除尘器的缺点有：① 需要消耗一定的水资源；② 除尘产生的污泥需另外处理以防止二次污染；③ 粉尘回收利用困难；④ 易受酸碱性气体腐蚀；⑤ 黏性粉尘易发生堵塞及挂灰现象；⑥ 冬季需考虑防冻。

（2）湿式除尘器的分类

按构造不同，常用的湿式除尘器可分为 7 类，如图 4 - 19 所示。其中文丘里洗涤除尘器和喷淋式除尘器是钢铁企业常用的除尘器。

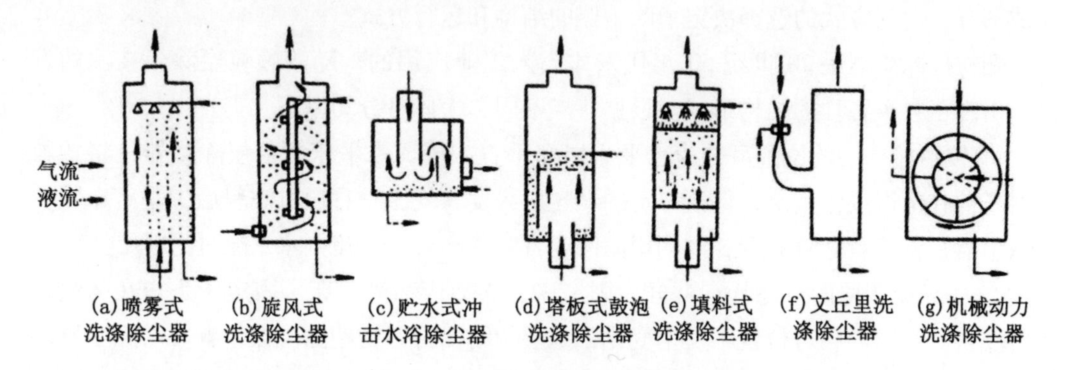

图 4 - 19　常见的湿式除尘器种类

按能耗分类，湿式除尘器可分为低能耗、中能耗和高能耗三类。压力损失不超过 1.5 kPa 的除尘器属于低能耗湿式除尘器，常见的有重力喷雾塔洗涤除尘器等；压力损失为 1.5 ~ 3 kPa 的除尘器属于中能耗湿式除尘器，常见的有冲击水浴除尘器等；压力损失大于 3 kPa 的除尘器属于高耗能湿式除尘器，常见的有文丘里洗涤除尘器和喷射洗涤除尘器。

4.1.5 其他除尘技术

4.1.5.1 颗粒层除尘技术

颗粒层除尘器是利用矿渣、石英砂、活性炭粒等材料作为过滤介质将气溶胶粒子从气流中分离的装置。它与布袋除尘器具有相同的过滤机理，同属于过滤式除尘器，而布袋除尘器主要靠表面过滤，颗粒层除尘器是内部过滤（也称深层过滤，特殊情况下也能形成表面过滤）。颗粒层除尘器具有较高的除尘效率，且容尘量大、滤料廉价，同时耐高温腐蚀，抗冲击磨损，是一种理想的高温烟气净化设备，越来越多地应用于水泥、炼焦、化工和冶金等方面。

（1）颗粒层除尘器的构造

颗粒层除尘器主要由滤料、除尘器本体和清灰机构三部分组成。除尘器本体用于填装滤料，是维持滤料处于某种过滤状态的容器。滤料又称为过滤介质，一定量的滤料组成颗粒层。滤料的材质要求耐磨损、耐腐蚀且廉价，对于高温烟气除尘，还要求耐高温。滤料的选择可以因地制宜，利用废弃物作为原料可大大降低成本。可用作颗粒层除尘器的滤料种类很多，一般选择含二氧化硅99%以上的石英砂作为颗粒料，它具有很高的耐磨性，在300～400 ℃温度下可长期使用，化学稳定性好，价格也便宜，也可使用无烟煤、矿渣、焦炭、河沙、卵石、金属屑、塑料粒子等。通常颗粒粒径越小，除尘效率越高，但床层阻力也会随之升高。

颗粒层过滤器运行一段时间后，滤料中沉积大量的灰尘，会使颗粒层阻塞，增大床层的压降，影响过滤器的正常运行，因此必须进行定期清灰。清灰机构是除尘器的重要组成部分，清灰方式的选择决定了除尘器的结构和运行方式。

颗粒层除尘器是20世纪50年代末才投入工业应用的。随着颗粒层除尘技术的发展，出现了各种各样的结构形式。根据特点不同，大体可分为以下几类。

① 按颗粒床层的位置可分为水平床层和垂直床层。水平床颗粒层除尘器是将颗粒物料平铺在筛网或筛板上，保证一定的颗粒层高度，气流垂直通过滤料层。垂直床颗粒层除尘器是将滤料垂直放置，两侧用滤网或百叶片夹持，气流则水平通过滤料层。

② 按颗粒床层的过滤状态可分为固定床、移动床和流化床。固定床是指在除尘过程中滤料颗粒间的相对位置不发生变化，滤层始终保持不变的除尘器。颗粒层除尘器多采用固定床，气流从上而下流过滤层。垂直床层的颗粒层除尘器，多采用移动床。移动床的工作过程是滤料颗粒在床体内持续移动或间歇移动，与粉尘持续发生碰撞黏附等除尘作用，最后随滤料的移动而排出，新的滤料又重新进入床体，自此不断循环。排出的滤料可废弃、可它用，或再生重新作为颗粒滤料。移动床又分为间歇式和连续式两种。间歇式的优点是过滤介质不存在颗粒间隙增大和颗粒错位的问题，能提高过滤效率，但除尘器阻力波动较大，具有固定床的过滤特征。流化床是指在除尘过程中，气流自下而上使滤料呈现流化状态的颗粒层除尘器。

③ 按清灰方式分为振动反吹清灰、耙子反吹清灰、沸腾反吹清灰和湿法清灰。振

动和耙子反吹清灰属于机械式清灰方式，其目的是为了使滤料颗粒松动，以便于反吹气流带走滤料颗粒间的粉尘。沸腾反吹清灰是指滤料颗粒的流化，粉尘随气流而带出。湿法清灰指的是通过间断或连续喷淋的方式对滤料颗粒进行洗涤。

（2）颗粒层除尘器的优缺点

颗粒层除尘器的发展具有自身的优势，但仍然存在一些缺点与不足。颗粒层除尘器的突出优点有：

① 除尘效率高，一般可达98%~99.9%，只要设计合理，不难达到99%，可与袋式除尘相媲美；

② 对烟气成分不敏感，不受粒度、比电阻等粉尘性质的影响，尤其适合净化高温、硬质物料、腐蚀性和易燃易爆的含尘气流；

③ 可实现除尘性能的调节，通过调节床层厚度、滤料粒度以及床层移动速率来控制除尘性能；

④ 耐高温性能好，选择合适的滤料，可适应400~900 ℃的高温除尘，且滤料在高温状态下的化学性质稳定；

⑤ 对压力冲击的承受能力强，不存在脆裂和破碎的问题，其耐高温和耐高压的性能远优于正在发展的高温陶瓷过滤器；

⑥ 过滤介质来源广，性质优良，价格低廉，运行维护费用低，可与袋式过滤器相当。

与其他除尘器相比，虽然颗粒层除尘器具有很大的优势，但是仍存在一些不足：

① 颗粒层的容尘能力有限，不适合粉尘浓度太高的场合，否则清灰过于频繁，为此，常需加前置分离器进行预除尘，以降低含尘量；

② 对细微粉尘的捕集效率不够高，特别是5 μm以下的细颗粒物，提高细颗粒的捕集效率，同时降低除尘压力损失是亟待解决的重要问题；

③ 过滤速度较低，一般0.4~0.8 m/s，因此处理大流量气体时设备庞大；

④ 固定床清灰系统繁琐，除尘器必须间歇工作，移动床颗粒层除尘器的过滤过程存在缺陷，清灰系统没有达到整体化，制约颗粒层除尘技术发挥其优越性。

（3）颗粒层除尘器的常用类型

颗粒层除尘器的种类众多，下面主要介绍工业上应用比较成熟的5种除尘器。

① 振动式颗粒层除尘器。MB型颗粒层除尘器是一种固定床颗粒层除尘器（见图4-20），含尘气流由下而上通过过滤层，净化后的空气由除尘器上部排出。清灰过程中，气流回流，外部振动器使颗粒层振动，粉尘脱落至排灰口。由于频繁振动清灰，该种除尘器的密封性较差，且工作不稳定。

② 耙式颗粒层除尘器。耙式颗粒层除尘器是目前应用最为广泛的一种颗粒层除尘器，它的结构比较成熟。图4-21所示为原联邦德国首先研制成功的GFE型旋风-颗粒层过滤器。其工作原理是在一组除尘器中，有4~20个单体，将共用的含尘气道并联起来，含尘气体经入口1沿切向进入旋风筒11，进行第一次预除尘，除去的颗粒物经下

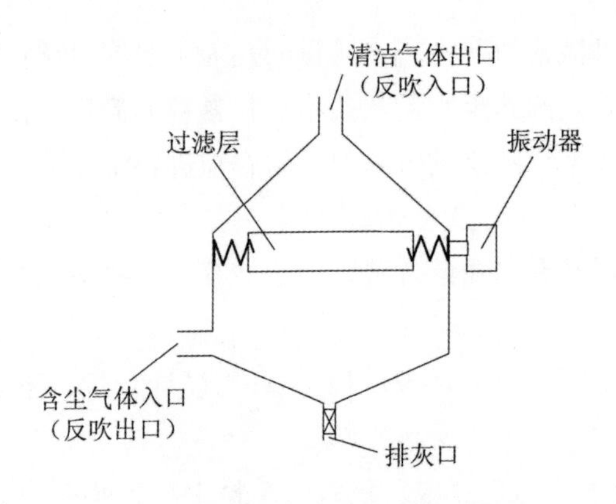

图 4－20　MB 型颗粒层除尘器

部排灰口 12 排出。接着气体则经梳耙 4 进入铺有颗粒层的过滤室 6 中，由上至下通过颗粒层，余下的粉尘颗粒物被颗粒层过滤，净化后的气体通过净气室 2 和圆盘阀 9，由洁净气体出口排出。

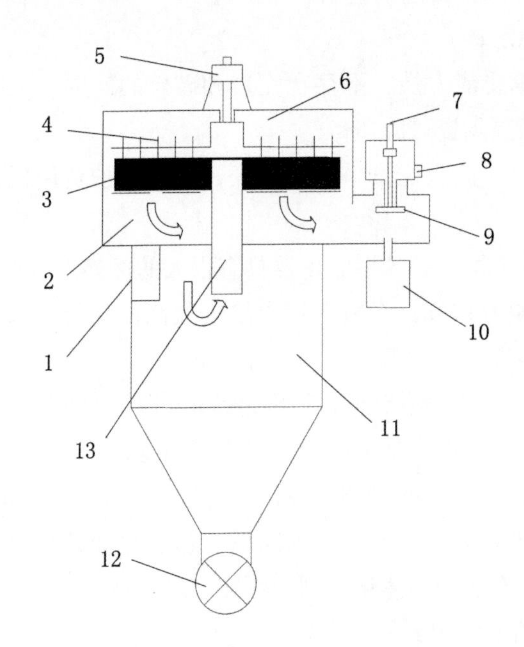

图 4－21　旋风－颗粒层除尘器

1—含尘气流；2—净气室；3—颗粒层；4—梳耙；5—驱动电机；6—过滤室；7—油缸；8—反洗气体入口；9—圆盘阀；10—洁净气体出口；11—旋风筒；12—排灰口；13—中心管

随着滤料中粉尘的积累，滤料两侧的压差升高，进气阻力增大，清灰程序启动，圆盘阀 9 向下运动使洁净气体出口关闭，同时反洗气流从入口 8 进入，反洗气流由下至上流过颗粒层，在梳耙 4 的搅动和反洗气流的洗涤下，颗粒层中夹杂的颗粒物随反洗气流经梳耙 4 回流至旋风筒 11，部分粉尘再次分离进入排灰口 12，其余粉尘随反洗气流混入其他单体的进气之中。清灰完毕，梳耙 4 停止转动，圆盘重新向上运动使反洗气流关闭。

③ 沸腾式颗粒层除尘器。沸腾式颗粒层除尘器的结构如图4－22所示。含尘气体由进气口1进入，部分粉尘在沉降室2中沉降，由排灰口4排出。其余细粉尘经过滤室7从上至下穿过颗粒层3，洁净气体经出口5流出。清灰时，反吹气流经洁净气体出口流入，由下至上经布风板流过颗粒层，使颗粒层流化沸腾。颗粒间夹杂的粉尘随反吹气流带入沉降室，部分粉尘重新沉降至排灰口排除，最后反吹气流从含尘气体入口流出。

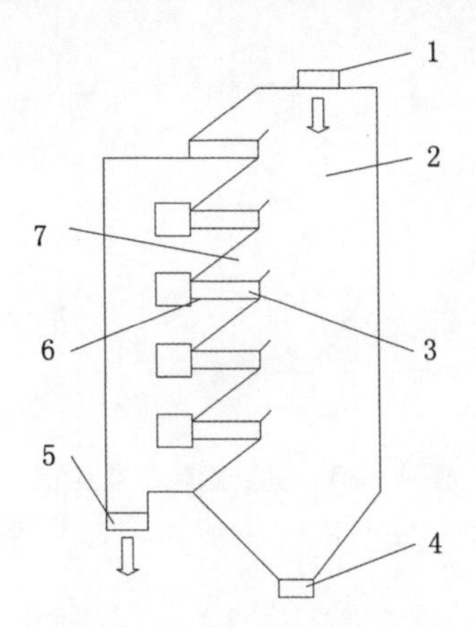

图4－22　沸腾式颗粒层除尘器

1—含尘气流入口；2—沉降室；3—颗粒层；4—排灰口；5—洁净气体出口；6—布风板；7—过滤室

沸腾式颗粒层除尘器由于传动结构简单且紧凑，使得设备费用降低，不存在动力部件机械磨损等问题，同时可用于大气量的除尘。

④ 垂直颗粒层除尘器。垂直颗粒层除尘器的结构形式较多。图4－23为滤料部分移动式垂直床层颗粒层除尘器。含尘气流从左侧入口进入，颗粒层由左侧的百叶栅1和右侧的布风板4支撑。含尘气流从左至右流过颗粒层。过滤过程中，颗粒层始终保持静止状态。反吹清灰时，洁净气体出口3关闭，脉冲压缩空气从入口6喷入，使颗粒层流态化。在此过程中有少量的滤料颗粒被吹离，减少的滤料由顶部滤料补给口2补充。被吹离排出的滤料经处理后可循环使用。该除尘器的优点是：采用固定床除尘效率高；脉冲洗涤时，滤料间有少许相对错动，清灰较彻底；而且滤料循环量少。其不足在于补给滤料耗能较大。

⑤ 交叉流式移动床颗粒层除尘器。交叉流式颗粒层除尘器是一种结构最简单的移动床（见图4－24），在两层筛网或百叶栅的夹持下保持一定的床层厚度。颗粒受重力作用向下运动，含尘气流沿水平方向与滤料颗粒交错运动，夹杂有粉尘的滤料从除尘器下方排除，经处理再生后，重新从装置上部加入，如此循环。床层高度对效率及阻力的影响很大，床层越高，除尘效率越高，但进气阻力也随之增大。

由于滤料从上到下移动，捕获的粉尘是不均匀的，过滤层上部积灰较下部少。因此，上部的气阻小，含尘气体更易流向上部，但上部由于积灰较少，颗粒间的孔隙率大，除尘效率低。同时，由于滤料颗粒的整体移动性较差，导致颗粒间空隙增大，发生错位现象，造成已沉积的灰尘从滤料中脱落，随气流带出，降低了颗粒层的除尘效率，

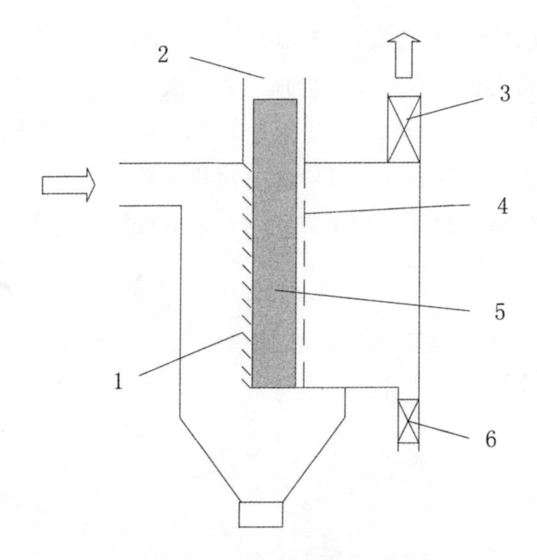

图 4-23　垂直颗粒层除尘器

1—百叶栅；2—滤料补给口；3—洁净气体出口；4—布风板；5—颗粒层；6—脉冲压缩空气入口

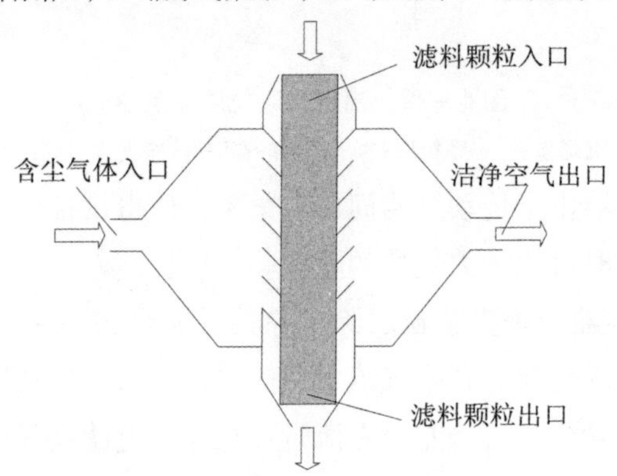

图 4-24　交叉流式移动床颗粒层除尘器

这也是移动颗粒床存在的共性问题。

（4）国内外颗粒层除尘器的研究现状

① 顺流式颗粒层除尘器（见图 4-25）。国外对颗粒层除尘器的研究早于国内，因此国外的研究较国内成熟，国际上普遍认为移动床具有较好的应用前景。因为固定床是间歇工作的，不能同时实现清灰和过滤的过程。而移动床能不断地更换滤料，保证过滤和清灰过程的连续性。因此，国外开发了大量的移动颗粒床，下面介绍两种典型的移动颗粒床。

平行流式颗粒层除尘器（也称顺流式颗粒层除尘器）是指在过滤阶段，含尘气流的流动方向与颗粒层的移动方向一致向下。美国 Westinghouse 公司提出了立柱式移动床颗粒层除尘器。该装置中用一根竖直的立管来提高气体与移动床之间的接触。气体从装置侧面沿切向进入后，可从立管下滤料颗粒形成的下落自由面进入，与滤料颗粒一道平行向下流过立管。洁净气体通过立管下的另一个滤料下落自由面流出。平行流动有利于促进含尘气流与滤料颗粒的接触，提高除尘效率。还可以将过滤气速提高到 0.91 ~

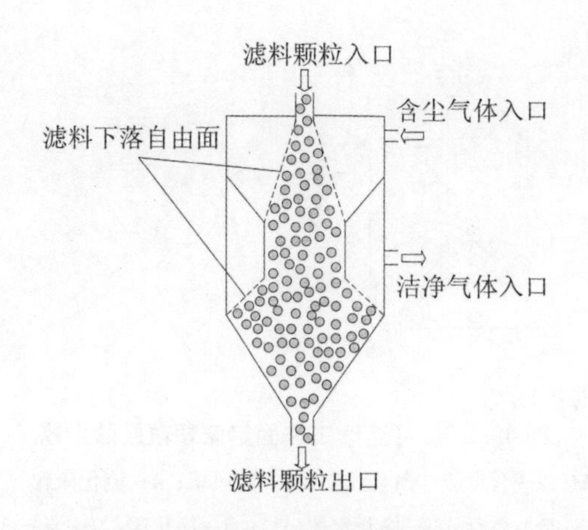

图4－25　顺流式颗粒层除尘器

1.82 m/s，同时不引起下端自由面颗粒流化而导致颗粒间夹杂的粉尘重新随气流带出。因此，平行流颗粒层除尘器在防止二次扬尘方面有较大的进步。

② 逆流式颗粒层除尘器。在逆流式颗粒层除尘器中，含尘气的流动方向与滤料颗粒的移动方向相反（见图4－26）。含尘气体通过中间插管直接从滤料下端进入，自下而上与自由下落的滤料颗粒发生相对运动。在插管的下端形成了滤料下落自由面，最后洁净气流从自由面流出。相比平行流式颗粒层除尘器，逆流式颗粒层除尘器捕获的粉尘不容易脱落。

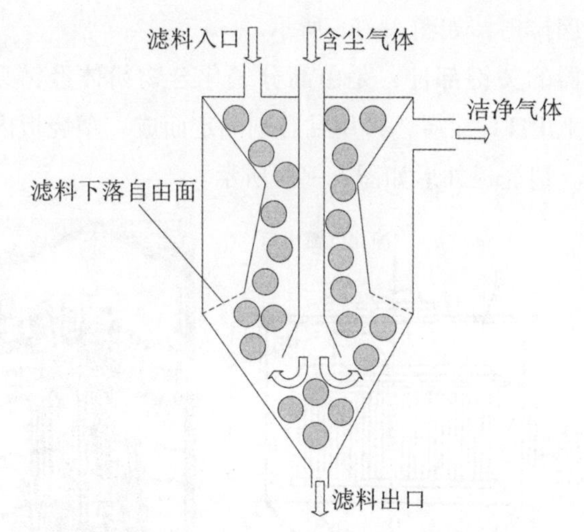

图4－26　逆流式颗粒层除尘器

③ 可连续工作固定床颗粒层除尘器。我国对颗粒层除尘器的研究起步较晚，仍处于实验阶段，但不乏一些优秀的设计。江苏大学开发了一种兼顾固定床和移动床特点的可连续工作固定床颗粒层除尘器，在保证固定床高效率过滤的同时实现了连续过滤和清灰工作（见图4－27）。

该装置把圆桶形固定床颗粒层分为若干单元格，利用动力旋转机构使其连续或间歇旋转。其中某一个或几个单元格为清灰区，当位于清灰区的单元格正在进行清灰时，其他单元格则同时进行过滤过程，从而实现了固定床的连续清灰工作。该装置既能像移动

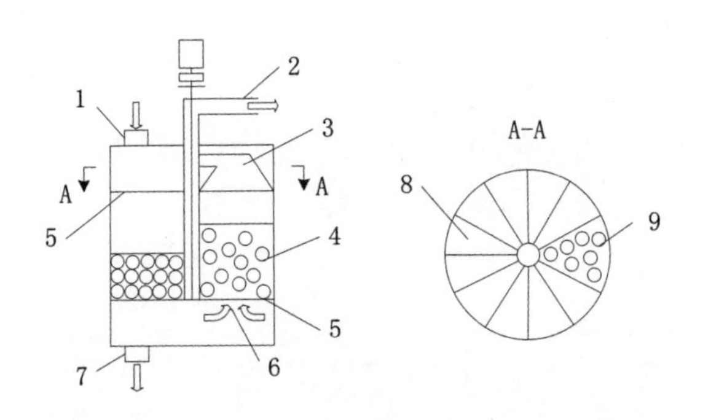

图 4-27 可连续工作固定床颗粒层除尘器

1—含尘气体进口；2—反吹含尘气体出口；3—吸风罩；4—流化床颗粒层；5—布风板；6—反吹气体；7—净化气体出口；8—净化区；9—清灰区

床那样连续工作，同时又避免了移动床的种种缺陷，保留了固定床高效率过滤的特点。

此外，国电热工研究院研究与开发了无筛逆流移动床颗粒层过滤器。宁波大学则提出了双层滤料颗粒床过滤除尘的新方法。

4.1.5.2 塑烧板除尘技术

塑烧板除尘技术也属于过滤式除尘技术的一种。其工作原理与滤袋式除尘器类似，但区别在于塑烧板除尘器的过滤机理主要是筛分效应。含尘气体通过塑烧板外表面时，颗粒被阻截在塑烧板外表面的 PTFE 涂层上，洁净气流透过塑烧板外表面经塑烧板内腔进入净气箱，并由烟囱排出，如图 4-28 所示。

塑烧板作为除尘器的关键部件，是由高分子化合物粉体经铸型、烧结成的多孔母体，并在母体表面涂上 PTFE 涂层，再用黏合剂固定而成。塑烧板内部孔径 40~80 μm，表面孔径为 1~6 μm。塑烧板外形如图 4-29 所示。

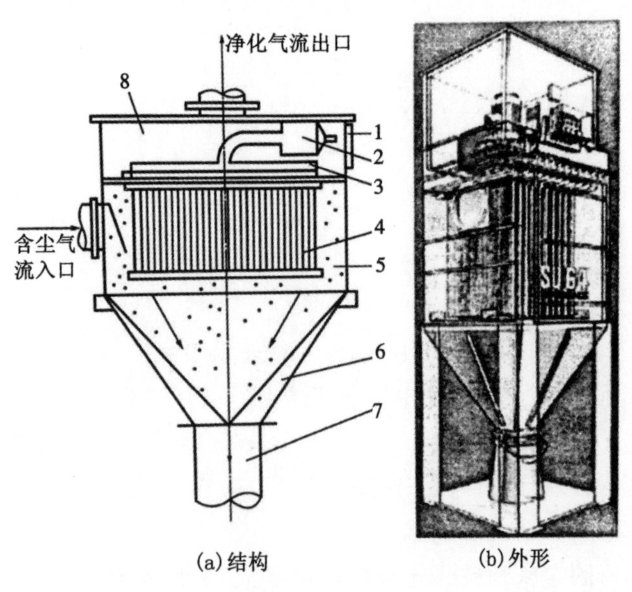

(a) 结构　　(b) 外形

图 4-28 典型塑烧板除尘器结构示意图

1—检修门；2—压缩空气包；3—喷吹管；4—塑烧板；5—中箱体；6—灰斗；7—出灰口；8—净气箱

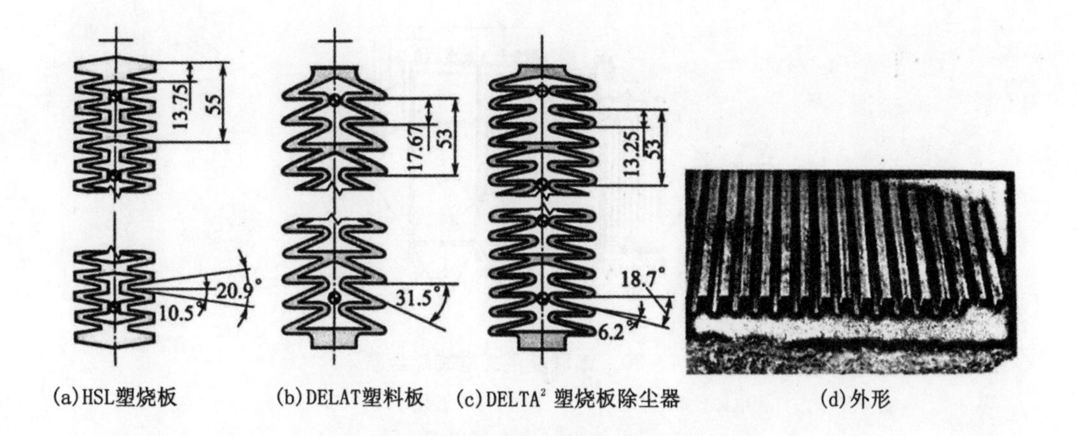

图 4－29　典型塑烧板剖面图

塑烧板除尘器的优点有：① 颗粒物捕集效率高，通常对 2 μm 以下的细颗粒物仍可保持 99.9% 的除尘效率，排放浓度可保持在 2 mg/m^3；② 过滤效果不受粉尘比电阻影响；③ 压力损失稳定，清灰容易；④ 耐湿、耐油、耐腐蚀、耐磨损、使用寿命长；⑤ 结构紧凑，相同过滤面积下占地面积是袋式除尘器的一半，节省空间。正是因为塑烧板除尘器的优点，其在钢铁企业中常用于轧机烟气处理。

塑烧板除尘器最大的劣势是价格过高。核心元件塑烧板基本被德国 Herding 公司垄断。该公司拥有多项专利技术，可生产 DELTA 型、HSL 型和 ALPHASYS 型等多个系列的塑烧板。

4.1.5.3　静电复合除尘器技术

静电复合除尘技术是指将静电除尘技术和过滤式除尘技术或者其他除尘技术组合起来，利用多种除尘机理的共同作用提高除尘器的除尘效率。之所以选择静电力作为复合除尘的主要作用力，是因为静电力直接作用在颗粒物上，并且比重力、惯性力等作用力要强，而且在技术上可靠。常见的静电复合除尘器有静电滤袋除尘器和静电颗粒层除尘器等。

（1）静电滤袋复合除尘器

静电滤袋复合除尘器，也称为电袋复合除尘器，它综合了静电除尘器和滤袋除尘器的优点，是应用比较广泛的静电复合型除尘器。当含尘气体进入除尘器后，先经过静电场，颗粒物荷电后被电场捕集，有 70% ~80% 的颗粒物可以被电场脱除。之后，含尘浓度大为降低的烟气进入滤袋中，由滤袋拦截烟气中剩余的颗粒物。

电袋复合式除尘器一般包括串联复合式、并联复合式和混合复合式三类。串联复合式电袋除尘器是将静电区装在滤袋区之前，如图 4－30 所示。并联复合式电袋除尘器是将静电区与滤袋区并列安装，如图 4－31 所示。混合复合式电袋除尘器是将静电区与滤袋区交叉安装，类似于将多个串联式复合电袋除尘器串联使用，如图 4－32 所示。

电袋复合除尘器综合了静电除尘器和滤袋除尘器的优势，其优点有：① 除尘效率高，可长期稳定运行；② 受颗粒物比电阻影响很小，适用范围广；③ 运行阻力低，易

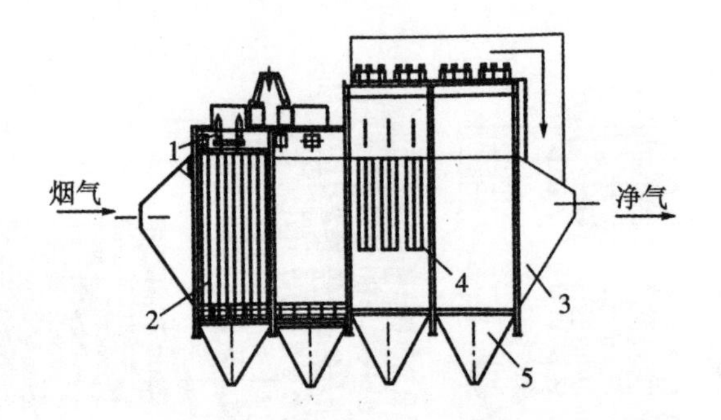

图 4－30　串联复合式电袋除尘器

1—电源；2—静电场；3—外壳；4—滤袋；5—灰斗

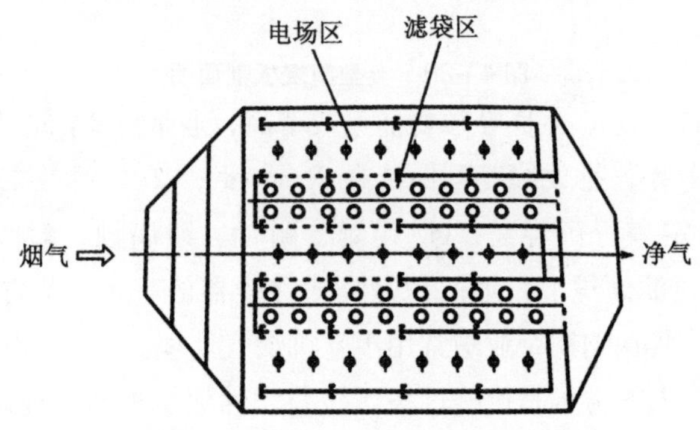

图 4－31　并联复合式电袋除尘器

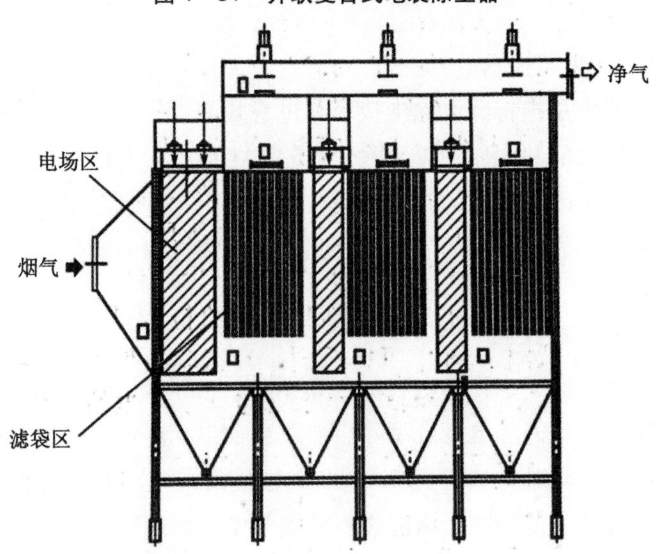

图 4－32　混合复合式电袋除尘器

于清灰；④ 运行、维护费用低，滤袋使用寿命长。

电袋复合除尘器的缺点主要有：① 设备运行管理复杂；② 当静电区故障时，对滤袋区运行影响较大；③ 静电区可能产生臭氧，会对滤袋有氧化作用。

（2）静电颗粒层复合除尘器

静电颗粒层除尘器是一种给颗粒物预荷电的颗粒层除尘器。在颗粒层除尘器内施加一个外电场，是含尘气体中的颗粒物在进入颗粒层之前尽量荷电，从而促使颗粒物的凝聚，增加颗粒层的过滤作用，提高除尘器的效率。

与普通的颗粒层除尘器相比，静电复合的颗粒层除尘器增加了电晕极，如图4－33所示。电晕极电压对颗粒层除尘器的除尘效率提升有明显作用，如图4－34所示。为保证预电荷装置工作的稳定性，工作电压应控制在55～65 kV。

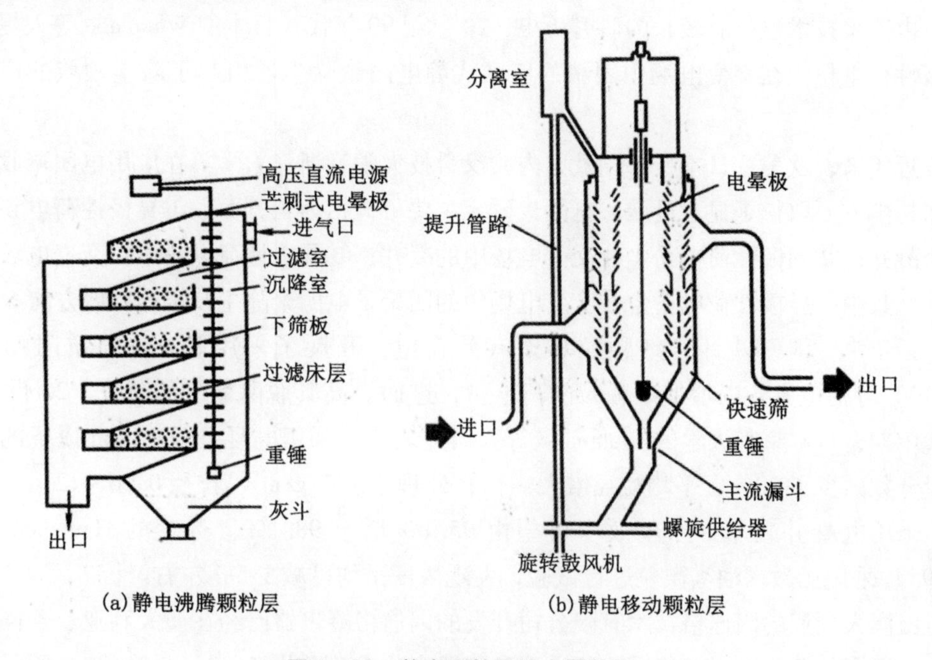

图4－33　静电颗粒层除尘器结构

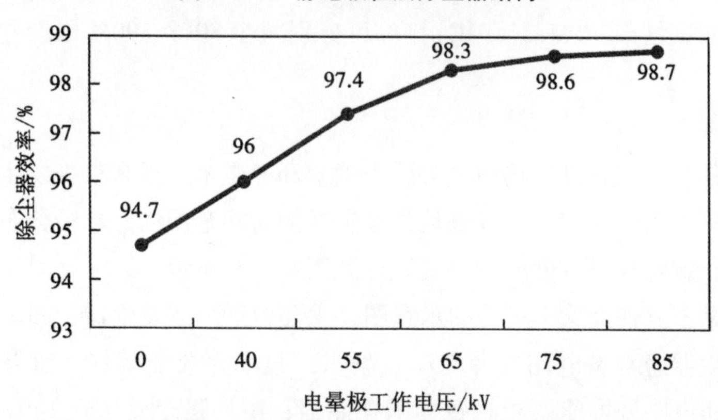

图4－34　不同电晕极工作电压下的除尘效率

4.1.5.4　预团聚除尘技术

预团聚/凝并技术是近些年发展起来的新型技术，主要用于燃烧源细颗粒物（$PM_{2.5}$）的控制。该技术利用电场、声场、磁场等外场作用或在烟气中喷入少量化学团聚剂等措施增进细颗粒物间的有效碰撞接触，促进其碰撞团聚长大，以及利用过饱和水汽在细颗粒物表面核化凝结的团聚长大等。外场作用和化学药剂也可同时使用。目前，大多数预团聚技术仍在实验阶段，鲜有应用。

(1) 电团聚

电团聚是通过使细颗粒荷电，促进细颗粒以电泳方式到达其他细颗粒表面，从而增强颗粒间的团聚效应；电团聚的效果取决于粒子的浓度、粒径、电荷的分布以及外电场的强弱。目前，大多数研究将电团聚技术与静电除尘器相结合，采用 ESP 捕集电团聚长大后的颗粒。

电团聚技术也已有较长的研究历史，20 世纪 90 年代，日本的 Watanabe 等人提出的同极性荷电粉尘在交变电场中团聚的三区式静电团聚除尘器引起了除尘领域的广泛关注。

近年来，欧美、日本、韩国及国内武汉科技大学、浙江大学等在应用电团聚收集亚微米粉尘方面取得了显著进展。电团聚研究主要可概括为三方面：①异极性荷电粉尘的库仑凝并；②同极性荷电粉尘在交变电场中的凝并；③异极性荷电粉尘在交变电场中的凝并。其中，异极性荷电粉尘在交变电场中的团聚是电团聚除尘技术的发展方向。

近年来，国内外针对细颗粒难以有效荷电，开展了采用脉冲、介质阻挡放电（DBD）等荷电方式以增加细颗粒的荷电量，进而提高其脱除效果的研究。20 世纪 90 年代中期，日本京都大学的 Watanabe 等人研究表明，采用电凝并时，1μm 以下的尘粒质量分数减少了 20%，平均粒径增大 4 倍；处理浓度 7 g/m^3、粒径 0.06 ~ 12 μm 的飞灰，采用电凝并技术，除尘效率可望由 95.1% 增至 98.1%。芬兰的 Hautanen 等人（1995）采用亚微米油雾微粒进行试验，发现浓度平均可减少 5% 左右。

由澳大利亚的因迪格技术有限公司开发的因迪格凝聚器已经在澳大利亚、美国、中国 3 个国家的 8 家电厂中使用。其原理和装置实物分别如图 4 – 35（a）（b）所示。结合几家电厂的测试结果：$PM_{2.5}$、$PM_{1.0}$排放可分别减少 80%、90% 以上；总质量排放浓度可降低 1/3 ~ 2/3。

(2) 声团聚

声波团聚是利用高强度声场使气溶胶中微米和亚微米级细颗粒物发生相对运动并进而提高它们的碰撞团聚速率，使细颗粒物在很短的时间范围内，粒径分布从小尺寸向大尺寸方向迁移，颗粒数目浓度减少。其原理如图 4 – 36 所示。

图 4 – 37 是声波辅助除尘过程的示意图，主要包括声波发生器、团聚室和颗粒分离器等。声波发生器通常是电动或者气动式喇叭，频率为数千赫兹，如果需要更高的频率，则需采用压电陶瓷换能器或磁致伸缩换能器；声场强度要达到 140 ~ 150 dB 以上；团聚室的尺寸要保证声波对颗粒有一定的作用时间（2 ~ 5s）。

国外主要研究机构有美国宾夕法尼亚州立大学、美国纽约 Buffalo 州立大学、西班牙马德里声学研究所、德国联合研究中心等。美国宾夕法尼亚州立大学主要针对频率小于 6 kHz 的低频声波团聚技术，涉及声波团聚的操作参数影响规律、团聚后微粒的坚固性、双模态团聚等方面的研究；美国纽约 Buffalo 州立大学在冷态实验条件下，对操作

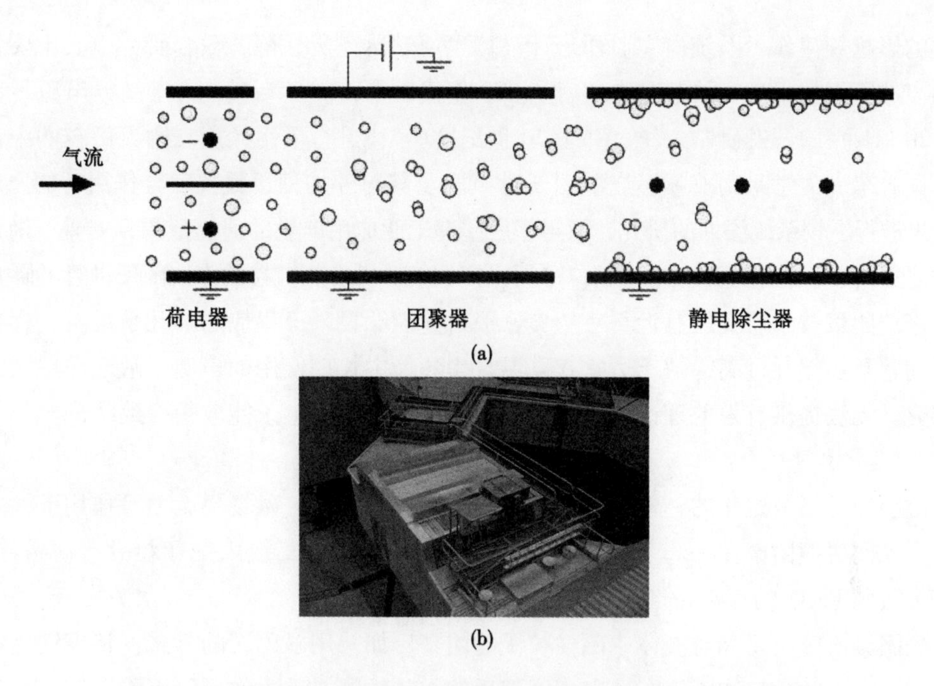

图4-35 双极荷电颗粒在外加直流电场中的电团聚原理及装置图

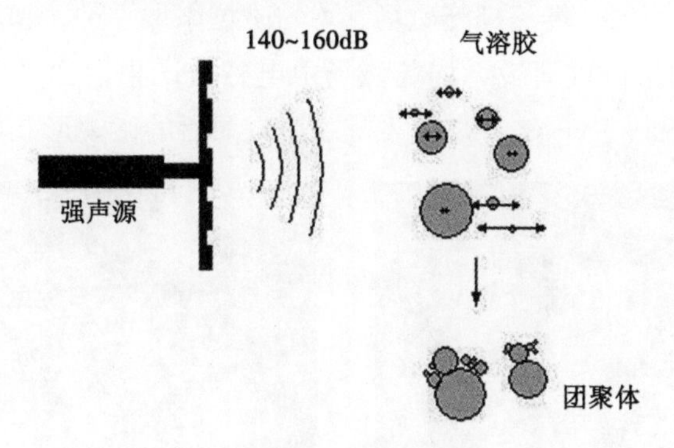

图4-36 细颗粒声波团聚长大示意图

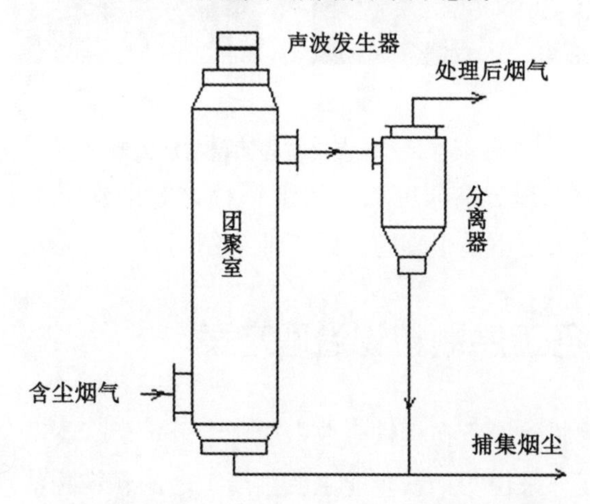

图4-37 声波辅助除尘装置示意图

参数的影响规律作了系统研究。西班牙马德里声学研究所、德国联合研究中心主要针对高频声波团聚技术进行研究。自20世纪70年代以来，前者一直致力于高频声源（频率10～20 kHz）的开发研制工作，并于20世纪90年代进行了高频声波团聚微粒的中试研究。国内东南大学采用实际燃烧源烟气对声波及其与外加种子颗粒联合作用下的宏观团聚效果进行了较系统深入的研究，取得了一些有工业应用前景的研究成果；此外，浙江大学、清华大学、北京理工大学等单位采用模拟烟气对煤飞灰微粒的声波团聚进行了研究。

声波团聚技术研究已有近百年历史，但目前能够投入工程应用的几乎没有，存在的主要问题是：能耗过高，缺乏适宜在高温含尘环境中长期使用的声源；缺乏深层次的理论探究，无法提供有效的理论指导，且在一些关键性问题上未能取得一致结论。

（3）磁团聚

磁团聚是指被磁化的颗粒物、磁性粒子在磁偶极子力、磁场梯度力等作用下，发生相对运动而碰撞团聚在一起，使其粒度增大；有研究表明，燃煤细颗粒具有铁磁特性，$\gamma-Fe_2O_3$和Fe_3O_4的存在是产生铁磁特性的主要原因。

磁团聚研究主要针对液体中磁性粒子的团聚，如采用磁团聚的方式，将钢铁企业排放的污水中细微颗粒物团聚在一起，团聚后的大颗粒团在重力作用下沉降。东南大学的赵长遂等进行了外加均匀磁场、梯度磁场、均匀磁场添加磁种、梯度磁场添加磁种4种类型下的燃煤PM_{10}团聚试验研究，均匀磁场由电磁铁产生，梯度磁场由铁氧体永磁环产生，磁种为Fe_3O_4和$\gamma-Fe_2O_3$。燃煤飞灰磁团聚前后的微观形态如图4－38所示。

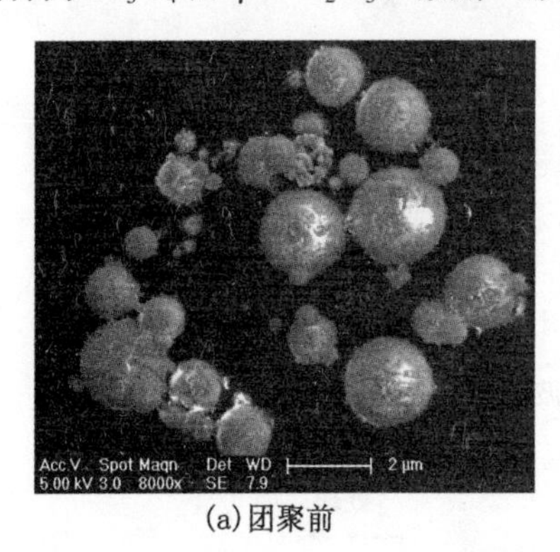

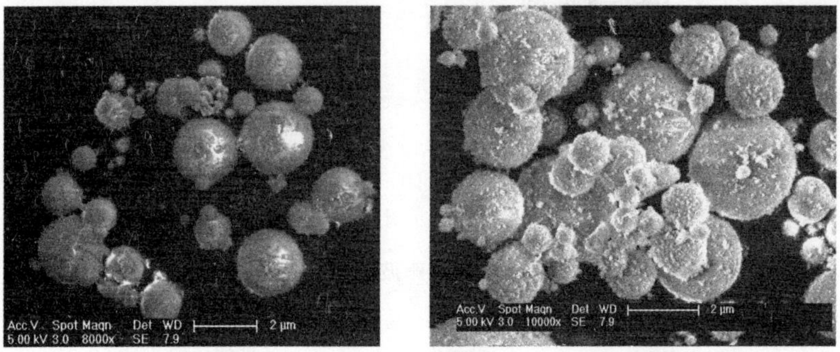

(a)团聚前

(b)团聚后

图4－38 燃煤飞灰磁团聚前后微观形貌

燃煤PM_{10}磁团聚及磁分离研究为燃煤细颗粒物的排放控制提供了一种新的技术途径，但试验得到的效果还不是很理想，距工业应用尚有不少距离。

4.2 钢铁企业各工序颗粒物治理方案

上述常用颗粒物脱除设备在钢铁企业中应用十分广泛。本节从源头治理、过程控制和末端处理技术角度，来说明钢铁企业主要生产工序的颗粒物治理方案。

4.2.1 烧结工序

4.2.1.1 烧结工序源头治理技术

（1）烧结机稳定生产技术

烧结机的连续生产运行是减少烧结厂污染物排放的最主要的综合工艺措施之一。有研究表明，烧结机的意外停机会破坏火焰前缘在烧结料层内的穿透过程，这对粉尘和一些有机污染物的产生具有不良影响。当重启短暂停机的烧结机时，由于机头部分烧结料层中剩余燃料持续燃烧，料层因水分蒸发而变得干燥，会产生高于正常水平的粉尘排放；当启动长时间停机的烧结机时，有必要在初始化烧结操作条件时绕过末端治理设备（比如，为了防止大量的水分进入静电除尘器或者滤袋除尘器），从而导致烧结机的启动阶段有大量的粉尘排放。因此，减少烧结机停机和短暂的生产操作波动有助于减少烧结烟粉尘排放的峰值以及减少烧结厂内的可见烟尘排放。

（2）烧结机烟气循环利用技术

烧结烟气循环利用技术是将烧结过程排出的部分烟气返回点火器后的台车上部密封罩中循环使用，减少烟气的排放量，降低尾气净化处理成本，利用烟气潜热和显热，降低固体燃耗和污染物排放，粉尘被部分吸附并滞留于烧结料层中。

烧结烟气循环技术是将部分烧结烟气再次引至烧结料层表面，进行循环烧结的过程中，废气中CO及其他可燃有机物通过烧结燃烧带重新燃烧，二噁英、PAHs、VOC等有机污染物及HCl、HF等被燃烧分解，NO_x部分高温破坏，SO_2得以富集。主要成效表现在以下三个方面：① 减少烧结工艺燃料消耗。烟气余热（200 ℃左右显热）被料层吸收，可以降低烧结固体燃耗。② 提高烧结矿产量和质量。烧结料床上部热量增加及保温效应，改善了烧结料层的温度分布，降低了上部料层的冷却速度，克服了常规烧结工艺中经常出现的上部料层温度较低、成品率低、强度不足等问题。同时避免了常规烧结工艺中，上部料层由于气体温度的突降造成的矿块内部热应力的增加，表层烧结矿质量得以改善。③ 减少污染物排放。烧结废气排放总量减少20%~40%，可以减少后续除尘、脱硫脱硝装置投资和运行费用，废气中污染物被有效富集、转化，可以降低烧结烟气处理成本。

如表4-2所示，国外典型烟气循环工艺主要有4种，分别是日本新日铁开发的区域性废气循环技术，荷兰艾默伊登开发的排放优化烧结技术EOS（emission optimized sintering），德国HKM公司开发的烧结过程降低排放和能耗优化技术LEEP（low emission and energy optimized sinter process）以及奥地利奥钢联公司开发的烧结环境工艺优化技术EPOSINT（environmental process optimized sintering）。

相比国外，国内的烧结烟气循环工艺研究起步较晚。我国铁矿烧结一直属于粗放型发展，长期以来对节能环保不够重视。近年来，随着市场竞争的压力，以及我国对环境和能源的日益重视，各钢铁企业开始关注烧结过程的能源利用和污染物排放控制，开始向清洁烧结和绿色烧结转变。烧结烟气循环技术作为一种高效的节能减排技术逐渐在我国钢铁企业中研究实施。

表 4-2　烧结烟气循环利用技术运行数据

工艺技术名称	工程实例	污染物产生量减少情况(质量分数/%)						固体燃料减少量(质量分数/%)	备注
		废气量	烟粉尘	SO_2	NO_x	二噁英	CO		
EOS	荷兰 Corus Ijmuiden 钢厂	40~50	50~60	15~20	30~45	65~70	45~50	20①	1994 年 5 月在 31# 132 m^2 烧结机投产运行
LEEP	德国 HKM 钢厂	50	50~55	27~35	25~50	75~85	50~55	12.5②	2001 年 12 月在 420 m^2 烧结机投产运行
EPOSINT	奥地利 Voestalpine 钢厂	25~28	30~35③ 85~90④	25~30	25~30	30	30	4.4~11.1⑤	2005 年 5 月在 5# 420 m^2 烧结机投产
废气分区再循环技术	日本 Tobata 钢厂	28	56	63	3	NA	NA	6	1992 年 10 月在 3# 480 m^2 烧结机投产运行
宝钢烧结烟气循环技术	中国宝武宁波钢铁厂	25~35	50	10.8	40	60~70	21.8	6	2013 年 4 月在 430 m^2 烧结机上建成国内首套烧结烟气循环系统
三钢烧结烟气循环技术	三钢	35	NA	66.7⑥	NA	NA	NA	3⑦	2014 年 1 月在 180 m^2 烧结机上投产运行
沙钢烧结烟气循环技术	沙钢	19.5	NA	NA	NA	NA	NA	NA	2013 年 12 月在 3# 360 m^2 烧结机投产运行 2014 年 4 月在 4# 360 m^2 烧结机投产运行 2015 年 5 月在 5# 360 m^2 烧结机投产运行

①焦粉从 60 kg/t 烧结矿减少到 48 kg/t 烧结矿；②节约焦粉 5~7 kg/t 烧结矿；③烧结机本体烟粉尘减排量；④烧结环冷机烟粉尘减排量；⑤改造前消耗焦粉 45kg/t 烧结矿，改造后节约焦粉 2~5 kg/t 烧结矿；⑥改造前排放烟气量约 60 万 m^3，SO_2 浓度小于 400 mg/m^3，改造后排放烟气量约 40 万 m^3，SO_2 浓度小于 400 mg/m^3；⑦烧结工序能耗下降 2.32%，固体燃料消耗降低 1.61 kgce/t 烧结矿；NA 表示无可用数据。

4.2.1.2　烧结工序过程控制技术

烧结工序的粉尘减排过程控制技术主要是指烧结机、环冷机的密封技术，厚料层烧结技术和烧结铺底料技术。

（1）烧结机、环冷机的密封技术

传统的烧结机台车与烧结风箱的密封多数采用设置于台车底部的弹性游板与设置于风箱两侧的滑道相接触的方式来进行台车两侧的密封。游板－滑道式密封的接触面大多数是平板式的，依靠游板上方弹簧的压力，使上下两个平面在相对滑动时相互接触实现密封。在使用过程中，为了减少弹性游板与滑道之间的摩擦阻力，一般在固定滑道上设油槽，由电动干油泵不间断地注入耐高温黄油。由于风箱所处环境温度高，容易造成加注的黄油脱水变干，不利于黄油的加注及滑道的润滑，而且在烧结机台车运行过程中，烧结生料及熟料又很容易黏接在弹性滑道上，使弹性滑道发生研磨、损伤，出现漏风间隙，造成大量漏风，使烧结风机的无效功率增大，并容易造成烧结时间延长，甚至烧结成品率降低，烧结产量下降。同时由于滑道密封采用硬密封的形式，在推车机或链带机运行过程中，增加了运行阻力，更加快了弹性滑道的磨损，助长了漏风的可能性。由于其漏风问题无法解决，因此传统的烧结只有加大烧结风机的抽风量来保证烧结产量，这样又造成了烧结电耗及运行成本、维护成本的成倍提高。

2008年凌源钢铁公司新建一台240 m^2烧结机（1#机），配套280 m^2环冷机，采用传统橡胶密封。环冷机一段高温废气用于余热锅炉生产蒸汽，二冷段废气用于热风烧结，三冷段废气冬季用于解冻库，夏季放散。生产初期，用于余热锅炉的热废气温度能够达到350 ℃，但随着环冷机密封装置的破损，废气温度下降，平均只有280 ℃左右，锅炉产汽量从设计的15 t/h下降到7 t/h。因此，在2013年3月底完成1#环冷机新型密封技术改造施工，采用柔磁性密封技术。

2011年，为更好地落实国家节能减排政策，淘汰原52 m^2烧结机，新建一台180 m^2烧结机（2#机），配套235 m^2环冷机。通过考察济钢等兄弟厂家烧结余热发电的经验，决定改变环冷机废气的使用方案，将一冷段高温废气用于锅炉发电（2012年与1#机一冷段高温废气合并发电），二冷段和三冷段废气利用同1#机。烧结机密封采用柔磁性密封技术。

1#环冷机密封改造后，从几个月的运行情况来看，漏风率明显降低，余热发电锅炉入口烟气温度显著提高，发电量大幅度上升，见表4－3。目前，小时发电量稳定在8500 kW·h，较原来提高了近3000 kW·h。

表4－3　　凌钢烧结机密封技术效果对比

项目	1#环冷机		2#环冷机
	改造前	改造后	
密封方式	橡胶机械	柔磁性刚刷	柔磁性刚刷
密封稳定性	不稳定	稳定	稳定

续表 4－3

项目	1#环冷机		2#环冷机
	改造前	改造后	
环冷机废气温度/℃	280～330	355～420	330～380
漏风率/%	40	13	15
锅炉作业率/%	31	87	84
锅炉产汽量/（m^3/h）	18	23.26	20.53
锅炉蒸汽压力/MPa	0.75～0.85	0.95～1.1	0.8～1.0
烧结矿产量/（t/d）	7000	7500	6000

注：锅炉产汽量及发电量均为无补充蒸汽时的数值

随着漏风率的大幅度降低，余热回收废气温度升高 80 ℃左右，发电效率提高 15%以上，按 1#环冷机密封改造前后吨矿发电量增加约 9 kW · h/t，280 m^2环冷机年处理烧结矿 250 万 t 计，年增加发电效益约 1350 万元。280 m^2环冷机密封改造费用按 400 万元计算，回收期约为 2.57 个月。

（2）厚料层烧结技术

厚料层烧结是在烧结机炉箅上，保持较高的铺料厚度（大于 800 mm）进行烧结的铁矿石烧结工艺。能有效地改善烧结矿的质量：提高烧结矿机械强度、减少粉末量、降低氧化亚铁（FeO）含量、改善还原性能。

厚料层烧结技术近年来在国内获得了迅速的发展，国内 300 m^2烧结机料层厚度均在 700 mm 以上，其中莱钢、首钢京唐烧结料层厚度达到 800 mm，马钢料层厚度提高至 900 mm。厚料层烧结具有以下 7 个方面的优点：① 节省烧结固体燃料消耗以及降低总的热量消耗；② 改善烧结矿还原性；③ 提高烧结矿的固结强度；④ 有利于褐铁矿的多量使用以及开展高品位低 SiO_2烧结；⑤ 进一步提高烧结矿的成品率；⑥ 有利于环保；⑦ 提高烧结矿产能。

厚料层烧结减少了燃料消耗，可以减少烧结机本身的烟粉尘排放。另外，烧结燃料以焦粉为主，减少固体燃料消耗还间接地减少焦化工序的烟粉尘排放量。厚料层烧结提高烧结矿的固结强度，可有效减少烧结矿破碎、筛分过程的粉矿产生量，进一步提高成品率，降低返矿率，从而减少烧结工序的烟粉尘排放量。

当前，厚料层烧结（大于 800 mm）必须进一步研发的关键技术有：① 低碳低温烧结技术，料层厚度增加，烧结自蓄热加强，需要降低燃料配加量，使得烧结矿在 1230～1280 ℃的温度下烧结，② 改善烧结热态透气性技术。在工艺技术方面，重视燃料质量，改善燃料燃烧效率，同时采用新型布料装置，使得烧结料层沿高度方向燃料分布偏析，沿料层高度方向自上而下减少燃料用量，使烧结料层从上到下保持稳定的高温，达到均热烧结的目的；③ 降低烧结机漏风率。降低漏风率，避免由于料层高度的增加，料层阻力增加，使得通过料层的有效风量降低，影响超高料层烧结效果。

首钢京唐钢铁联合有限公司烧结一期工程在曹妃甸新建两台烧结机面积为500m²的烧结厂，由北京首钢国际工程技术有限公司设计，采取厚料层烧结工艺。整套烧结工艺流程设计通过实施自动重量配料、强化混合制粒、均质烧结、蒸汽预热等措施，投入试生产后经检测，检测结果达到预期设计指标，混合料中大于3 mm粒级达75%、混合料温65 ℃以上、烧结料层厚度780 mm左右（最大可达830 mm）、固体燃料消耗约48 kg/t。

实施厚料层烧结的措施有：① 配料系统采用自动重量配料法，各种原料均自行组成闭环定量调节，再通过总设定系统与逻辑控制系统，组成自动重量配料系统，其特点是设备运行平稳、可靠，配料精度高达0.5%，使烧结矿合格率、一级品率均有较大幅度提高，同时可减少烧结燃料耗量；② 强化混合制粒，使混合料中+3 mm粒级达75%；③ 在制粒机和烧结机前的混合料矿槽分2次用蒸汽混合料，尽可能提高料温到66℃左右，极大地增强了料层透气性；④ 采用梭式、辊式布料机，实现混合料沿台车高度方向的合理偏析；⑤ 对烧结机滑道系统及机头、机尾密封板等部位进行优化设计，加强密封，改进台车、首尾风箱隔板、弹性滑道的结构，同时，加强对整个抽风机系统的维护检修，及时堵漏风，将漏风率降至目前的51%左右；⑥ 为了改善料层透气性和提高烧结矿产量，将筛分室10～25 mm粒级的冷烧结矿先于烧结料铺在台车上，从而有利于克服厚料层烧结中上层热量不足、下层热量过剩的不合理热分配现象。

（3）铺底料烧结技术

铺混合料之前，在烧结机上铺厚20～30 mm的粒径10～20 mm的烧结矿作为底料（个别钢厂以8～30 mm块矿做底料），然后铺上混合料进行烧结。该技术使得机头废气含尘量由5～6 g/m³降至1～2 g/m³，烧结机尾废气含尘量由10～30 g/m³降至5～15 g/m³。铺底料的主要作用是：① 防止高温带接近炉箅，提高其寿命。② 防止粉料由箅条空隙抽走，减少废气含尘量和除尘器负荷，提高风机寿命。③ 防止粉料和烧结矿堵塞与粘结炉箅，保持炉箅有效抽风面积不变，使气流分布均匀；没有铺底料时，生产中为避免粘箅条，采取不烧透的办法，但这会增加返矿率，影响烧结矿的产量、质量。④ 采用铺底料后，台车炉箅粘料现象基本消除，撒料减少，无须专门清理，劳动条件大为改善。

4.2.1.3 烧结工序末端处理技术

烧结工序烟粉尘的主要来源有：① 原料准备；② 烧结配料；③ 烧结机本体，包括烧结机头和烧结机尾；④ 成品整粒；⑤ 烧结矿冷却设备。其中排放量最大、浓度最高、含尘气体流量最大的排放源为烧结机本体。

在原料准备和配料过程中，产生的散发性粉尘由集尘罩收集，经由管道送入除尘器，一般为滤袋除尘器，经过净化后排放。

成品整粒过程中，烟气主要是烧结矿成品筛和烧结矿转运过程中所产生的含尘气体。含尘气体从抽风点抽出后，经管道引入静电除尘器，净化之后经引风机送入烟囱排放。

典型的烧结机本体除尘方式如图4－39所示。空气从烧结机上方吸入烧结料层，参与燃烧后形成高温、高湿并夹带大量颗粒物的含尘气体。含尘气体经过烧结机风箱进入沉降管式重力除尘器，将粒径较大的颗粒物脱除。重力除尘器未除去的细颗粒随烟气一起进入静电除尘器进行精细除尘，其工艺流程如图 4-40 所示。经过静电除尘器后，烟气含尘量低于 30 mg/m^{3}后进入脱硫系统。静电除尘器可以用干式静电除尘器，也可用湿式静电除尘器。烟气经脱硫后还需经过一个滤袋除尘器，最终达标排放。

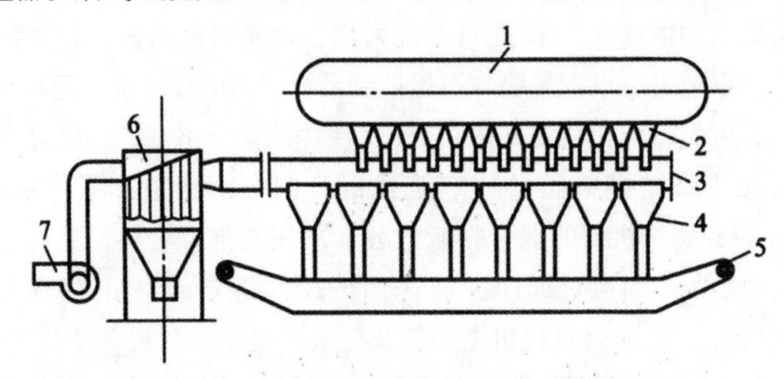

图 4-39　烧结机主抽风系统除尘装置

1—烧结机；2—风箱；3—沉降管式重力除尘器；4—水封管；5—水封拉链机；6—静电除尘器；7—风机

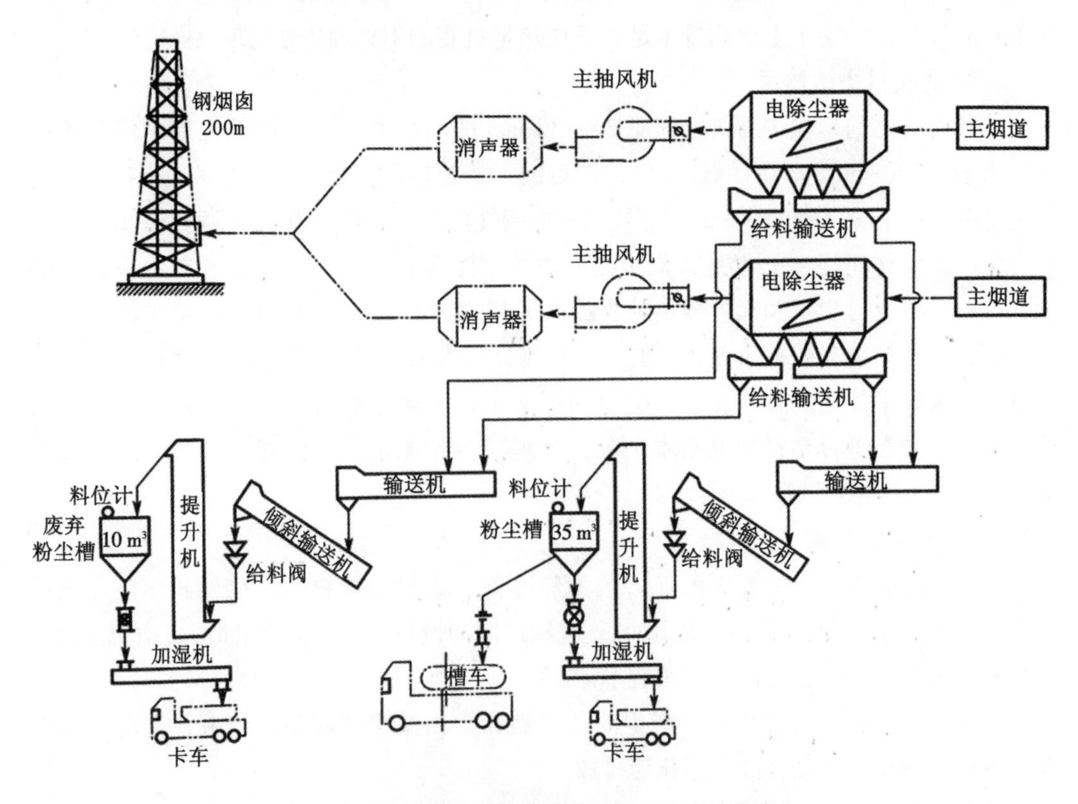

图 4-40　烧结机头除尘工艺流程（无脱硫装置）

环冷机冷却废气具有一定温度，从节能的角度讲，应该充分利用烧结环冷机废气的余热。利用余热锅炉发电是高温段环冷机废气余热利用的主要方式之一。但是在烟气进入锅炉之前，必须经过除尘装置，以保护锅炉换热器不受粉尘磨损。某些钢铁企业的烧结环冷机高温段废气除尘系统使用惯性除尘器，如图4-41所示。来自环冷机的废气经过挡板式惯性除尘器将颗粒物脱除之后进入余热锅炉，温度降低之后经过循环风机重新回到环冷系统。低温段废气可与烧结机尾其他产尘点的含尘气体一起送入机尾除尘器，其工艺流程如图4-42所示。

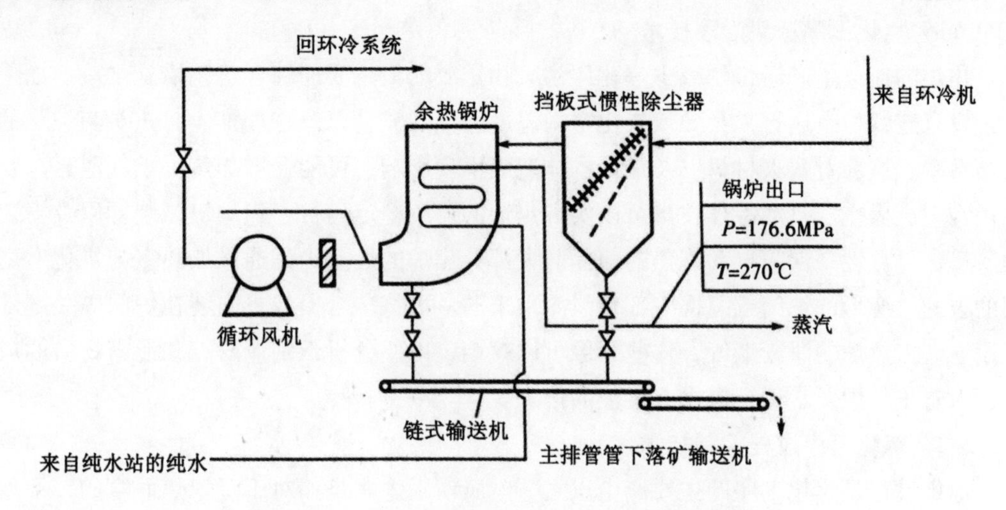

图4-41 烧结环冷机惯性除尘系统流程示意图

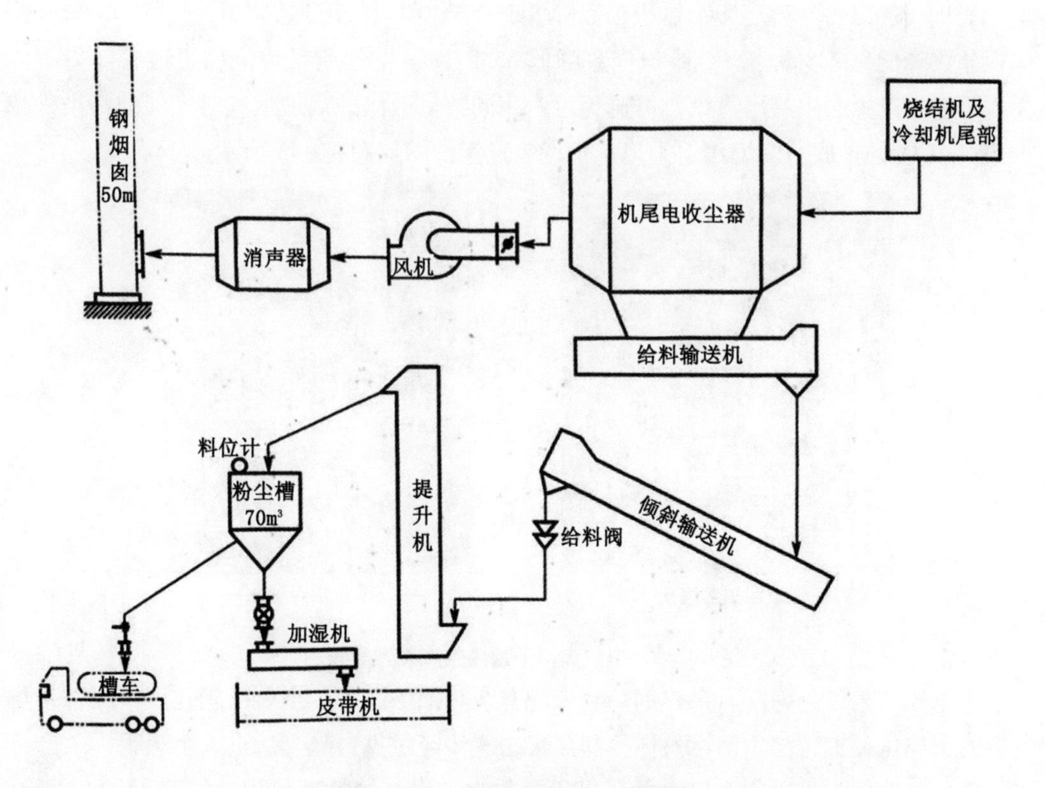

图4-42 烧结机尾除尘工艺流程

4.2.2 焦化工序

焦化工序的粉尘来源有焦炉蓄热室，装煤、推焦过程，熄焦过程和煤粉破碎过程等。

4.2.2.1 焦化工序源头治理技术

焦炉的连续生产运行是减少焦化厂污染物排放的最主要的综合工艺措施之一。如果焦炉没有连续稳定运行，会导致炭化室内温度的剧烈波动以及增加推焦时焦炭与炉墙的黏结概率。这会对耐火材料以及焦炉本体造成不良影响，可能会增加焦炉烟气泄露以及非正常生产操作。自动炼焦技术可以实现焦炉的连续稳定运行。焦炉机械装置以及安装的质量、可靠性是保障自动炼焦的前提。大部分焦炉的烟粉尘是通过加热室与炭化室之间的裂缝、变形的炉门或门框等部位泄露出来的。可将多个摄像机安装在炉门等关键部位用于监控焦炉的泄露烟气，这些图像可以存档，以便分析识别泄露点和泄露物质的成分，为防止焦炉异常运行提供有价值的信息。

4.2.2.2 焦化工序过程控制技术

熄焦过程是焦化工序的主要产尘点之一。所谓干熄焦是相对于湿熄焦而言的，干熄焦是采用惰性气体将红焦在无氧的环境下降温冷却的一种熄焦方法。与湿熄焦相比，总尘（TSP）降低 90.17%，SO_2体积分数降低 100%，CO 体积分数降低 89.95%，苯并芘体积分数降低 90.28%，NO_x 体积分数降低 65.27%，空气质量得到明显改善。另一方面，干熄焦产生的生产用蒸汽，可避免生产相同数量蒸汽的锅炉烟气对大气的污染，减少 SO_2、CO_2的排放。湿熄焦、干熄焦生产装置实物图如图 4－43 所示。

(a)湿熄焦装置

(b)干熄焦装置

图 4－43 湿熄焦、干熄焦生产装置实物图

干熄焦工艺可分为配有余热锅炉和未配有余热锅炉两种。主要区别在于：配有余热锅炉的干熄焦装置，使用惰性气体冷却焦炭，气体经过重力除尘后进入余热锅炉生产蒸汽，之后经旋风除尘器除尘后由循环风机再次进入干熄炉循环使用，如图 4－44 所示；未配有余热锅炉的干熄焦装置，使用空气作为焦炭的冷却介质，由风机送入干熄炉，与焦炭换热后先进入带有分离功能的冷却器，之后进入滤袋除尘器精除尘，达到排放标准

后由烟囱排入大气，如图4－45所示。

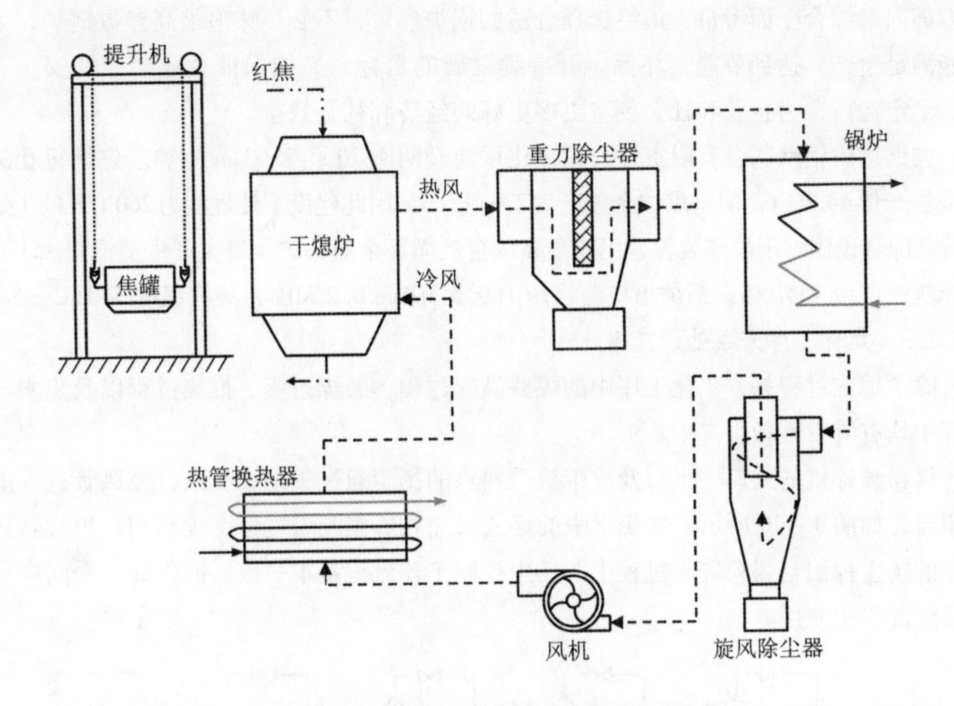

图4－44 配有余热锅炉的干熄焦装置示意图

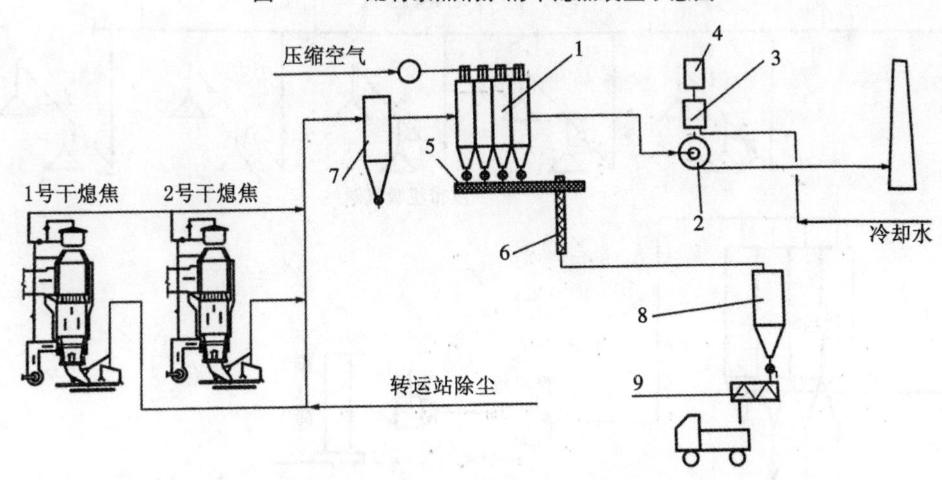

图4－45 未配有余热锅炉的干熄焦除尘系统流程

1—脉冲袋式除尘器；2—除尘风机；3—调速液压耦合器；4—电机；5—输灰机；6—集合输灰机；7—惯性除尘器；8—储灰仓；9—加湿机

配有余热锅炉的干熄焦装置可以采用3.9 MPa、450 ℃的中温中压锅炉，也可以采用9.8 MPa、540 ℃的高温高压锅炉。采用中温中压锅炉吨焦净发电量100 kW·h左右，采用高温高压锅炉净发电量115 kW·h左右，因此，国家推荐干熄焦装置采用高温高压锅炉。

高温高压锅炉节能效益比中温中压锅炉有优势，但由于干熄焦锅炉是余热锅炉的一种，其蒸发量取决于干熄焦装置的熄焦量。各生产厂可针对本厂的实际情况并结合上述各方面因素综合全面考量，最终选择合适的锅炉参数，不必一味追求高参数锅炉，力争既能满足生产，达到节能、环保、可持续发展的目标，又能保证企业生产的安全、合理、稳定运行，为企业和社会创造更多更好的经济和社会效益。

首钢京唐钢铁联合有限责任公司焦化厂建设两座70孔7.63 m焦炉。焦炉每孔碳化室全焦产量44.03 t，两座焦炉全焦产量239.9 t/h，因此建设了处理能力260 t/h的干熄焦装置及配套设施。干熄焦装置采用高温高压自然循环余热锅炉。最大产生蒸汽量151 t/h，实际蒸汽产量134 t/h，锅炉出口蒸汽压力9.5 MPa ±0.2 MPa，蒸汽温度540 ℃ ±5 ℃。

4.2.2.3　焦化工序末端处理技术

除了熄焦过程外，焦化工序中的煤粉破碎过程、装煤过程、推焦过程以及焦炭转运过程中均有阵发性粉尘产生。

煤粉破碎机的入口、出口及皮带机受料点的扬尘通过集尘罩吸入，经风管进入滤袋除尘器，如图4-46所示。捕集下来的煤灰可加入炼焦配煤过程继续利用。焦炭转运过程中的扬尘控制与煤粉破碎过程中的扬尘控制工艺流程基本一致。回收的焦粉同样可以在炼焦配煤中使用。

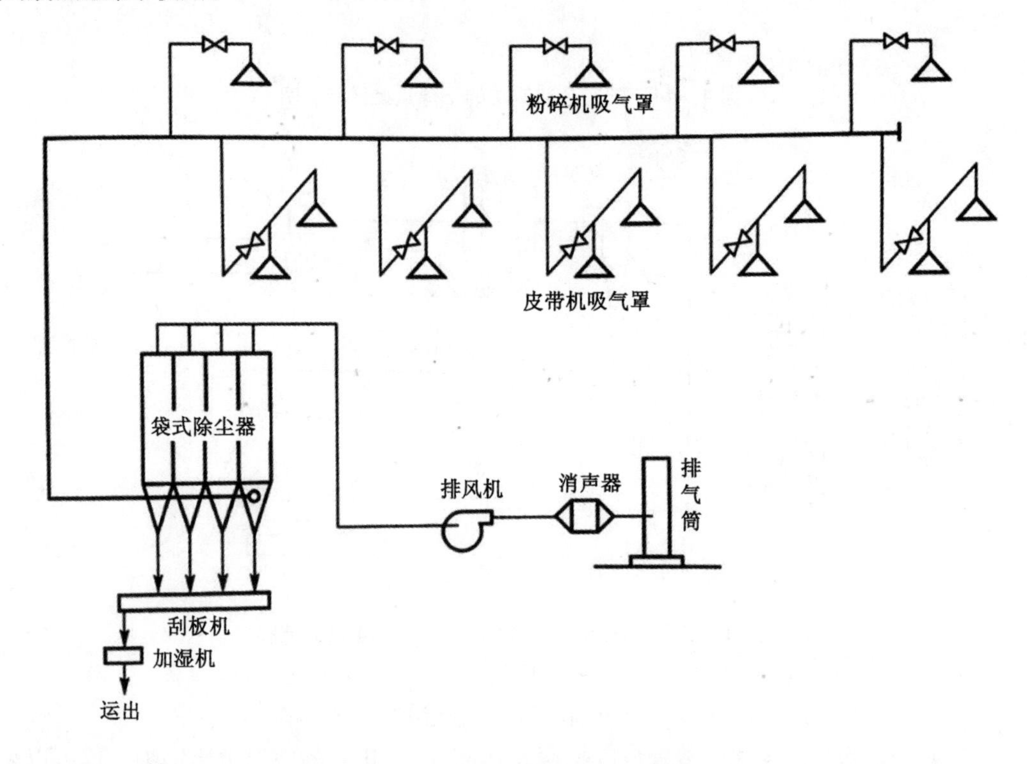

图4-46　煤粉破碎过程除尘系统

装煤过程中，焦炉顶部炉盖开启，焦炉内烟气携带大量粉尘逸出，因此在装煤时，必须控制粉尘扩散。装煤过程除尘系统如图4-47所示。由于装煤过程是间歇性的，因此罗茨风机由中央控制系统联动控制，实现风速调节。在开启炉盖直至炉盖关闭的过程中，风机转速由30%提高至100%，以保证绝大部分烟尘能被吸入滤袋除尘器。在装煤过程结束后，风机转速维持在30%以下，以节约能源。

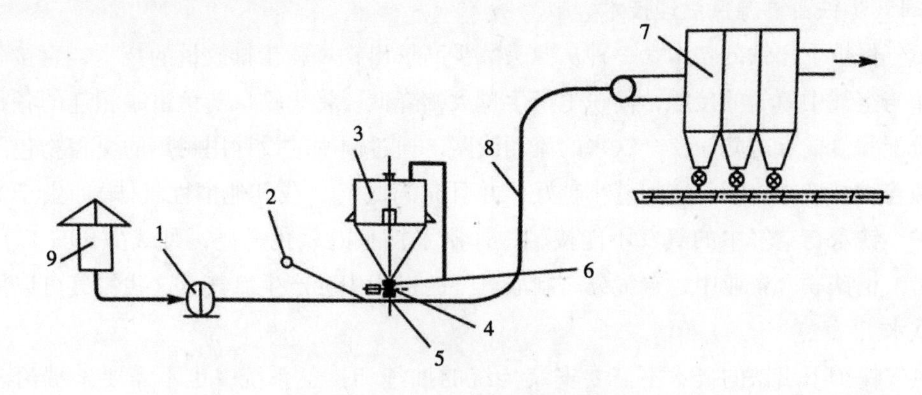

图4-47　装煤过程除尘系统

1—罗茨风机；2—压缩空气管；3—煤粉仓；4—旋转给料阀；5—给料器；
6—插板阀；7—袋式除尘器；8—粉尘管道；9—消声器

焦炉推焦时，焦侧由拦焦机上部及熄焦车上部产生烟气，粉尘以焦炭颗粒为主。拦焦机配备有钢板制作的集尘罩，与拦焦机一起移动。集尘罩将烟气捕集后，经过管道输送到预除尘器。为了防止红焦烧坏滤袋，在袋式除尘器前设有火花捕集器和烟气冷却器，如图4-48所示。由于推焦过程也是间歇式的，与装煤过程类似，推焦过程除尘系统风机也由中央控制系统联动控制其转速。

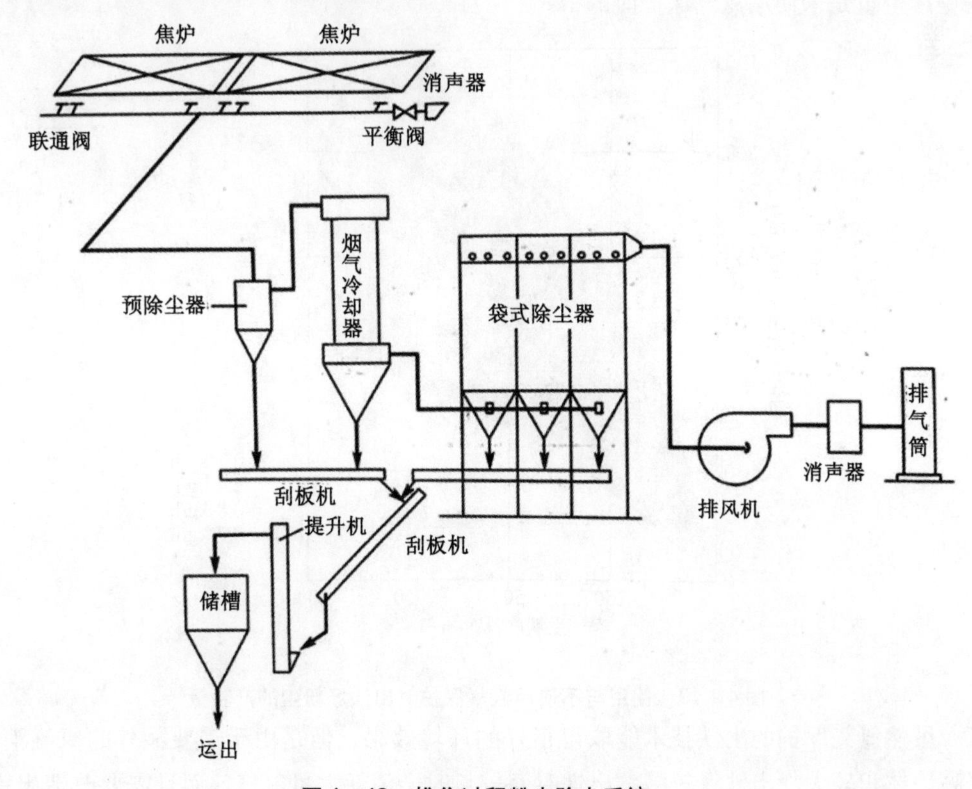

图4-48　推焦过程粉尘除尘系统

4.2.3 炼铁工序

4.2.3.1 炼铁工序源头治理技术

氮气保护下出铁的技术是一种从源头减少高炉出铁场粉尘排放量的技术，直接阻断了铁水与空气中氧气的接触，使粉尘产生量大幅降低。将出铁口与鱼雷罐相连的各种各样的分配和传输点之间，整个铁水的流动线路，通过周密的设计用耐热的覆盖物包围起来。覆盖物与铁水之间的空间越小越好，并且充满氮气（或其他惰性气体）。由于氮气的保护，铁水与空气中的氧气不能接触，抑制了铁水的氧化燃烧，可减少90%以上的烟尘量。钢铁联合企业中，空气分离制取氧气的过程中会产生氮气，这些氮气可以用来保护铁水。

氮气保护下出铁的技术不需要安装传统的抽气和排气系统，也不需要末端治理措施，因此节省了大量的投资费用，同时节省了除尘灰的再循环成本。当出铁场和鱼雷罐的体积较小时，可以将有限体积的出铁场封闭起来，有利于这种技术发挥很好的效果。然而，当鱼雷罐体积较大时，氮气保护系统的作用是有限的，有必要配合传统的抽气和排气系统以及滤袋除尘器同时使用。

根据欧盟统计数据，在无治理措施的情况下，高炉出铁时粉尘排放量平均为400～1500 g/t铁水；而使用了滤袋除尘器后可以降到0.5～45 g/t铁水；当使用氮气保护出铁时，粉尘排放量可降为12 g/t铁水。如图4－49所示，当使用了氮气保护时，出铁场粉尘产生量是未使用氮气保护时的1%。

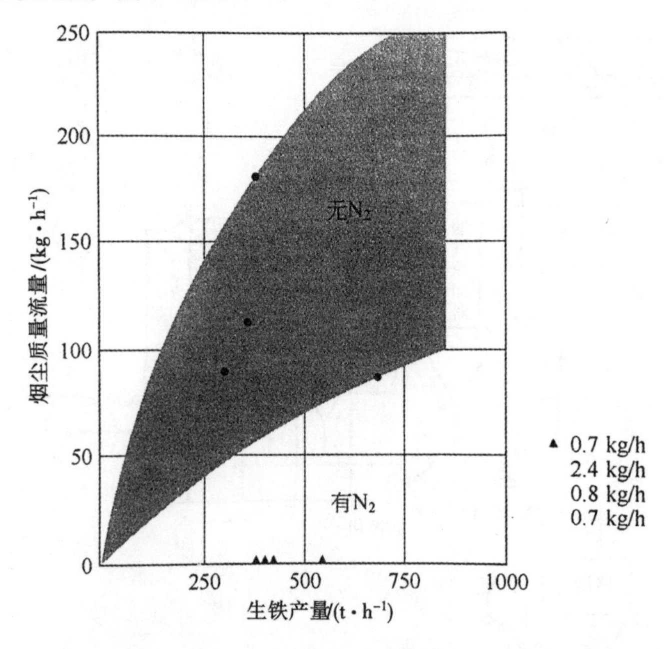

图4－49 使用与不使用氮气保护时出铁场粉尘的产生量

虽然氮气保护的出铁技术能取得很好的环境效果，但是由于需要额外的氮气消耗，当高炉体积较大、出铁量较多、出铁时间较长时会消耗大量氮气，而且需要改造出铁沟和鱼雷罐受铁口结构。因此，这项技术目前只适用于小型高炉，大型高炉能否使用还有待进一步探索。

年产300万t铁水的德国Arcelor Mittal（Bremen）钢厂，从1991年开始使用氮气保护出铁技术，多年的运行经验表明，在正常生产情况下这种技术没有明显的问题。然而，最近对高炉大修之后，改变了出铁口和鱼雷罐的相对位置，在氮气保护系统上，又增加了抽气系统和滤袋除尘器。该系统安装投资480万欧元，包括氮气保护系统和后改造的抽气系统和滤袋除尘器。运行费用包括每年19万欧元电费、每年17万欧元维护费用。

4.2.3.2　炼铁工序过程控制技术

高炉煤气从高炉炉顶逸出后，经过预除尘，将粒径较大的颗粒物先脱除。预除尘器一般使用重力除尘器，如图4－50所示。

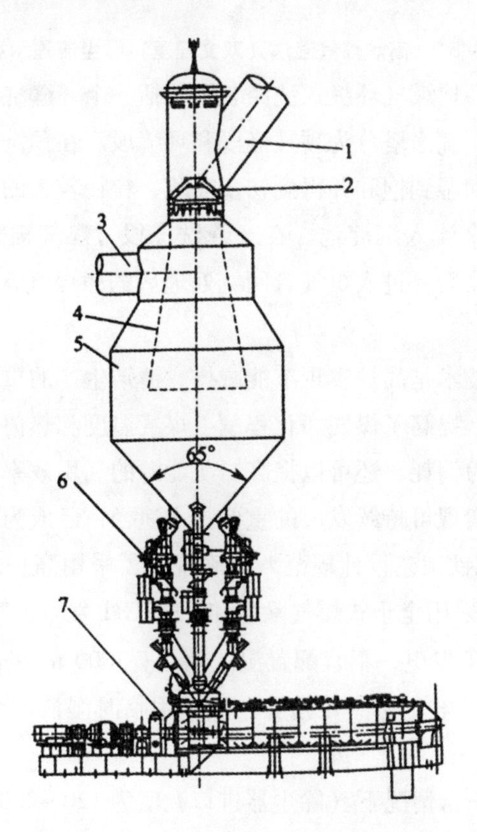

图4－50　高炉煤气重力除尘装置示意图

1—下降管；2—钟式遮断阀；3—荒煤气出口；4—中心喇叭管；
5—除尘器外壳；6—排灰装置；7—清灰搅拌机

经过粗除尘后，高炉煤气还要经过精细除尘才可进入管网。高炉煤气常用的精除尘方法有湿法塔文系统除尘和高炉煤气环缝洗涤工艺、干法除尘等。

如图4－51所示，串联型双文丘里洗涤器由一级文丘里管、二级文丘里管、高压调节阀及沉淀池等组成。高炉煤气经过一文、二文两次净化完成。处理后净煤气含尘量小于10 mg/m^3，机械水含量小于7 g/m^3。

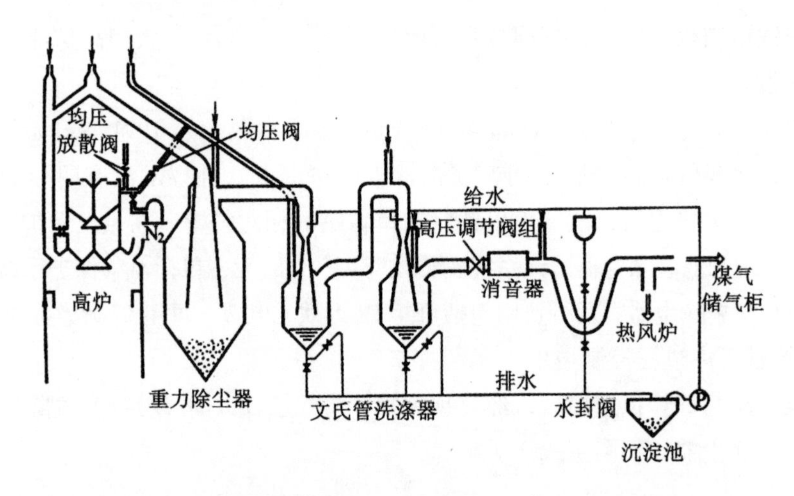

图 4－51　高炉煤气湿法（双文丘里）除尘流程示意图

如图 4－52 所示，高炉煤气环缝式洗涤装置包括一个环缝洗涤塔和一个旋流脱水器以及相关的给排水设施。洗涤塔分为预洗涤段和环缝段。在预洗涤段，雾化后的水滴与煤气充分混合，煤气被加湿到饱和并得到初步净化，粒径较大的颗粒被水滴捕集并靠重力作用从煤气中分离出来流入沉淀池。在环缝洗涤段，煤气被进一步冷却、除尘和降压。最后经过旋流脱水器后，进入煤气管网。处理后的净煤气含尘量小于 5 mg/m^3，机械水含量小于 10 g/m^3。

高炉煤气干法除尘技术是高炉实现节能减排、清洁生产的重要技术，同传统的高炉煤气湿式除尘技术相比，提高了煤气净化程度、煤气温度和热值，可以显著降低炼铁生产过程的新水消耗和动力消耗，还可以提高二次能源的利用效率、减少环境污染，是钢铁工业发展循环经济、实现可持续发展的重要技术途径，已成为当今高炉炼铁技术的发展方向。因此，《高炉炼铁工艺设计规范》明确规定了采用高炉煤气干法除尘的具体要求：1000 m^{3}级高炉必须采用全干式煤气除尘和干式 TRT 发电；2000 m^{3}级高炉应采用全干式煤气除尘和干式 TRT 发电，不宜配置湿法除尘；3000 m^{3}级高炉研究开发采用全干式煤气除尘和干式 TRT 发电，为稳妥起见，可备用临时湿法除尘器，并采用干湿两用 TRT 发电装置。

如图 4－53 所示，正常情况下（除尘器进口温度为 120～250 ℃），来自炉顶的荒煤气经重力式旋风除尘器后，由半净煤气主管分配到呈二列式布置的滤袋除尘系统。除尘器过滤方式采用外滤式，在除尘器荒煤气室，颗粒较大的粉尘由于重力作用自然沉降而落入灰斗下部的灰仓，颗粒较小的粉尘随煤气上升。经过滤袋时，粉尘被阻留在滤袋的外表面，煤气得到净化。净化后含尘量不高于 5 mg/m^3（标况）的净煤气经 TRT 余压发电装置或净煤气减压阀组降压后送至净煤气总管。

当除尘器进口温度高于 250 ℃或低于 120 ℃时，除尘器控制系统超温报警或低温报警，提醒工作人员采取措施，避免煤气温度进一步升高或降低。当除尘器进口温度高于 260℃时，有信号通知高炉主控室进行炉顶打水降温。当出现异常高温无法通过炉顶打

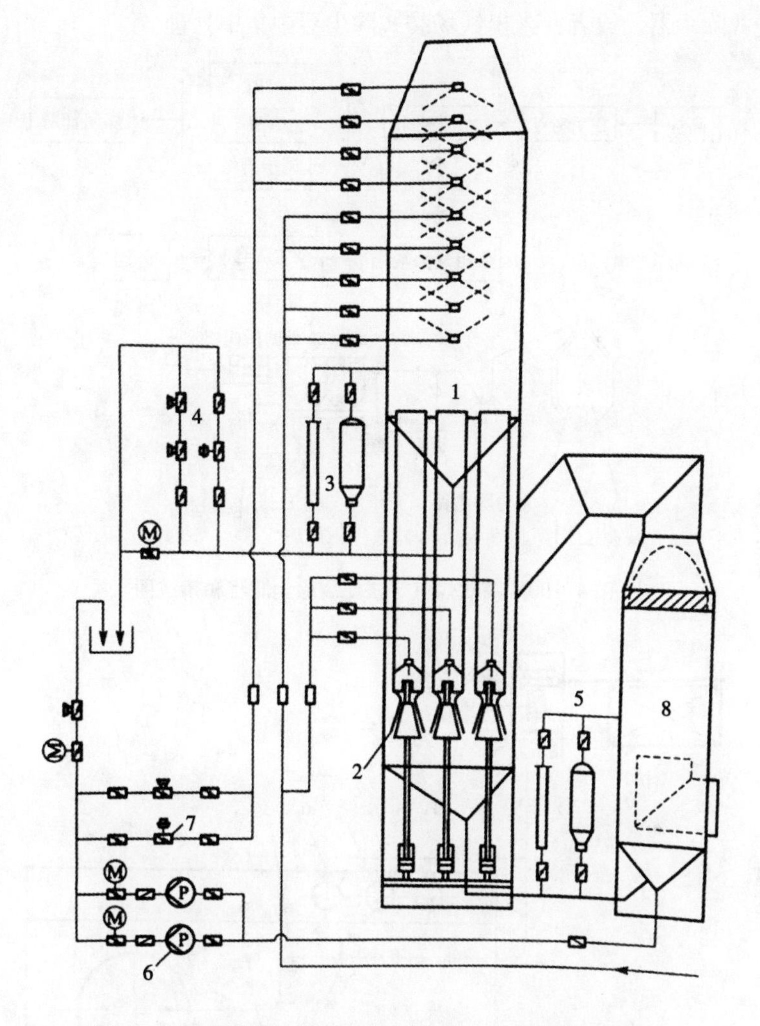

图4－52　高炉煤气湿法（环缝洗涤）除尘流程示意图

1—环缝洗涤塔；2—环缝洗涤器；3—预洗涤段水位检测器；4—预洗涤段水位控制阀；
5—环缝段水位检测器；6—再循环水泵；7—环缝段水位控制阀；8—旋流脱水器

水降温或低于100 ℃时，打开半净煤气放散调压阀组，关闭滤袋除尘器进口蝶阀，进行半净煤气的燃烧放散，该过程为无扰切换，并可以有效控制高炉炉顶压力。

4.2.3.3　炼铁工序末端处理技术

高炉冶炼过程中，除了炉顶煤气，另外一个重要的产尘源为高炉出铁场。高炉出铁场的尘点是出铁口、铁沟、渣沟、撇渣器和铁水罐等部位，控制这些产尘点的方式是加盖、加罩并设置除尘系统，如图4－54所示。

与氮气保护的高炉出铁技术相比，虽然粉尘排放量有所增加，但是采用滤袋式除尘器技术成熟，操作经验丰富，而且有大型高炉的运行实践。因此，目前国内的钢铁企业中，滤袋式除尘系统是高炉出铁场粉尘控制的普遍选择。

高炉炉顶装料时产生的粉尘也是炼铁工序的产尘源之一。高炉用胶带机通过无料钟炉顶装料设备向炉内供料时，在胶带机头部加密封罩并且设置抽风管。炉顶除尘系统可单独设置袋式除尘器，或者并入出铁场袋式除尘器中集中处理。

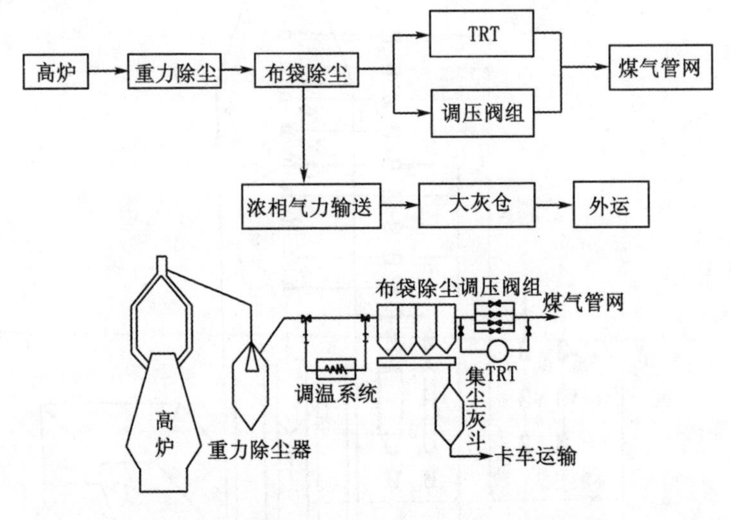

图 4-53　高炉煤气干法滤袋除尘流程和系统图

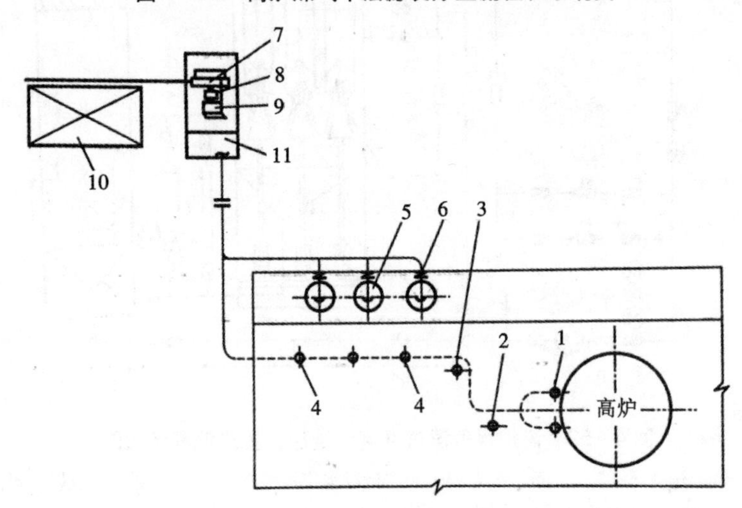

图 4-54　高炉出铁场除尘系统

1—出铁口风管；2—主铁沟风管；3—撇渣器风管；4—支铁沟风管；5—铁水罐密封罩；6—切换蝶阀；7—除尘风机；8—液力耦合器；9—电动机；10—袋式除尘器；11—操作室

4.2.4　炼钢及轧钢工序

4.2.4.1　炼钢及轧钢工序源头治理技术

连铸坯的热装热送技术可直接减少轧钢加热炉的燃料消耗，从源头减少加热炉的烟尘排放量。

4.2.4.2　炼钢及轧钢工序过程控制技术

转炉煤气干法除尘因其除尘效率高，可省去循环水系统，不但节能降耗，而且粉尘可压块继续利用，是转炉煤气除尘技术的发展方向。最早的转炉煤气干法除尘工艺是由德国鲁奇（Lurgi）和蒂森（Thyssen）在20世纪60年代末联合开发的。1983年，蒂森成功将其 Bruckhausen 钢厂的2座400 t转炉的湿法除尘系统改为干法除尘系统，并回收煤气，此法简称 LT 法（Lurgi-Thyssen）。如图4－55所示，整个系统主要包括煤气冷却系统（活动烟罩、汽化冷却烟道）、除尘系统（蒸发冷却器、静电除尘器）及回收系统（切换站、煤气冷却器）。1400～1600 ℃的转炉煤气经活动烟罩、汽化冷却烟道回收蒸汽后降温至800～1000 ℃，进入蒸发冷却器，经过水雾处理后，45%左右的粗粉尘通过沉降去除，粉尘浓度由80～150 g/m^3降至40～55 g/m^3，烟气温度降至150～200 ℃；然后煤气进入静电除尘器进行精除尘，粉尘浓度达到10 mg/m^3。在煤气切换站，通常将CO体积浓度大于30%、O_2体积浓度小于2%的合格煤气送入煤气冷却器冷却至70 ℃后储存，不合格煤气经放散烟囱点火排放。蒸发冷却器及静电除尘器收集的干粉尘经压块后可直接返回转炉使用。整套系统采用自动化控制，包括蒸发冷却器的温度控制、风机流量控制和切换站的切换控制3个控制系统，与转炉操作控制密切联系。

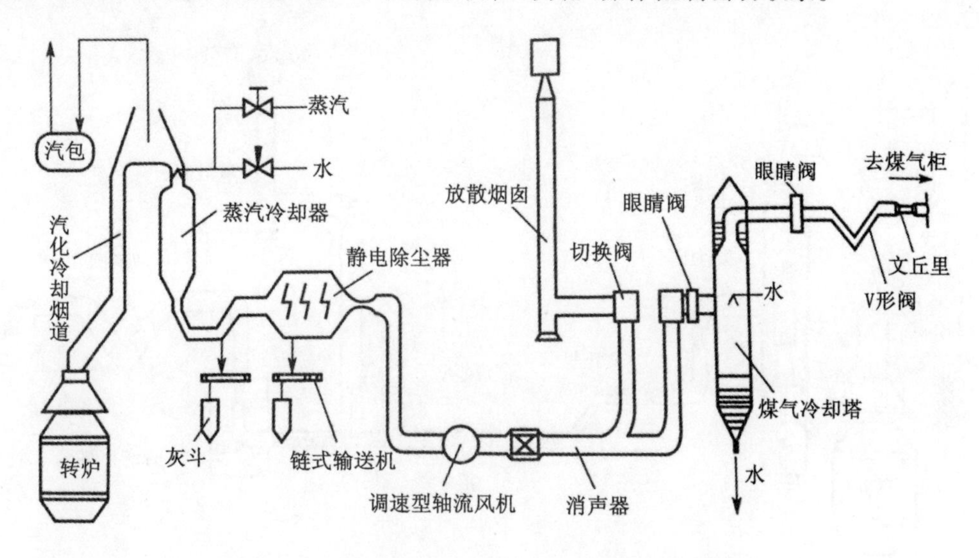

图4－55 转炉煤气干法（LT）除尘工艺流程图

为安全起见，转炉煤气用静电除尘器设计为圆形静电除尘器，如图4－56所示。静电除尘器由3～4个电场组成，在煤气进出口处壳体上设置多个防爆阀，另外在进口段的内部设置3层气流分布板，以使气流分布均匀，利用气流呈柱塞式流动，防止煤气产生流动死角。煤气出口含尘浓度小于10～20 mg/m^3（回收时小于10 mg/m^3，放散时小于20 mg/m^3）。

传统转炉煤气湿法除尘，即双文氏管为主的煤气回收流程（OG）法，在日本最先发展。传统OG法装置存在着除尘效果不理想、文氏管容易堵塞等问题。经过多年发展，以喷淋塔取代一级文氏管并且以环缝洗涤器取代二级文氏管的新一代OG法应运而生，其工艺流程如图4－57所示。新一代OG系统主要包括除尘塔、文丘里流量计、风机、三通切换阀、放散烟囱、水封逆止阀等设备。经过多年的运行和改进，新一代OG系统取得了理想效果。与传统OG法相比，新OG法系统运行稳定可靠，设备阻力损失较小，除尘效率提高，并且较好地解决了管道堵塞问题以及泥浆处理设备的配置问题。

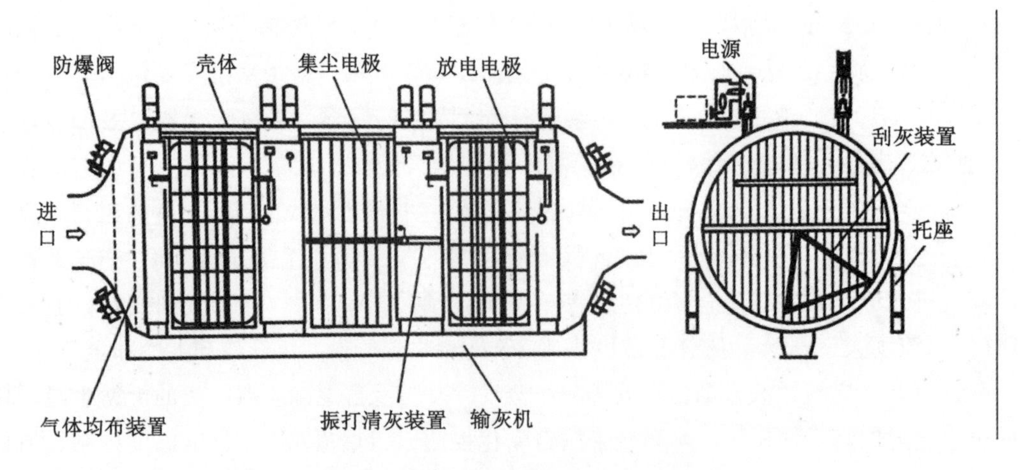

图 4-56　转炉煤气用圆形静电除尘器结构

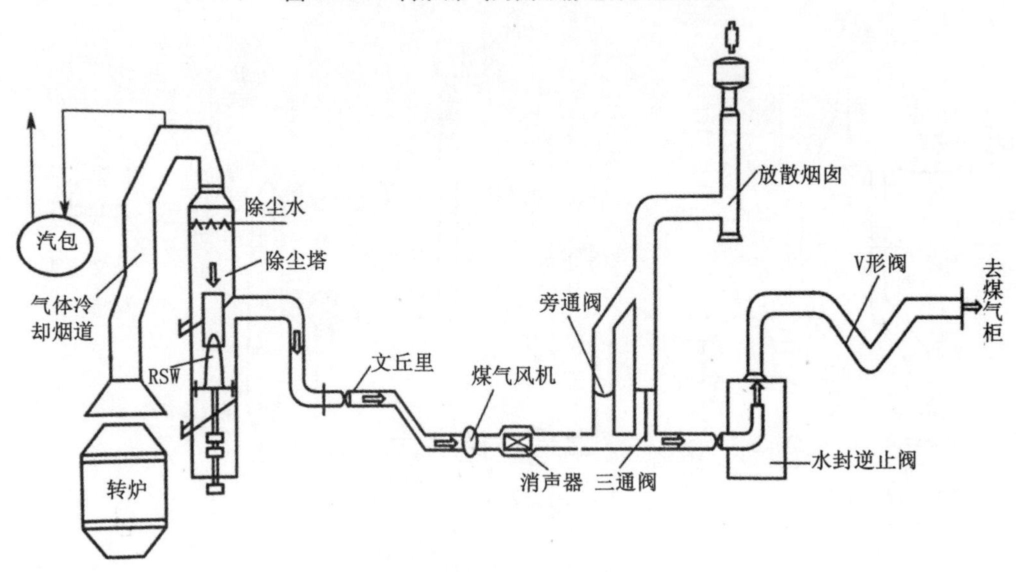

图 4-57　转炉煤气湿法（新 OG）除尘工艺流程图

湿法与干法除尘工艺对比。转炉湿法除尘具有系统简单、备品备件及仪表数量少、性能要求低、管理和操作简单、一次性投资相对较低等优点。干法则系统复杂、管理和操作水平要求高、一次性投资高。湿法除尘净化的煤气含尘浓度较高，平均为 100 mg/m^3，如果要降至 10 mg/m^3，需要在气柜和加压站之间增设静除尘器，这就增加了投资。同时，湿法除尘系统阻力相对干法除尘系统较大（约为干法的 2 倍），循环水量（约为干法的 3 倍）、耗水量（约为干法的 4 倍）也较干法除尘系统大。湿法适用于各种规模的转炉一次烟气除尘，而干法难以用于中小型转炉一次烟气除尘。

4.2.4.3　炼钢及轧钢工序末端处理技术

转炉兑铁水、出钢、加废钢、吹炼和扒渣时，由于钢水大喷溅所散发的烟气，一般统称为转炉二次烟气。转炉二次烟气还包括转炉生产车间内的废气，例如炉外精炼、铁水预处理等过程散发的烟气。这部分烟气具有温度高、粉尘粒径小、瞬间烟气量大的特

点，其散发过程为阵发性。因此，为确保二次烟气不外逸，减少系统抽风量并保持烟尘捕集效果，需要在转炉炉门处以及转炉两侧等产尘点设置集尘罩或水冷挡板密封。二次烟气由排烟罩收集送入位于厂房顶部的末端治理设备。排烟系统应根据工程实际条件，设分散的小系统或者集中的大系统，除尘设备一般均采用滤袋除尘器。

随着工业技术的日益发展，对冷轧薄板的需求量及品种不断增加。冷轧厂在加工处理过程中散发出大量烟尘、油雾及酸碱气体，必须采取治理措施，如图 4 – 58 所示。

图 4 – 58　轧钢车间内烟尘控制实物图

轧机在轧制生产过程中，需要对轧辊、钢板进行冷却和润滑，因此，要喷淋大量的乳化液，这样在轧机区就产生了大量的油雾气体。为防止这些气体污染环境，并保证正常生产，需设置排雾净化系统对其进行捕集和处理。

烟尘的净化处理包括两方面：酸洗机组入口端的夹送矫直机、焊机和拉矫机。当带钢通过时，由于带钢表面受到挤压、拉伸、弯曲、矫直及自动焊接时产生大量氧化粉尘，为排除这些含尘气体，需要设置一套干法除尘系统。带钢进行干平整时会产生氧化铁粉尘，为此需要设置一个除尘系统。另外，为收集平整机支承辊擦拭器上附着的粉尘，也需要设置一套吸尘系统。

由于轧机烟尘的特点，一般用塑烧板除尘器作为末端处理设备。塑烧板除尘器是连续轧机烟尘及油雾净化主要采用的一种处理技术。其具有设备轻、占地小、安装方便、维护率低、耐腐蚀等特点，可处理各类粉体、碳粒、油雾及不完全燃烧碳化物等混合粉尘。

宝钢热轧厂 2050 mm 精轧除尘系统原采用湿法除尘设备，由联邦德国 DSD 公司设计，于 1989 年与轧机同步投运，用来治理 2050 mm 精轧机轧制过程中 F4 ~ F7 轧机机架产生的大量扬尘。因设备效率低下等原因，原湿法除尘不能满足宝钢股份的生产和环保要求，故于 1996 年对原 2050 mm 热轧湿法除尘系统进行技术改造，采用波浪式塑烧板除尘器治理轧制烟尘。至 2014 年，塑烧板除尘器投运已有 17 年（其间，于 2007 年更换过 288 片滤板），轧制烟气中含有大量的水分，长期运行积累下来，致使除尘器灰斗内壁结垢严重。另外，由于现有除尘器以及管路内壁的粉尘板结锈蚀漏风，导致瞬间阵发性扬尘来不及捕集，污染 $F_4 \sim F_7$ 轧机车间内岗位和周边环境。同时因除尘器严重锈蚀可能造成的整体坍塌，会对生产造成严重影响。因此，2014 年宝钢对现有 2050 mm

热轧除尘系统进行技术改造。主要改造内容为：在利用现有热轧除尘风机的前提下，重新分配热轧除尘系统的 $F_4 \sim F_7$ 轧机风量，有效降低设备和管路阻损，更换 1996 年投运的塑烧板除尘器及卸灰装置。精轧机除尘方案设计为 4 台除尘器并联工作（176 片滤板/台 ×4 台）。整套除尘装置设计紧凑小型化。除尘器由支腿、灰斗、中箱体、走道、孔板、上箱体、喷吹管、气包、电磁阀及输灰装置构成。进风口设在中箱体的一侧，出风口设在上箱体的另一侧，如图 4 –59 所示。改造后的除尘器主要参数指标见表 4 –4。

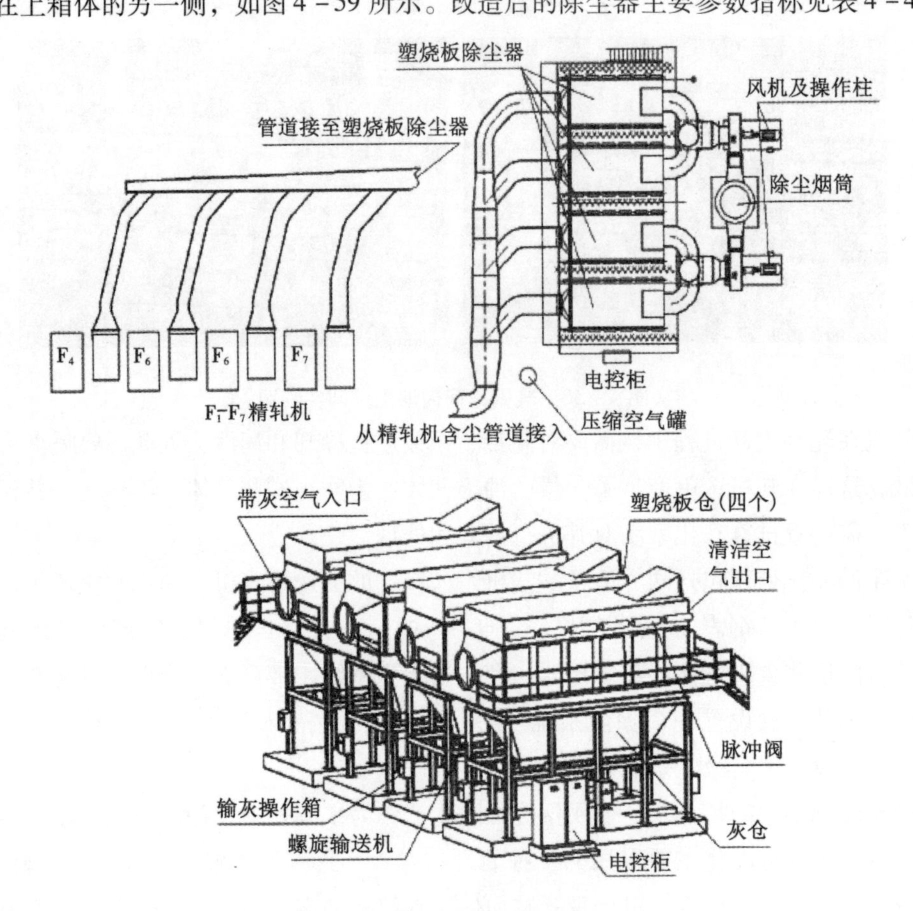

图 4 –59　宝钢 2050 热轧厂除尘系统示意图

表 4 –4　宝钢 2050 热轧厂塑烧板除尘器改造后性能技术参数

序号	项目	单位	主要参数与规格
1	除尘器形式		Ke1060/40u 型脉冲、负压塑烧板除尘器
2	处理风量	m^3/h	300000
3	进气温度	℃	<70
4	烟气入口含尘浓度	g/m^3	≤6
5	烟气出口含尘浓度	mg/m^3	<15
6	设备阻力	Pa	≤1500

续表 4 - 4

序号	项目	单位	主要参数与规格
7	设备耐压	Pa	- 8000
8	塑烧板规格	mm	1050 mm × 1550 mm × 63 mm，侧面安装，增强型特殊材料涂层适用于热轧烟尘处理，适用寿命≥10 年
9	总过滤面积	m^2	6336
10	过滤风速	m/min	<0. 8
11	清灰方式		在线清灰
12	脉冲阀		寿命≥100 万次
13	漏风率	%	≤2
14	清灰压力	MPa	0. 5 ~ 0. 6
15	压缩空气耗量	m^3/min	18

4. 2. 5　露天原料场

原料场作为钢铁生产的重要组成部分，承担着烧结、球团、炼铁、焦化、石灰等用户生产所需的含铁原料、熔剂、煤粉、焦炭等散状原料的装卸、贮存、加工和输送任务，具有尘源点多、粉尘浓度高、各类粉尘混杂等特点。由于原料场占地面积大，原料多采用露天堆放方式，这些散状原料在二级风以上风力作用下极易干燥，在装卸、堆存作业过程中产生扬尘，给职工的身心健康造成不良影响，污染周边环境，同时给企业带来一定的经济损失。由于风力作用，原料场附近大气含尘高达 100 mg/m^3，原料场堆存原料的年损失可达 0. 2%~0. 5%。因此，原料场的防尘降尘工作在钢铁企业治理环境污染、全面实施清洁生产的过程中显得尤为重要。

露天原料场粉尘控制技术包括洒水抑尘技术、化学药剂抑尘技术、大型密闭式料场（仓）技术、防风抑尘网技术、云雾抑尘技术和综合抑尘技术等。其中，大型密闭式料场（仓）技术属于源头治理技术，其余几项技术均属于过程控制技术。

4. 2. 5. 1　露天原料场源头控制

料场封闭技术是伴随着空间结构发展而提出的环保治理手段，其目的是对露天原料场进行棚化（库化），使其与外界隔离，如图 4 - 60 所示，以便完全避免自然气候尤其是风对原料的影响。目前可采用大跨度网架结构或管桁架结构构建封闭大棚对原料场进行封闭，且由于结构形式灵活，适用于新建项目或改造项目。目前，国内外一些钢铁厂均已有建成全封闭料场的实例。料场封闭技术虽然有效抑制了自然环境对扬尘的影响，减少了粉尘外排，降低了原料损耗，有效控制了原料含水率，已成为原料场环保技术发展的必然趋势，是最大限度减少并控制粉尘外排和原料损失的重要手段。但对于料场内因堆取作业导致的污染无法消除，如图 4 - 61 所示，导致棚内环境影响生产作业及工人身心健康，因此需要配合喷洒水降尘方法有效控制堆取作业中的粉尘污染。

目前，贮料场形式除露天原料场（A 型）外，还有 B 型、C 型、D 型、E 型 4 种环

图4－60　封闭式原料场全景

图4－61　封闭式原料场内部结构

保型封闭式料场。

B型封闭料场是在A型料场基础上增加了封闭厂房，使之成为封闭式原料场。为了节约用地，减少厂房跨度，便于布置和施工，通常是将相邻的2条料场作为一个整体进行封闭。B型封闭料场内堆取料设备及布置与现在原料分厂没有区别，见图4－62。

图4－62　B型封闭式料场

C型料场为长型隔断式封闭型料场，它是通过设置在料场顶部平台上的卸矿车进行卸料和堆料，并采用半门式刮板取料机输出物料。如图4－63所示，C型料场由2个料场加盖组成，两料场间及料堆间采用挡墙分隔，料堆堆高最大可达30 m，挡墙的设置可提高料堆高度和单位面积的贮量。半门式刮板取料机与现有斗轮式取料机是两种截然不同的取料设备，它主要由走行机构、门架机构、悬臂取料机构组成，通过两侧链条传动带动一组耐磨材质刮板进行取料作业，通过调整悬臂角度来适应物料堆积表面，实现连续取料。

图4-63　C型封闭式料场

D型封闭料场也称圆形封闭式料场，如图4-64所示，料场内堆取料设备采取堆取合一形式，堆、取可分开作业。堆料时，物料从顶部输入，通过圆形堆料机将物料堆积为以堆料机立柱为圆心的环形料堆；取料时，采用斗轮取料机或半门式刮板取料机，经圆形料场中部给到胶带机上输出。圆形料场可用于物料的一次堆存和混匀堆料，通过在料场四周设置挡墙，可以提高储量。该料场的特点是环保、单位储量大、节省占地，目前已广泛应用于国内外水泥行业，在电力、化工、港口、冶金等行业也有应用实例。

图4-64　D型封闭式料场

E型封闭料场也叫圆筒仓封闭料场，如图4-65所示，采用筒仓贮存方式，多用于电厂、焦化厂的原煤贮存。筒仓通常以筒仓群的形式设计和布置，其工艺设施简单。筒仓上部采用胶带机输入，并在筒仓群上部设置胶带机和移动卸料设备，向筒仓内卸料；仓内物料经筒仓底部闸门放出，由设置在筒仓底部的胶带输送机输出。E型料场单位储量占地面积少，可分段实施，具有可扩展的优势；但由于筒仓非常高，重心高，高径比大，因此筒仓的土建和结构工程量大。

应用实例

唐钢美锦（唐山）煤化工有限公司由山西美锦煤焦化公司和唐钢集团有限责任公司共同出资组建，注册资本7亿元，厂址位于滦县司家营经济开发区。公司于2014年建成投产，可年产焦炭150万t、焦油7.2万t、轻苯1.8万t、硫铵1.9万t、外送煤气3.18亿m^3。

一期储配煤库采用大容量储煤仓结构，将各种炼焦煤按煤种分别入仓储存，既能节

图4－65　E型封闭式料场

省占地、防止煤粉污染，又能保证焦炉连续、均衡生产，稳定焦炭质量。物料输送全部采用带式输送机，经仓顶部的卸料小车的带式输送机分别送入12个φ21 m的筒形储煤仓，如图4－66所示，每个储煤仓储量约为10000 t，总储量约为120000 t，相当于2×65孔7 m焦炉约20昼夜的用煤量。

图4－66　唐钢美锦焦化厂筒式储煤仓

储煤仓下部设置电子秤自动配煤装置，如图4－67所示。配合后的炼焦用煤经带式输送机运至粉碎机室。粉碎机室的作用是将配合煤进行粉碎混合处理，使其粉碎细度小于3 mm、精煤含量不小于80%，从而保证入炉煤的粒度，粉碎后输送至2×65孔7 m焦炉储煤塔中，储煤塔有效容量3000 t。

图4－67　储煤仓下部配煤装置

4.2.5.2　露天原料场过程控制技术

（1）防风抑尘网技术

20世纪80年代末，我国开始对防风抑尘网技术进行研究，通过引进和消化国外技术，最终在实际生产中得到广泛应用。当风通过具有一定形状和开孔率的防风抑尘网时，在抑尘网内侧形成不同尺度的分离旋涡和强烈的湍流干扰气流，从而在较短的距离内消耗来流风速的动能，衰减来流的平均风速，减少起尘率，阻挡粉尘迁移，以此达到抑尘的目的。但随着钢铁企业规模的不断扩大，原料场面积也不断增大，流过网顶部的风与下游低风区被隔离数百米后再合流，这使得料场四周抑尘网的效果明显减弱。

应用实例

济钢第二炼铁厂原料场有一次料场和二次料场两个料区，两个料区相邻布置。结合地区季风风向，考虑到节省成本、保证防风抑尘效果和厂区美观，决定对一、二次料场的防风抑尘进行综合考虑。

整个原料场长 330 m，宽 200 m，占地面积 415 万 m^2，其平面布置见图 4－68。其中，一次料场宽度方向划分为 3 个料堆，每个料条场地宽 42 m，堆宽 3215 m，堆高 1115 m，面积 30800 m^2。

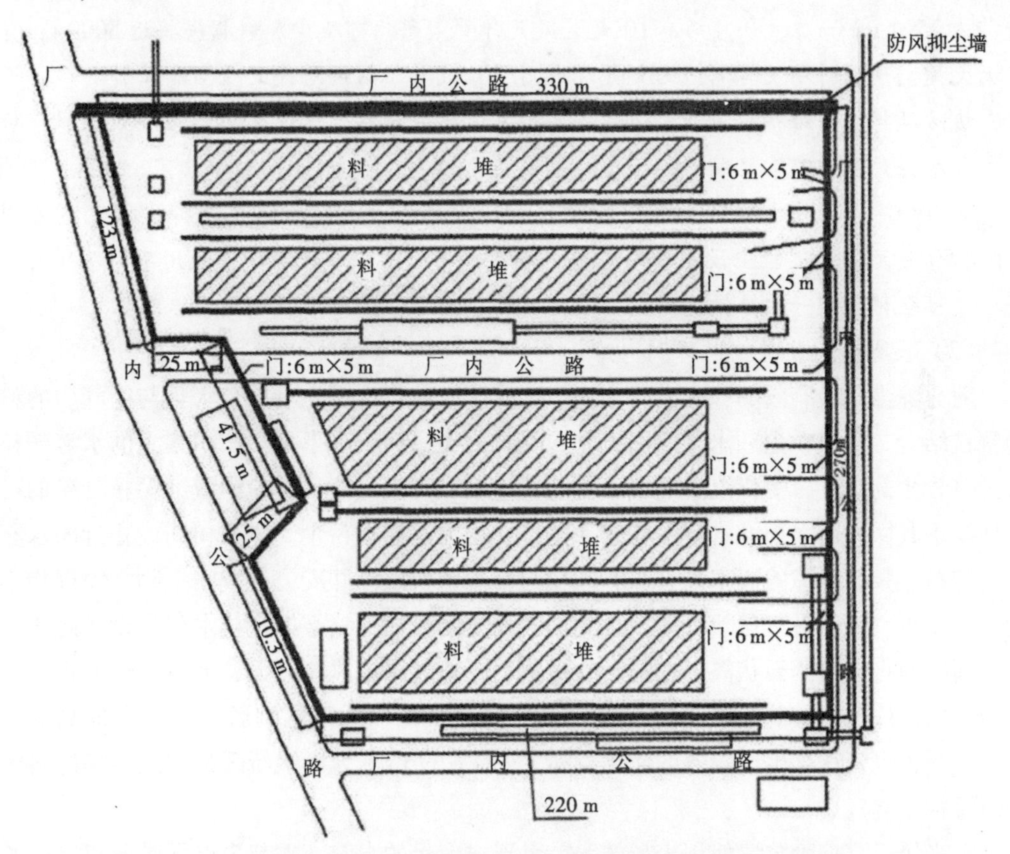

图 4－68　济钢炼铁厂原料场防风抑尘网布置图

一次料场为四线三条物料堆场布置形式，年受料量 360 万 t，储料量 20 万 t，其中铁矿粉储量约 18 万 t。储存的原料包括各种国内外矿粉及辅助原料，根据原料的品种、品质不同，以及需要量及储存天数等，堆成不同的料条。二次料场有效面积 114 万 m^2，年受料量 280 万 t，总储量为 14 万 t，采用 2 条 2 堆布置形式。料场宽度方向划分为 2 个料堆，每条堆场宽 36 m，料堆宽 27 m，堆高 10 m。料堆断面为三角形。

一次、二次料场北侧紧临厂区。由于受季风影响较大，料场极易形成扬尘，并向厂区飘散，引起严重污染。为改善料场内部及周边环境，决定在一次、二次料场北侧设置防风抑尘网。

参照现有的气象、地质等资料及技术参数，根据实测数据和相关设计规范，结合料场的实际情况，提出了如下设计方案：防风抑尘网设计总长330 m，高度18 m，其中网材净高16 m，地上2 m设置绿化带防风。防风网采用高密度聚乙烯（HDPE）编织而成，孔隙度50%左右，双层叠加使用，*E*值约为30%。该防风抑尘网采用绿网体设计，美观醒目，在防风抑尘的同时，还能起到美化厂区的作用。

济钢原料场防风抑尘网于2007年10月建成投入使用，从使用情况来看，其综合抑尘效果非常明显，在防尘网两侧360 m之内，风速降低40%左右，大大减轻了原料飞散，不但治理了周边环境，也减少了原料损失。按大风天气粉尘浓度为10 mg/m^3（改造前为2594 mg/m^3）、每月约有10天大风天计算，每年可减少原料损失将近5000 t，并且大大提高了原料场及其周边的大气环境质量，改善了附近居民的生活和工作环境。而且，该防风抑尘网维护费用低，使用3年来并未出现自然老化现象，其经济效益、环境效益和社会效益都非常显著。

对料场除尘、收尘项目的投资合计为686万元，加上每年消耗的抑尘固化剂费用（平均50万元/年）、除尘设施的用电费用和备件材料费、维修费等，使用不到两年的时间，即可全部收回一次性投资。

（2）喷雾抑尘技术

喷雾除尘是最有效的除尘方式之一。喷雾除尘装置会产生水雾，水雾与空气中的粉尘颗粒结合，形成粉尘和水雾的团聚物，受重力作用而沉降下来。体积太大的水雾颗粒会排挤含尘的空气，受扰流影响，不易与粉尘颗粒产生碰撞，与粉尘微细颗粒凝聚的可能性微乎其微；而太小的水雾颗粒容易蒸发，也无法捕捉粉尘。体积相同或相近的水雾颗粒与粉尘颗粒碰撞的概率高，水雾颗粒与粉尘颗粒碰撞并凝聚形成团聚物，团聚物不断变大变重，直至最后自然沉降，达到消除粉尘的目的。喷雾抑尘技术配套设备能够连续或间断地自动喷洒云状离子水雾，有效喷射距离远，抗风能力强，形成一道捕捉、团聚粉尘的高效能云雾防尘墙，雾滴微细，耗水量很低，既不影响后续工艺和成品的外观、质量，也延长了生产设备的使用寿命。图4－69所示为唐钢新区封闭式料场卸料区的喷雾抑尘装置。

微米级干雾抑尘装置使用少量的水就可形成大量的水雾，在起尘点周围形成浓密的雾墙，对于上扬的粉尘起到极大的压制作用，使其不能飘浮到空气中。微米级干雾抑尘装置的先进性和优势主要表现在以下方面：① 抑尘效果好，抑尘率可达96%以上；② 节水效果显著，干雾抑尘耗水量仅为洒水抑尘的0.02%～0.05%；③ 无二次污染，在抑尘过程中不产生任何废气和废水，无需频繁清理车间地面；④ 冬季可以正常使用，目前实际应用最低温度为－34 ℃；⑤ 安装简单，占空间小，全部为自动化控制系统，操作简单；⑤ 主要部件用不锈钢或铝合金材料，耐腐蚀性强，主机一体化设计，可最大限度减少维护费用。

图4－69　唐钢新区封闭式料场喷雾抑尘装置

(3) 综合抑尘技术

由于钢铁企业无组织排放点个数多，每个排放点情况各不相同，单一的抑尘方法往往不能完全解决无组织排放问题。因此，企业应根据各自所在地域的自然环境特点、原料场工艺布置需求，合理挑选和组合各种抑尘技术，以实现最佳的治理效果。

应用实例

邯钢公司2010年即立项开始重点建设邯钢物流公司网壳型封闭式第一原料场。邯钢第一机械化原料场承担着邯钢东区烧结、高炉及球团的燃料、原料供应。其组成主要包括炼铁系统和烧结系统，炼铁系统由1座3200 m^3高炉、2座2000 m^3高炉及1座900 m^3高炉组成，年生产能力700万t；烧结系统由1台400 m^2烧结机、1台435 m^2烧结机及2×90 m^2烧结机组成，年生产能力875万t。原第一机械化料场由一次料场和混匀料场组成，全部为敞开式。其料条宽度窄，堆高受到限制，因此料场实际贮量有限，只能贮存约40万t物料，贮存和供料能力不足，以上供料还需要第三机械化料场进行补充。尽管料场设置有防风抑尘网，但周围粉尘污染依然严重，且受风力影响，物料的损耗非常大，根据赛迪技术中心公司关于原料场降尘量测量的数据，露天原料场周围区域的降尘量均大于140吨/（千米^2·月）。因此需要对第一机械化料场进行扩容和环保改造。

本次扩容改造是将原混匀料场北移40 m，将原有混匀料场南侧的道路改直，优化料场内料条布置及输送过程，如图4－70所示。整个料场改造设置了6个封闭式料条，其中一次料场有4个料条，混匀料场有2个料条。同时新建和改造了原有供料系统，将各种原料、燃料输送至各自用户。

环保改造主要有以下措施。

① 优化封闭式料场。

采用C型封闭矿石料场、网壳型封闭混匀料场。矿石料场厂房跨度为145 m，长度约为535.5 m；网壳型封闭混匀料场为单跨，跨度净宽约104 m，长度约535.5 m。

② 采用干雾抑尘系统。

干雾抑尘系统安装在混匀料场两侧，设计洒水喷枪共计16个，同时配置了射雾器，

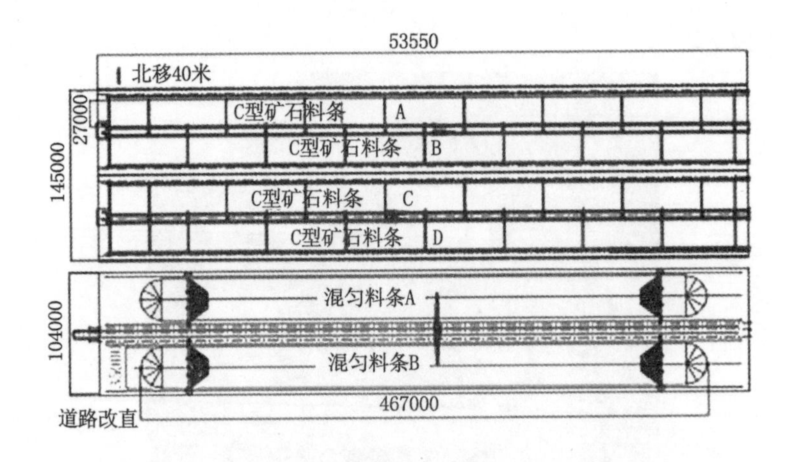

图4-70 邯钢料场扩容改造平面示意图（单位：mm）

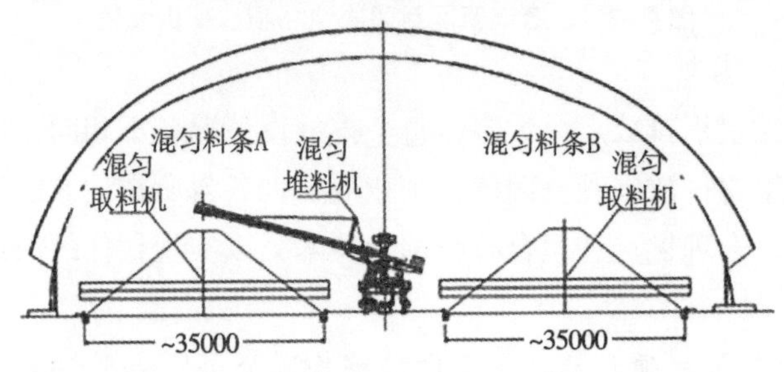

图4-71 邯钢封闭式混匀料场截面图（单位：mm）

以有效治理厂房内粉尘漂浮，如图4-72所示。

图4-72 邯钢封闭式料场内喷雾器

③ 优化堆取料设备。

C型封闭矿石料场配置4台高架卸料小车，堆料能力1500 t/h；每一侧料条边配置2台室内半门型刮板取料机用于取料，取料能力为1500 t/h。C型封闭料场厂房上端布置外挑式平台，在平台上安装有两条堆料胶带机和两台高架卸料小车用于卸料。C型封闭料场横断面如图4-73所示。

采用综合抑尘技术的封闭式料场明显减少了物料扬尘损失，改善了周边环境，同时有效地减弱了设备运行时的噪声。对料场周围环境进行定点监测后发现，在料场周围其他生产厂粉尘干扰的情况下，粉尘监测点的粉尘量相比之前降低了85%左右，降尘量由改造前的140吨/（千米^2·月）减小至改造后的20吨/（千米^2·月）。如果露天料场每年的物料扬尘损耗按照0.5%计算，那么采用封闭式原料场后每年可以减少约3万t物料扬尘。同时构建出了3万m^2的绿化地带，改善了厂区环境。

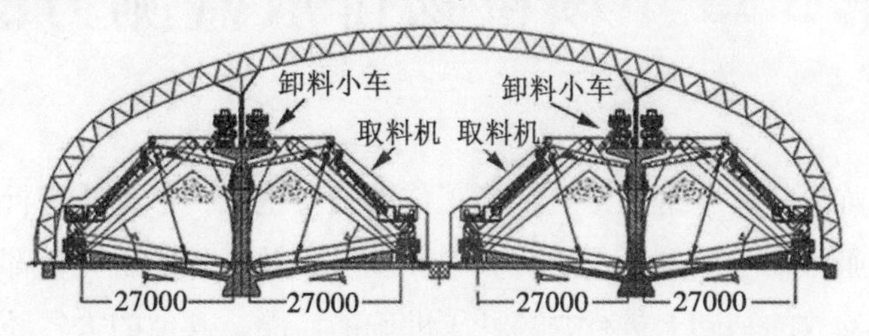

图4-73 邯钢C型封闭式料场内卸/取料示意图（单位：mm）

据生产分析统计，改造后的原料场输出混匀料含铁品位波动率由改造前的±1%降低至±0.5%。据测算，混匀料含铁品位波动率每降低±0.1%，烧结生产工序的燃料消耗降低1.2%，炼铁工序焦比降低0.46%，每年可减少烧结工序燃料消耗26250 t，降低炼铁工序焦炭消耗量40730 t。说明原料场的综合抑尘措施不但直接地减少了原料场的无组织排放，还通过节省原料、燃料间接地减少了钢铁生产各个工序的污染物排放。

第5章　颗粒物排放监测方法

颗粒物排放监测是所有钢铁工业环境工作的物质基础，不论是进行钢铁工业环境质量监测、钢铁工业污染防治，还是进行大气环境科学及工程的研究，都必须在科学、准确测定大气环境参数的基础上进行，离开了准确的监测，其他的大气环境方面的所有工作就成了无稽之谈。因此，大气环境监测技术也随着大气环境科学与工程的发展而得到了迅速发展。大气中悬浮颗粒物的存在会对环境产生严重影响，因此，大气颗粒物一直是钢铁工业环境研究中最前沿的领域之一。

5.1　钢铁工业颗粒物浓度及测试分类

钢铁工业颗粒物浓度是评价钢铁工业颗粒物排放的重要指标之一，颗粒物浓度的检测一直受到环境工作者的重视。本章将总结钢铁工业颗粒物浓度检测技术的原理及检测仪器设备的市场及研究现状，并展示其发展趋势。

悬浮颗粒物（SPM）是颗粒物的统称，可分为一次污染物和二次污染物。一次污染物是直接进入大气中的颗粒物，粒径大小一般在1～20 μm范围内，大部分大于2.5 μm；二次污染物颗粒较小，其大小在0.01～1.0 μm范围内，是大气中的气态污染物之间及气态污染物与尘粒之间相互发生化学或光化学反应产生的。人们根据大气颗粒物的粒径大小，将大气颗粒物分别命名。其中，对环境影响较大、引起人们普遍关注的有TSP、PM_{10}和$PM_{2.5}$。

大气中的悬浮颗粒物对人体健康的负面影响及对城市大气能见度、气候、空气质量、生态环境的影响，都与TSP、PM_{10}及$PM_{2.5}$的多少有关。为准确描述颗粒物的影响，在研究大气颗粒物的行为、影响时，人们制定了大气颗粒物浓度的指标。大气颗粒物浓度可分为个数浓度、质量分数和相对浓度。

个数浓度指以单位体积空气中含有的颗粒物个数表示的浓度值，单位为粒/厘米^3、粒/升，多应用于空气洁净技术领域，以及无尘室、超净工作间等超低浓度环境和需要气溶胶的个数浓度来解释种种现象的气象学领域。质量分数指以单位体积空气中含有的颗粒物的质量表示的浓度，单位为mg/m^3或$\mu g/m^3$，用于一般的大气颗粒物研究领域。相对浓度是指与颗粒物的绝对浓度有一定对应关系的物理量数值，作为相对浓度使用的物理量，有光散射量、放射线吸收量、静电荷量、石英振子频率变化量等。

颗粒物浓度的测量，主要是根据颗粒物的物理性质（包括力学、电学、光学等）与颗粒物的数量或质量之间的关系，通过相应的仪器设备进行的。根据测量的具体操作，可将大气颗粒物的测试方法分为捕集测定法和浮游测定法。捕集测定法是指先用各种手段捕集空气中的微粒，再测定其浓度的方法；能保持空气中的浮游颗粒仍为浮游状态而测定其浓度的方法为浮游测定法。

5.2　个数浓度的测定

5.2.1　化学微孔滤膜显微镜计数法

在洁净环境含尘浓度的测定中，用滤膜显微镜计数法测量个数浓度是个数浓度测定法的最基本方法。其原理是将微粒捕集在滤膜表面，再使滤膜在显微镜下成为透明体，然后观察计数。它分为试样样品采集、显微镜观察和粒子计数三个过程，属捕集测定法。

5.2.2　光散射式粒子计数器

光散射式粒子计数器的原理是用光照射浮游粒子，粒子将引起入射光的散射，球形粒子引起的光散射强度可由 Mie 的光散射理论式计算，将被测粒子的散射光强与含各种粒径的聚苯乙烯标准粒子的散射光强相比较，即可得到不同粒径粒子的个数浓度。

光散射法可直接得到测量数据，但颗粒物重叠、标准粒子与被测粒子的折射率不同及粒子带有电荷会造成误差；对于浓度较高的粒子，几乎所有的计数器都是随粒径的变小而计数率变低。

5.3　质量分数的测定

颗粒物的质量分数在钢铁工业颗粒物研究中使用最多，所以其测定方法的研究得到了充分重视，基于各种原理的测定方法也最多。经常使用的方法有滤膜称重法、光散射法、压电晶体法、电荷法、β 射线吸收法及最近几年发展起来的微量振荡天平法等。

5.3.1　滤膜称重法

滤膜称重法是颗粒物质量分数测定的基本方法。它以规定的流量采样，将空气中的颗粒物捕集到高性能滤膜上，称量滤膜采样前后的质量，由其质量差求得捕集的粉尘质量，其与采样空气量之比即为粉尘的质量分数。

仪器主要由采样仪、分析天平等组成。根据所用的采样仪的流量大小不同，将采样仪分为大流量（1 m^3/min 以上）、中流量（100 L/min 左右）和小流量（10～30 L/min）三种。在选用采样仪时，应考虑它们之间的可比性，一般以大流量采样仪作比较。称重法单独或配合切割器使用可测量 TSP、PM_{10}、$PM_{2.5}$，称重法测定颗粒物质量分数时需要的时间一般较长（3～24 h）。

滤膜称重法测定的是颗粒物的绝对质量分数，其优点是原理简单，测定数据可靠，测量不受颗粒物形状、大小、颜色等的影响，但在测定过程中，存在操作烦琐、费时、采样仪笨重、噪声大等缺点，不能立即给出测试结果。

5.3.2 光散射式测量仪

光散射式测量仪测量质量分数的原理与光散射式粒子计数器的原理类似，是建立在微粒的 Mie 散射理论基础上的。光通过颗粒物质时，对于数量级与使用光波长相等或较大的颗粒，光散射是光能衰减的主要形式。

光散射数字测尘仪包括光源、集光镜、传感器、放大器、分析电路及显示器等，由光源发出的光线照射在颗粒物上产生散射，此散射光通过集光镜到达传感器上，传感器把感受到的信号转换成电信号，经过放大和分析电路，可以测量脉冲的发生量，即可得到以每分钟脉冲数（CPM）表示的相对浓度。当颗粒物性质一定时，可以通过称重法先求出 CPM 与质量分数的转换系数 *K*，根据 *K* 值将 CPM 值直接转换、显示为质量分数（mg/m^3）。光散射数字测尘仪的光源有可见光（如P -5L 型光散射测尘仪）、激光（如 LD -1 型激光粉尘仪）及红外线等，配合切割器，可以用来测量 PM_{10} 和 $PM_{2.5}$。

光散射测尘仪属浮游测定法，可以实时在线监测空气中颗粒物的浓度，根据颗粒物性质预先设 *K* 值，可以现场直接显示质量分数（mg/m^3），体积小、质量轻、操作简便、噪声低、稳定性好，可直读测定结果，可以存储以及输出电信号实现自动控制，适于公共场所卫生及生产现场粉尘等场合和大气质量监测。

5.3.3 压电晶体法

压电晶体法（又称压电晶体频差法）采用石英谐振器为测量敏感元件，其工作原理是使空气以恒定流量通过切割器，进入由高压放电针和微量石英谐振器组成的静电采样器，在高压电晕放电的作用下，气流中的颗粒物全部沉降于石英谐振器的电极表面。因电极上增加了颗粒物的质量，其振荡频率发生变化，根据频率变化可测定可吸入颗粒物的质量分数，石英谐振器相当于一个超微量天平。

压电晶体法仪器可以实现实时在线检测。石英谐振器对其表面质量的变化十分敏感，因此使用一段时间后需要清洁。利用此原理的颗粒物监测仪一般装备于环境监测自动站。

5.3.4 β 射线吸收法

β 射线吸收式测量仪的工作原理是：β 射线在通过颗粒物时会被吸收，当能量恒定时，β 射线的吸收量与颗粒物的质量成正比。测量时，经过切割器，将颗粒物捕集在滤膜上，通过测量 β 射线的透过强度，即可计算出空气中颗粒物的浓度。仪器可以间断测量，也可以自动连续测量。粉尘对 β 射线的吸收与气溶胶的种类、粒径、形状、颜色和化学组成等无关，只与粒子的质量有关。

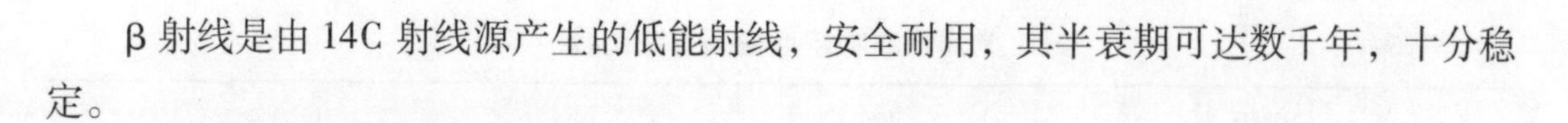

β射线是由14C射线源产生的低能射线，安全耐用，其半衰期可达数千年，十分稳定。

5.3.5 微量振荡天平法

微量振荡天平法（tapered element oscillating microbalance，TEOM法），是近年发展起来的颗粒物浓度测量方法，测量原理是基于专利技术的锥形元件振荡微量天平原理，由美国R&P公司研制，符合美国EPA标准。此锥形元件于其自然频率下振荡，振荡频率由振荡器件的物理特性、参加振荡的滤膜质量和沉积在滤膜上的颗粒物质量决定。

仪器通过采样泵和质量流量计，使环境空气以一恒定的流量通过采样滤膜，颗粒物则沉积在滤膜上。测量出一定间隔时间前后的两个振荡频率，就能计算出在这一段时间里收集在滤膜上颗粒物的质量，再除以流过滤膜的空气的总体积，即可得到这段时间内空气中颗粒物的平均浓度。

在钢铁工业自动监测系统中，美国R & P公司RP1400a测尘仪用于实时连续监测空气中颗粒物的浓度，其测量精度和实时性是传统方法无法比拟的。配以不同的切割器，RP1400a可用于测量$PM_{2.5}$、PM_{10}和TSP。仪器每2 s测量一次滤膜的振荡频率，同时仪器也可输出0.5，1，8，24 h的平均浓度。但该仪器在测量时受温度、湿度影响较大，应特别注意。

5.3.6 电荷法

电荷法主要用于烟气中颗粒物（粉尘）的监测。当烟道或烟囱内粉尘经过应用耦合技术的探头时，探头所接收到的电荷来自粉尘颗粒对探头的撞击、摩擦和静电感应。由于安装在烟道上探头的表面积与烟道的截面积相比非常小，大部分接收到的电荷由粒子流经过探头附近所引起的静电感应而形成。排放浓度越高，感应、摩擦和撞击所产生的静电荷就越强，即Q/t正比于M/t（这里，Q代表电荷，M代表颗粒物量，t代表时间）。电荷法技术包括直流耦合和交流耦合技术两种。

电荷法属于浮游测定法，可以实现现场在线监测。目前国内应用比较普遍的烟尘在线监测系统主要有：采用交流耦合技术的澳大利亚GOYEN（高原）公司的EMS6型、采用直流耦合技术的英国CODEL公司的MonoGard型。由于不同的颗粒材料会产生不同的感应、摩擦电流，因此此类设备必须在安装后进行标定。

5.4 常用颗粒物检测方法比较

上述颗粒物质量或相对质量分数的各种测量方法依据的是颗粒物的不同性质与质量的直接或间接的关系，在某一方面有一定的长处，同时会带来某方面的缺点（见表5-1），在选择测定方法时一定要注意扬长避短。

表 5－1　　常用颗粒物浓度检测方法比较

检测方法	利用原理	测量方式	灵敏度 /（mg·m^{-3}）	特点	应用
滤膜称重法	重力	人工、捕集、周期	与天平有关	原理简单，数据可靠，操作较复杂	基本方法，膜捕集后可进行其他分析
光散射法	光学	自动、在线、连续	0.01	结果与颗粒物粒径颜色成分有关，须标定	颗粒物、粉尘浓度的自动检测
β 射线吸收法	光学	自动、在线、连续	0.01	结果与颗粒物粒径颜色成分无关	颗粒物、粉尘浓度的自动检测
压电晶体法	力学	自动、在线、连续	0.005	结果与颗粒物粒径颜色成分无关，晶体须清洗	颗粒物、粉尘浓度的自动检测
微量振荡天平法	力学	自动、在线、连续	0.0001	结果与颗粒物粒径颜色成分无关，受湿度影响大	颗粒物、粉尘浓度的自动检测
电荷法	电学	自动、在线、连续	0.002	结果与颗粒物粒径颜色成分有关，须标定	主要用于烟尘浓度的检测

颗粒物滤膜称重法一般需要较长的采样时间，很难适用于要求快速得到测量结果的场合，不能测定粒子的时空分布，测量结果是一段时间内的平均值，操作也较复杂。相比较而言，其他浓度测量方法虽然存在一定误差，但在颗粒物自动在线连续检测方面是滤膜称重法无法比拟的，应根据不同的测定目的来选择检测方法。在需要实时在线测定的场合要用到相对质量分数测量方法，而在不需要在线连续测量或需要考虑可比性的情况下，要用滤膜称重法直接测量颗粒物的质量分数，同时，滤膜称重法采集的颗粒物样品可以用来进行其他分析。

5.5　颗粒物的表面性质检测

5.5.1　气溶胶 TEM 样品的制备

TEM 气溶胶颗粒样品的制备主要有 3 种方法：滤膜集尘超声波分散法、切片法和直接采样法。滤膜集尘超声波分散法是首先用滤膜收集颗粒物，放入溶剂中用超声波分散，将颗粒样品搅拌为悬浊液，再用滴管把悬浊液滴到黏附有支持膜的样品铜网上，静置干燥后供观察分析。切片法制备 TEM 样品，是将颗粒物用去离子水从滤纸上洗下来，干燥，加入树脂固定，用超薄切片机切成薄片，粘在铜网上供 TEM 观察。

直接采样法是将带有支持膜的铜网或镍网（400 目或 200 目）放在带有冲击器的采样器中采样，气溶胶颗粒物直接沉降在网上，采样时间取决于气溶胶浓度的情况，以网上采到分布合适的颗粒物为准。目前大多数气溶胶颗粒物的 TEM 研究均采用这种方法。

还有的方法采用热沉淀器，利用温差对细颗粒物的运动的影响将细气溶胶颗粒物收集在铜网上进行 TEM 分析。

5.5.2　TEM 对气溶胶细颗粒物分析

TEM 以电子光学方法将具有一定能量的电子会聚成细小的入射束，通过与样品物质的相互作用激发表征材料微观组织结构特征的各种信息，检验并处理这些信息，从而给出形貌、成分和结构的丰富资料。TEM 的分辨率已可以达到纳米级，能提供极细微的材料组织结构情况；SAED 可以对颗粒物进行结构分析；EDX 可以对元素进行定量及定性分析。正是这些特点，使得 TEM 在气溶胶颗粒物分析中得到了广泛应用。

将黏附有气溶胶颗粒的铜网放在透射电镜中观察，利用 TEM 图像和选区电子衍射（SAED）可获得颗粒物的形态、尺寸和结构信息；利用一般透射电镜都带有的能谱仪（EDX），可以对原子序数大于 11（Na 元素）的元素进行定量分析，对于带有超小或“无”窗口探头的能谱仪，可以探测到比 B 重的元素。对于颗粒物种类的辨别，要综合分析相关的 TEM 图像、SAED 花样和化学成分，根据三者信息综合判断。

通过对比同一地点采集的大气烟尘集合体的场发射扫描电镜（FESEM）图像与 TEM 图像，可以看出 TEM 的高分辨率等特点在分析细颗粒物和超细颗粒物中的优势。TEM 为准确分辨不同尺寸、不同形状、不同积聚状态的细颗粒物和超细颗粒物提供了有力的工具。

5.5.3　典型钢铁工业细颗粒物 TEM 分析

（1）烟尘集合体

在透射电子显微镜下观察到的烟尘集合体的形貌特征比较明显，可区分出较小的链状集合体、较大的链状集合体和较大的密实状集合体等类型。在高分辨率和高放大倍数下，可观察到单个颗粒的形态基本上呈浑圆状，粒径在 20～50 nm。

（2）飞灰

燃煤飞灰一般呈较规则的圆球形，表面光滑未被其他颗粒物覆盖，但也有的燃煤飞灰表面附有超细颗粒物和二次颗粒物。这可能是由燃煤飞灰吸附了部分超细颗粒物，或者是在燃煤飞灰释放到大气以后，在其表面发生大气化学反应造成的。

（3）矿物颗粒

大气中的矿物颗粒主要来自扬尘（包括建筑扬尘、风起扬尘、道路扬尘和工业扬尘等）和二次大气的化学反应产物。除了二次生成的颗粒外，它们一般具有不规则的形态特征。扬尘主要是铝硅酸盐矿物和石英，类似的矿物颗粒在对南非地区的区域性阴霾中的矿物尘（伴随有焦油球的白云母颗粒）所作的 TEM 研究中也有发现。

（4）硫酸盐颗粒物

硫酸盐颗粒在透射电镜下有特殊的形貌，表现为泡沫状，这主要是因为硫酸盐（包括硫酸铵或硫酸钠等）在电子束的照射下迅速分解，留下了泡沫状的残留。硫酸盐主要是由空气中的SO_2和其他物质发生二次反应生成的，它的存在一定程度上反映了SO_2的污染程度。

（5）有机颗粒

在透射电子显微镜下观察时，有机颗粒没有特定的形貌，通常沿着 Formver 膜分布，并填充在薄膜孔洞的边角位置，有机颗粒主要来自生物质燃烧及生物活动。

5.6 监测案例分析

5.6.1 测试对象和测试项目

5.6.1.1 测试对象

本节选取国内某年产 1000 万 t 钢的大型钢铁联合企业进行测试，该企业在各产尘点均安装了高效除尘器。钢铁企业大部分的有组织排放来自烧结、焦化、炼铁和炼钢 4 个工序。为此，选取了该企业的一台 320 m^2烧结机、一座 65 孔 5.5 m 顶装焦炉、一套 140 t/h 干熄焦装置、一座 3200 m^3高炉、一座 150 t 转炉和一座 LF 精炼炉进行测试。烧结机头、机尾和成品整粒除尘设备均为四电场静电除尘器，高炉矿槽除尘设备为三电场静电除尘器，烧结配料、高炉出铁场、铁水倒罐及预处理、转炉二次烟气、精炼、装煤及推焦、干熄焦排气和筛焦及转运除尘设备均为布袋除尘器。无组织排放源选择炼钢工序的转炉平台和轧钢工序的钢坯切割处。另外，该企业同时拥有露天原料场和地下封闭原料场，因此，项目组还测试了露天料场的无组织排放。

5.6.1.2 测试项目

根据对烟粉尘排放指标的分析，若要求得烟粉尘的排放浓度以及除尘设备的总除尘效率和分级除尘效率，需要知道除尘设备进出口和捕集颗粒物质量流量中的任意两个以及进出口和捕集颗粒物质量频率中的任意两个。由于除尘设备进口处颗粒物浓度一般都非常大，很难进行准确的监测，以及该测试企业在除尘设备入口处没有开设采样口，所以需要对除尘设备捕集、出口颗粒物质量流量以及质量频率进行测试。依据此数据，再根据废气的体积流量，不仅可以得到除尘设备的总除尘效率和分级除尘效率，还可以得到除尘设备进出口的颗粒物浓度。正常运行状态下，除尘设备捕集颗粒物的质量流量可以由测试企业的统计数据得出。

因此，测试主要包括以下项目：

① 废气基本参数：废气温度、废气湿度、废气流量、含氧量等；

② 除尘设备出口颗粒物的质量流量；

③ 除尘设备出口颗粒物的粒径分布以及除尘设备捕集颗粒物的粒径分布；

④ 原料场周边颗粒物的粒径分布。

5.6.2　采样点和采样频次

对于有组织排放源，参考《固定污染源排气中颗粒物测定与气态污染物采样方法》（GB/T 16157—1996）中对采样位置、采样孔和采样次数的相应规定。采样位置应优先选择在垂直管段，要避开烟道弯头和断面急剧变化的部位，应设置在距弯头、阀门、变径管下游方向不小于 6 倍直径和距上述部件上游不小于 3 倍直径处；采样孔内径应不小于 80 mm；每次采样应至少取 3 个样品。

对于无组织排放源，原料场参考《大气污染物无组织排放监测技术导则》（HJ/T 55—2000）中相关规定，以最多 4 个采样点设置在污染源单位周界外或污染源下风向，连续采样 1 小时或 1 小时内等时间间隔采集 4 个样品；车间内的无组织排放源参考《工作场所空气中有害物质监测的采样规范》（GBZ 159—2004）中的相关规定，根据 GB/T 16157—1996 中的规定，采样点均设置在排烟烟囱上，具体位置见表 5 - 2。

表 5 - 2　　烟粉尘排放源采样点位置

类别	工序	采样点	除（抑）尘设备	排放点高度/m	采样点距离地面高度/m	采样次数	
						TSP 采样（玻璃纤维滤筒/滤膜）	PM_{10}分粒径采样（Teflon 膜）
有组织排放源	烧结	烧结配料	布袋除尘器	30	20	6 次	6 组
		烧结机机头	静电除尘器	150	50		
		烧结机机尾	静电除尘器	60	35		
		成品整粒	静电除尘器	50	35		
	焦化	装煤及推焦	布袋除尘器	45	25		
		干熄焦排气	布袋除尘器	45	25		
		筛焦及转运	布袋除尘器	40	20		
	炼铁	高炉矿槽	静电除尘器	45	30		
		高炉出铁场	布袋除尘器	40	25		
	炼钢	倒罐及预处理	布袋除尘器	32	20		
		转炉二次烟气	布袋除尘器	32	20		
		精炼	布袋除尘器	40	25		
	封闭式原料场	进料出料	布袋除尘器	40	35		
无组织排放源	炼钢	转炉平台	无	—	1.5		
	轧钢	钢坯切割	无	—	1.5		
	露天原料场	原料场周界	挡风抑尘网	16	1.5		
	封闭式原料场	干料卸料	逆向喷雾装置或顶部喷雾	6	1.5		

5.6.2.1　烧结工序

烧结厂有1台320 m^2烧结机，年产烧结矿354.6万t。配备有1个机头除尘器、1个机尾除尘器、1个配料除尘器、1个烧结矿成品除尘器，均为电除尘。机头部位的额定烟气量为114万 m^3/h。测点分布如图5－1所示，监测项目如表5－3所示。

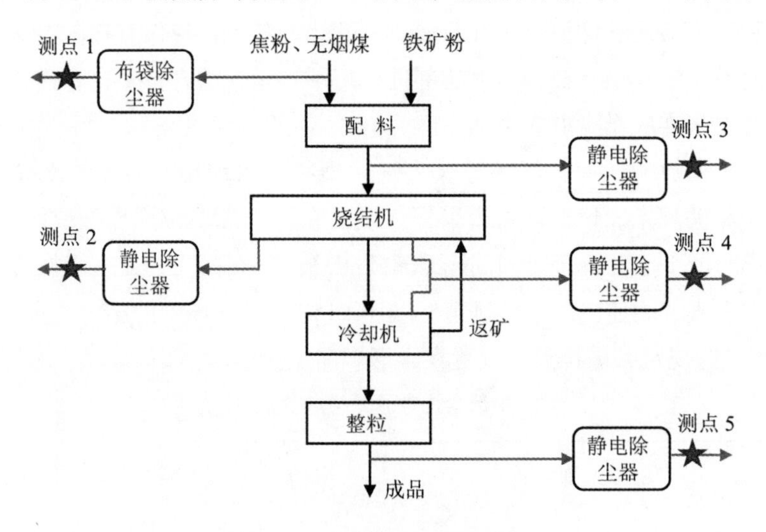

图5－1　烧结工序测点分布

表5－3　烧结工序取样监测项目

测点	位置	排放性质	使用仪器型号	现场监测取样项目			
				$PM_{2.5}$ /（$mg \cdot m^{-3}$）	PM_{10} /（$mg \cdot m^{-3}$）	TSP /（$mg \cdot m^{-3}$）	烟气排放量 /（$m^3 \cdot h^{-1}$）
1	煤粉破碎布袋除尘器后	有组织	3012H				
2	烧结机机头静电除尘器后	有组织	3012H				
3	烧结配料静电除尘器后	有组织	3012H				
4	烧结机机尾静电除尘器后	有组织	3012H				
5	烧结矿成品整粒静电除尘器后	有组织	3012H				

5.6.2.2　焦化工序

焦化厂共有2座65孔5.5 m顶装焦炉，原燃料仓9个，其中7个储量为8000 t，2个储量为9000 t。焦炭输送皮带上布置有微动力布袋除尘器，焦仓（筛焦、装焦过程）位置有3个集尘罩。

干熄焦除尘和环境除尘（装煤、推焦过程）除下的灰约占焦炭总量的1.5%～

1.6%。测点分布如图 5－2 所示，监测项目如表 5－4 所示。

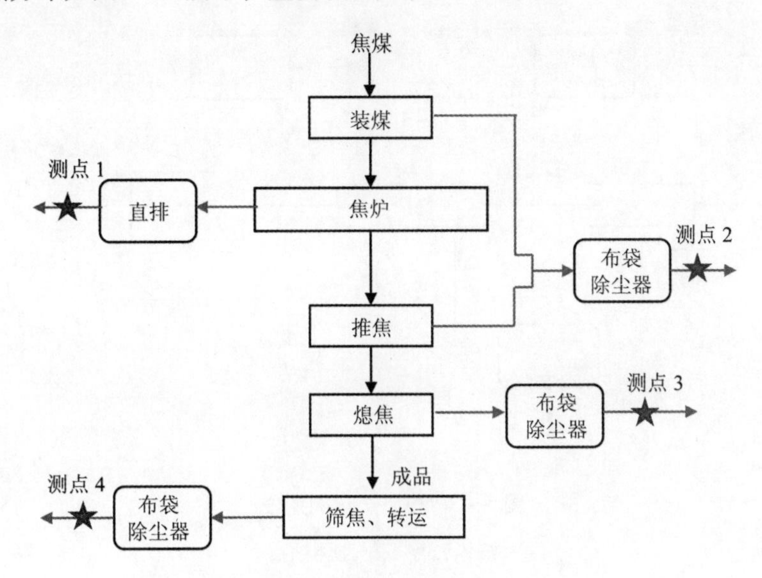

图 5－2　焦化工序测点分布

表 5－4　焦化工序取样监测项目

测点	位置	排放性质	使用仪器型号	现场监测取样项目			
				$PM_{2.5}$ /（$mg \cdot m^{-3}$）	PM_{10} /（$mg \cdot m^{-3}$）	TSP /（$mg \cdot m^{-3}$）	烟气排放量 /（$m^3 \cdot h^{-1}$）
1	焦炉烟囱	有组织	3012H				
2	装煤推焦布袋除尘器后	有组织	3012H				
3	干熄焦装置布袋除尘器后	有组织	3012H				
4	筛焦转运布袋除尘器后	有组织	3012H				

5.6.2.3　炼铁工序

炼铁厂有 1 座 3200 m^3高炉，年产量 271.66 万 t，高炉煤气干法除尘，主要产尘源为矿槽和出铁场。矿槽除尘器为电除尘器，测点在烟囱顶部。出铁场除尘器为 2 个布袋除尘器，分别称为东厂除尘器（对应 1#和 2#出铁口）和西场除尘器（对应 3#和 4#出铁口）。无组织排放源仅发现两处：高炉水渣排料、整粒后烧结矿上料部位未完全封闭。测点分布如图 5－3 所示，监测项目如表 5－5 所示。

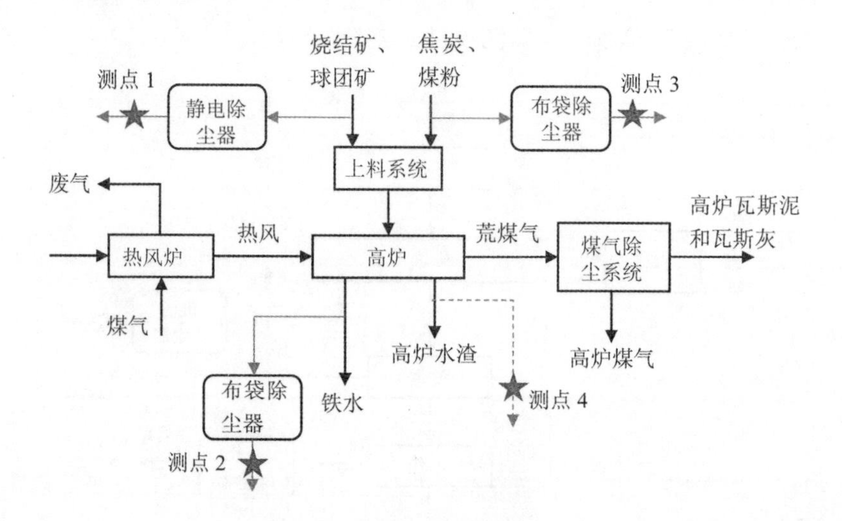

图 5-3　炼铁工序测点分布

表 5-5　炼铁工序取样监测项目

测点	位置	排放性质	使用仪器型号	现场监测取样项目			
				$PM_{2.5}$ /（$mg \cdot m^{-3}$）	PM_{10} /（$mg \cdot m^{-3}$）	TSP /（$mg \cdot m^{-3}$）	烟气排放量 /（$m^3 \cdot h^{-1}$）
1	矿槽静电除尘器后	有组织	3012H				
2	高炉出铁场布袋除尘器后	有组织	3012H				
3	煤粉上料布袋除尘器后	有组织	3012H				
4	高炉水渣卸料场	无组织	Anderson / IFC-2				—

5.6.2.4　炼钢和轧钢工序

该钢铁联合企业共有两个炼钢厂。测点分布如图 5-4 所示，监测项目如表 5-6 所示。

炼钢厂 1：

钢区：3 台 150 t 转炉年产量 484.03 万 t 连铸坯，主要产尘源为倒罐站、铁水预处理、3×150 t 转炉、3×LF 炉、火焰切割、钢包烤包、中间包和废钢切割。有 4 个除尘器：一个为 3 个转炉的顶吸，一个为 1#和 2#转炉的侧吸，一个为倒罐站和铁水预处理，一个为 3#转炉的侧吸、精炼和其他的散点。转炉一次除尘为 OG 法除尘，其余除尘器均为布袋除尘器。废钢切割有集尘罩。精炼炉顶部有集尘罩。铁水预处理顶部有集尘罩和顶吸，下部侧面有集尘罩。

轧区：2条轧线，4座加热炉，主要产尘源为加热炉的4个烟囱，无除尘装置。

炼钢厂2：

钢区：3台65 t转炉年产量243.50万t连铸坯，主要产尘源为倒罐站、铁水预处理、3×65 t转炉、2×LF炉、火焰切割、钢包烤包、中间包和废钢切割。转炉一次烟气采用静电除尘器，每个转炉配备一套干式除尘系统。有6个布袋除尘器：1#~3#转炉各1个二次除尘，一个料场大白灰除尘器，一个倒罐站和铁水预处理除尘器，一个两座LF炉和其他散点的除尘器。6个布袋除尘器全采用覆膜技术，效果好于普通布袋除尘器。

轧区：主要产尘源为加热炉，无除尘装置。

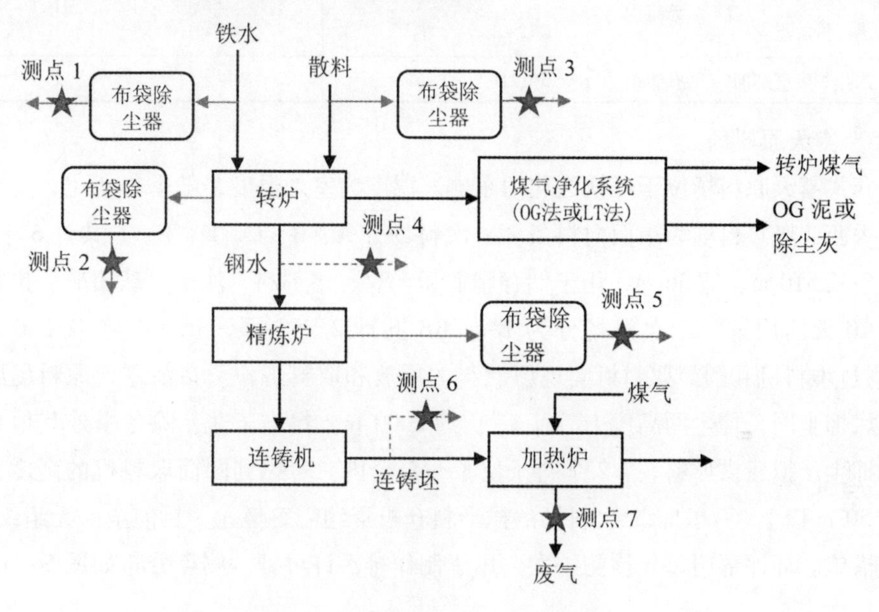

图5-4　炼钢和轧钢工序测点分布

表5-6　炼钢和轧钢工序取样监测项目

测点	位置	排放性质	使用仪器型号	现场监测取样项目			
				$PM_{2.5}$ /（$mg\cdot m^{-3}$）	PM_{10} /（$mg\cdot m^{-3}$）	TSP /（$mg\cdot m^{-3}$）	烟气排放量 /（$m^3\cdot h^{-1}$）
1	铁水预处理布袋除尘器后	有组织	3012H				
2	转炉二次烟气布袋除尘器后	有组织	3012H				
3	上料系统布袋除尘器后	有组织	3012H				

续表 5 -6

测点	位置	排放性质	使用仪器型号	现场监测取样项目			
				$PM_{2.5}$ /（mg · m^{-3}）	PM_{10} /（mg · m^{-3}）	TSP /（mg · m^{-3}）	烟气排放量 /（m^3 · h^{-1}）
4	转炉车间扬尘点	无组织	Anderson / IFC -2				—
5	精炼装置布袋除尘器后	有组织	3012H				
6	连铸坯切割烟尘排放点	无组织	Anderson / IFC -2				—
7	加热炉废气烟囱	有组织	3012H				

5.6.2.5 露天原料场

敞开式露天原料场位于炼铁区北门东侧。温度为室外温度，随季节变化，夏季东南风、冬季西北风。料堆为东西向料条。一次料场分 A、B、C、D、E、F 共计 6 个料条，每个料条长 510 m、宽 36 m，用于储存精矿粉、煤、熔剂料、块矿、球团矿、焦粉，至少储存 20 天的用量。二次料场分为 BA、BB 共计 2 个料条，每个料条长 380 m、宽 28 m。通过堆料机和圆筒取料机实现原燃料的堆放和取料工作。目前露天原料场周边安装有挡风抑尘网，抑尘网高度 16 m，周长约 2000 m，料堆苫盖，除冬季外其他季节进行洒水抑尘。拟建拱形料仓，2 个料条位于一个仓内。考虑到圆筒取料机的高度，料仓高度为 50 m 以上。一次、二次料场的拱形料仓投资约需 5 亿元。目前全为无组织排放，无检测措施。环评部门每年检测一次，用于制作排污许可证。测点分布如图 5 -5 所示，监测项目如表 5 -7 所示。

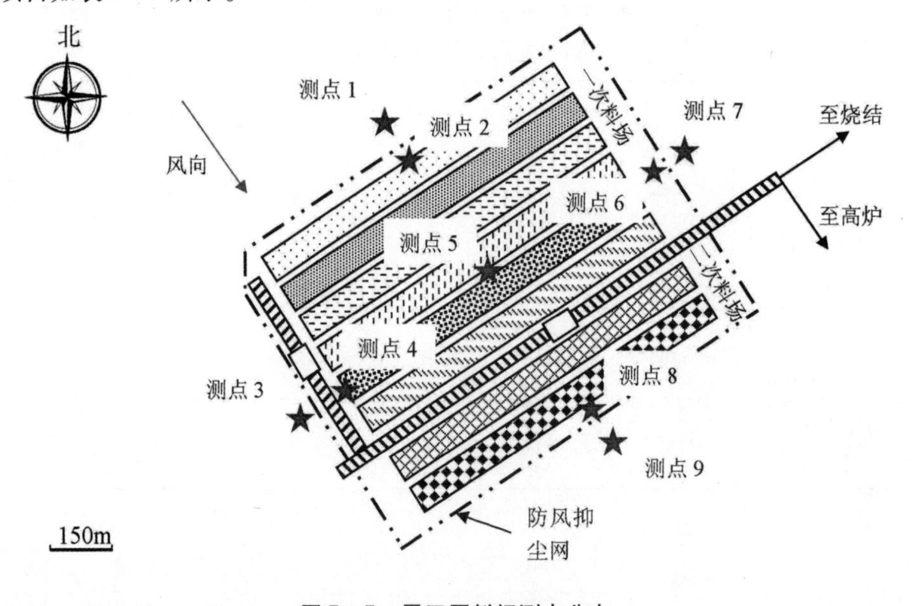

图 5 -5　露天原料场测点分布

表5-7　原料场取样监测项目

测点	位置	排放性质	使用仪器型号	现场监测取样项目		
				$PM_{2.5}$ /（$mg \cdot m^{-3}$）	PM_{10} /（$mg \cdot m^{-3}$）	TSP /（$mg \cdot m^{-3}$）
1	西北角防风网外	无组织	Anderson / IFC-2			
2	西北角防风网内					
3	西南角防风网外					
4	西南角防风网内					
5	原料场中心处					
6	东北角防风网内					
7	东北角防风网外					
8	东南角防风网内					
9	东南角防风网外					

5.6.2.6　其他无组织排放点

其他无组织排放点包括炼钢和轧钢车间以及封闭式原料场。炼钢和轧钢车间的无组织排放主要来自连铸板坯切割处和转炉平台（废钢转运、钢水转运等）等处，且无控制措施。封闭式原料场的无组织排放主要来自干料的卸料点，装卸干料时，采用逆向喷雾装置或顶部喷雾去除扬尘。监测项目如表5-8所示。

表5-8　无组织排放点取样监测项目

测点	位置	排放性质	使用仪器型号	现场监测取样项目		
				$PM_{2.5}$ /（$mg \cdot m^{-3}$）	PM_{10} /（$mg \cdot m^{-3}$）	TSP /（$mg \cdot m^{-3}$）
1	连铸板坯切割处	无组织	Anderson / IFC-2			
2	转炉平台					
3	精炼炉平台					
4	封闭式原料场干料卸料点					

5.6.3　采样仪器及材料

5.6.3.1　采样仪器

对于颗粒物采样，可选用自动烟尘（气）测试仪；对于PM_{10}分粒径采样，可选用分级采样器；对于除尘设备捕集颗粒物的粒径分布分析，可采用激光粒度分布仪。除此之外，还应用了分析天平、干燥箱及干燥器等。下面介绍几种常用的采样仪器。

（1）崂应3012H型自动烟尘（气）测试仪

该测试仪（见图5-6）由测试仪主机、烟尘多功能取样管、烟气含湿量温度检测器、烟气取样器、高效气水分离器等构成。它可以依据各种传感器检测到的静压、动压、温度及含湿量等参数，自动计算出烟气流速和等速跟踪流量。测控系统将该流量与流量传感器检测到的流量相比较，计算出相应的控制信号，由该信号控制电路作出调整，使抽气泵的流量发生变化，最终使测试仪的实际流量与计算的采样流量相等，实现测试仪的等速采样；同时微处理器用检测到的流量计前温度和压力自动将实际采样体积和烟气流量换算为标况采样体积和烟气流量。

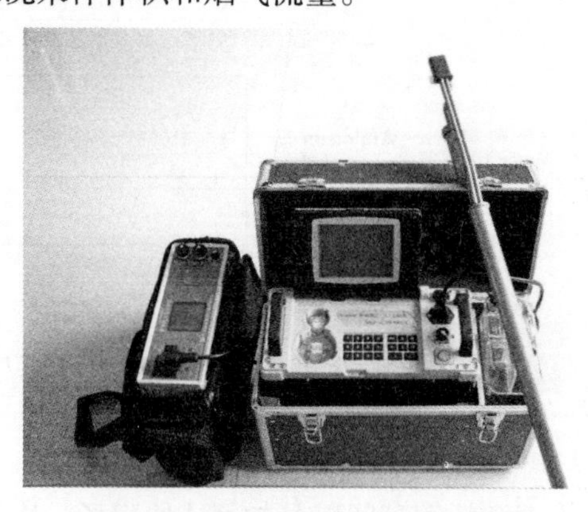

图5－6　自动烟尘（气）测试仪

（2）安德森分级采样器

安德森分级采样器（见图5－7）的采样过程为：烟道中的废气在采样泵的作用下，通过采样枪进入切割直径为10 μm的预分离器，在这里预分离器将大于10 μm的颗粒物除去，之后进入撞击器进行PM_{10}的分级采样。为了减少颗粒物在采样过程中的损失，采样系统中所连接的管路应尽可能短。

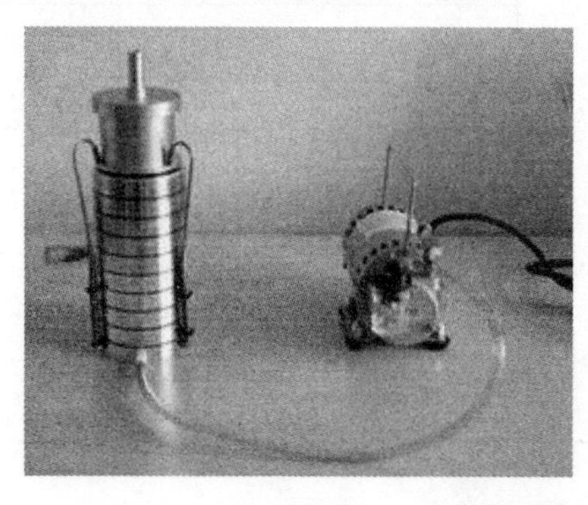

图5－7　安德森分级采样器

分级采样器的工作原理是：含尘气流进入分级采样器后，出气小孔逐级缩小，气流速度逐级提高，根据惯性分级原理，每一级撞击盘收集到的颗粒粒径逐级减小，末级捕集器不能捕集的细微粒子被捕集到最后一级的高效滤膜上。分级采样器的分级原理如图5－8所示。

安德森分级采样器可以测量空气动力学直径为0.4～10 μm的颗粒物，并分为8级分别采样，F级上可以放置后备滤膜，用来捕集空气动力学直径为0～0.4 μm的颗粒

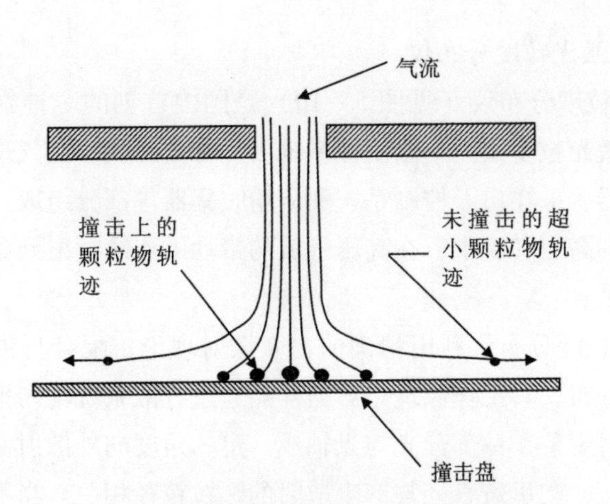

图5-8　分级采样器的分级原理示意图

物。安德森分级采样器的8级撞击捕集器对应的粒径范围见表5-9。

表5-9　安德森分级采样器各级捕集器对应的粒径范围　μm

分级	0	1	2	3	4	5	6	7	F
粒径范围	>9.0~10	>5.8~9.0	>4.7~5.8	>3.3~4.7	>2.1~3.3	>1.1~2.1	>0.7~1.1	>0.4~0.7	>0~0.4
有效切割直径	9.0	5.8	4.7	3.3	2.1	1.1	0.7	0.4	

(3) IFC-2防爆型粉尘采样仪

IFC-2防爆型粉尘采样仪是用于测定空气环境中粉尘浓度的仪器，如图5-9所示，由北京市劳动保护科学研究所设计制造。它由气泵、流量计、定时控制电路、流量调节电路及电源等组成，配有总粉尘采样头和可吸入粉尘采样头，能对危害人体的可吸入粉尘和非可吸入粉尘进行分离，分离曲线符合BMRC曲线标准。

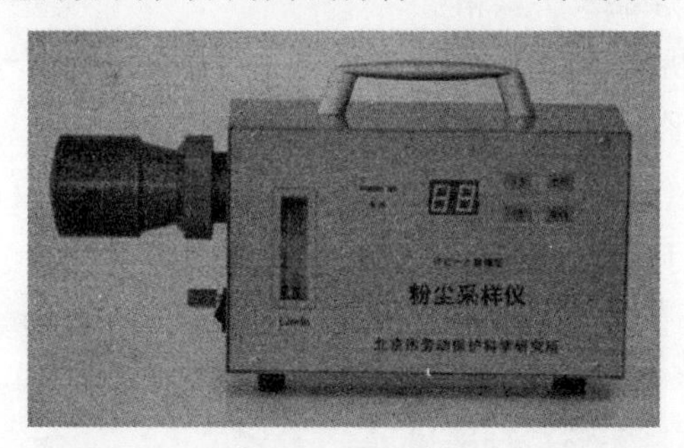

图5-9　IFC-2防爆型粉尘采样仪

该采样仪采用刮板泵，气泵负压大，脉冲气流小，流量稳定，噪声低；定时由单片机控制完成，计时准确；金属外壳坚固耐用且密封性好；仪器结构紧凑，体积小，重量轻，便于携带，操作简便，坚固耐用，性能稳定。可广泛应用于职业卫生、冶金、矿山、化工、建材、铸造、电力等领域，并且适用于国家规定的Ⅱ类爆炸性气体的环境场所。

（4）BT－2001 激光粒度分布仪

BT－2001 激光粒度分布仪（见图 5－10）是国内首创的一种集干法测试和湿法测试于一体的高性能激光粒度仪。干法制样系统由静音空压机、空气过滤器、干法分散进样系统、干法分散器、采样口、控制系统和干粉收集器等部分组成。样品通过干法分散进样系统均匀输送到高压气流中，在高压气流的带动下连续喷射到分散器、采样口和收集器，从而完成测试。

BT－2001 激光粒度分布仪利用精确的 Mie 散射理论，配合自由模式反演算法，得到样品真实的粒度分布。其工作原理是：当样品通过分散系统均匀平行的光束中时，颗粒将使激光发生散射现象，一部分光与光轴成一定的角度向外散射。散射光能按艾里图分布，即形成艾里斑，艾里斑直径与产生散射的颗粒粒径相关。当不同粒径的颗粒通过光束时，各自的散射光能发生叠加，就会在富氏透镜焦平面上形成光能分布图。在富氏透镜焦平面上的一系列光电接收器将这些光环转换成电信号，并传输到计算机中，再根据 Mie 散射理论和反演计算，得到粒度分布。

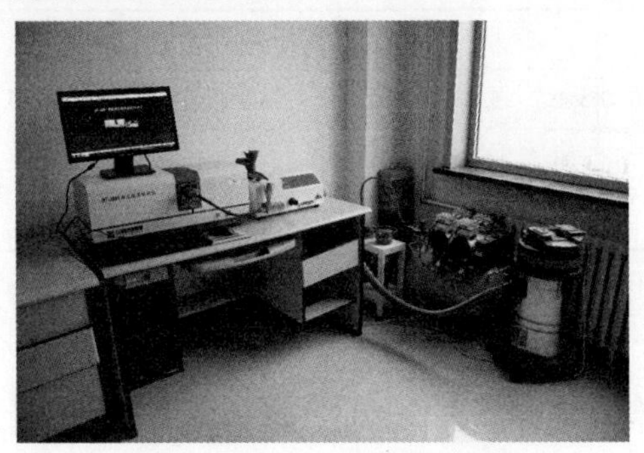

图 5－10　激光粒度分布仪

（5）分析天平、干燥器及干燥箱

岛津 AUW220D 分析天平（见图 5－11）分 220 g/82 g 两个量程和 0.1 mg/0.01 mg 两个精度。本研究需要称量的滤筒和滤膜的重量都非常小，所以选用的量程为 82 g，精度为 0.01 mg。干燥器（见图 5－12）用于滤筒和滤膜的冷却及恒温恒湿；电热恒温干燥箱（见图 5－13）用于滤筒的加热干燥。

图 5－11　分析天平

图5－12 干燥器

图5－13 电热恒温干燥箱

5.6.3.2 实验材料

不同材料的滤筒（滤膜）所适用的分析方法和采样条件也不同，所以采样时应根据后续的样品分析方法和采样条件选择最合适的滤筒（滤膜）。无胶超细玻璃纤维滤筒（见图5－14）具有捕集效率高、耐高温等特点；Teflon 膜（见图5－15）由聚四氟乙烯材料制成，其空白值、吸湿性等相对较低，非常适用于样品称重。因此，本研究中崂应3012H 自动烟尘（气）测试仪采用无胶超细玻璃纤维滤筒，安德森分级采样器采用 Teflon 膜。

图5－14 无胶超细玻璃纤维滤筒

图5－15 Teflon 膜

5.6.4 采样方法和质量保证

5.6.4.1 采样方法

任何污染物的采样都是最基本、最重要的。对于任何一种污染物，如果缺乏准确可靠的采样手段，那么所采集的样本就没有代表性，对其进行的测量、机理研究、组分分析、模型构建以及控制研究都将会缺少准确可靠的基础。

在管道或烟囱内进行采样时，必须建立等速采样条件。等速采样是指样品要在主气流中采集，采样时采样口要与气流方向一致，而且有同样的线性流速。如果不能满足这些条件，采集到的样品将不具有代表性。我国原环境保护部颁布的《固定污染源排气中颗粒物测定与气态污染物采样方法》（GB/T 16157—1996）中规定了在烟道、烟囱及排气孔等固定污染源排气中颗粒物等速采样的方法。

目前，虽然各个国家对固定源颗粒物的采样方法都作出了相应的规定，但对固定源细小微粒的采样方法仍存在争议。到目前为止，除了美国环保署（US environmental protection agency，EPA）提出了固定源 PM_{10} 和 $PM_{2.5}$ 的测量标准外，国际标准化组织（ISO）以及世界其他国家都没有制定出固定源 PM_{10} 和 $PM_{2.5}$ 的测量标准。美国环保署提出的固定源排放颗粒物的测定方法主要包括 EPA－method 5、EPA－method 17、EPA－method 201 和 EPA－method 202。

EPA－method 5 采用动压平衡型等速采样法对固定源的细颗粒物排放进行采样。该采样系统将滤筒（滤膜）放置在烟道外，并对采样管进行加热以控制外置滤筒（滤膜）的采样温度恒定，通常为 120 ℃或 160 ℃，冷凝温度等于或高于这个温度的细颗粒物被捕获。对不同烟道颗粒物的采集使用同样的采样温度，以便于对同一污染源进行多次采集和不同污染源之间的对比分析。

EPA－method 17 是将采样滤筒（滤膜）置于废气中，采集的是废气温度下呈固态的颗粒物。EPA－method 5 中，120 ℃或 160 ℃被设定为参考温度，为保证这个温度需要对带滤筒（滤膜）的过滤器进行加热，这给操作带来了很大的麻烦，对设备提出了更高的要求。如果在一个温度范围内固定源的颗粒物排放浓度与温度无关，则可以省去这些装置，直接在烟气温度下采样，即使用 EPA－method 17 进行采样。但要注意，由于以上温度与颗粒物浓度之间的关系，所以在废气颗粒物中含有液滴或水蒸气时不能采用此方法。

EPA－method 201 将废气以动压等速的方法吸入采样管，内置预分离器用来分离粒径大于10 μm的颗粒物，同时内置玻璃纤维滤筒或滤膜用来收集 PM_{10}，也可以在预分离器后面配用分级采样器。

EPA－method 202 用于测定固定源凝结颗粒物，该方法中经过滤筒（滤膜）捕集颗粒物后的废气以鼓泡方式穿过冲击瓶中的水，硫酸雾、半挥发性有机物等排放到大气会发生冷凝的物质被捕集于水中，一些排放到大气中不会冷凝的气体（如 SO_2等）也会溶解于水中并转化为硫酸盐。

5.6.4.2　质量保证与控制

（1）采样前准备

① 采样滤筒的准备。根据《固定污染源排气中颗粒物测定与气态污染物采样方法》（GB/T 16157—1996）中的规定，先用软毛刷将滤筒外部灰尘和纤维屑弹去，然后用铅笔将滤筒编号，放在105～110 ℃的干燥箱中烘烤1 h，取出后放入干燥器中冷却至室温，用精度0.01 mg的分析天平称量，连续两次称量重量之差不超过0.05 mg认为达到恒重，称量后放入专用的容器中保存。

② 采样滤膜的准备。用洁净的铝箔纸将Teflon膜包好后放于一定湿度和温度条件下的干燥器中恒重48 h，然后用感量0.01 mg的分析天平称量，连续两次称量质量之差不超过0.02 mg认为达到恒重，称量后的滤膜用洁净的铝箔纸包好后放入已编号的自封袋中，置于干燥器中备用。

③ 测试仪器的准备。采样前，用去离子水对安德森分级采样器的每级捕集器和预分离器进行清洗；用清洁的空气对3012H自动烟尘（气）测试仪的测试管路进行清洗。

（2）注意事项

在测试时，严格按照各仪器使用说明书中的规定进行操作。测试系统在现场安装完毕后，先进行气密性检查，检查无漏气后方可进行采样，采样期间同时采集现场空白膜。

① 3012H自动烟尘（气）测试仪采样。在正式采样前，先进行参数设置、采样布点、预测流速、含湿量和含氧量测定，以获得烟气温度、烟气流量、采样嘴直径、采样点数量及位置等参数。

安装预测流速时推荐直径的采样嘴，并将采样滤筒放入收尘管内，采样嘴的安装位置与皮托管全压测孔同向并相互平行；重新将取样管插入烟道时，保证采样嘴背对气流的方向；启动采样泵的同时将取样管旋转，使采样嘴正对气流方向；采样时，按照取样管上的测点标识和测试仪的换点提示，由内到外逐点测量；采样结束时，先将采样嘴背向气流，迅速取出取样管，防止发生倒吸；取样管的采样口保持向上，用镊子轻敲取样管前端的弯管，取下采样弯管后，用毛刷轻轻地将灰尘收集到滤筒内，取出滤筒后，封好口，放入对应的专用容器中保存。

② 安德森分级采样器。由于安德森分级采样器的采样泵没有自动跟踪功能，需要根据3012H自动烟尘（气）测试仪预测流速的结果手动调节采样泵的流量，以实现等速采样。采样结束后，要把每个采集的滤膜样品用洁净的铝箔纸包好放入对应的自封袋中密封保存。

③ IFC－2防爆型粉尘采样仪。采样时仪器固定于三脚架上，高于地面1.5 m。采样仪在泵启动瞬间（正常流量时）的电流很大，如果此时采样仪的电池电量处于低位，则将因电流不足而影响到电子定时器的工作电流，从而导致已调好的定时器复位。因此，正确的操作步骤是先将流量计调至最低再按下采样键，然后调至所需流量。

第6章　钢铁企业烟粉尘排放评价和核算方法

6.1　烟粉尘排放评价指标体系

目前我国对钢铁企业烟粉尘排放的限额指标只有浓度指标（浓度指标是针对生产设备或烟粉尘净化设施而言的，单位是mg/m^3），没有针对工序和企业层面的考核和评价指标，尚未形成一套科学的排放指标及指标体系。另外，虽然钢铁企业现有固定污染源大都安装了高效除尘器，但多数除尘设备以质量脱除效率表示除尘性能，无法体现细微颗粒物（PM_{10}和$PM_{2.5}$）的排放情况。因此，有必要研究并建立一套适用于钢铁企业烟粉尘排放评价的指标及指标体系。

6.1.1　指标体系建立原则

建立钢铁企业新的烟粉尘排放指标及指标体系是推动钢铁企业污染防治技术工作向纵深发展的一项十分重要的基础工作，有利于钢铁企业烟粉尘排放水平评价、企业环保核查、环境影响评价、污染防控等。

制订评价指标的基本原则有：科学合理性原则、目标导向性原则、实用性原则和可比性原则。

科学合理性原则。指标的选取应是科学的，指标的名称、内涵、计算方法是统一、规范的，各指标之间是有内在联系的。指标体系能够充分反映钢铁企业烟粉尘排放的实际水平。

目标导向性原则。指标体系不仅能够反映钢铁企业的烟粉尘有组织和无组织排放水平，更重要的是可以引导和鼓励钢铁企业朝着更加减少污染物排放的方向和目标发展。

实用性原则。指标体系中的各项指标、数据及其相应的计算方法都应遵循标准化和规范化，并具有明确的释义；评价指标所需数据易于采集和分析获得；评价过程中能够实行质量控制，包括数据的准确性、可靠性和计算的正确性等。

可比性原则。指标体系不仅能够用于对同一个单位的纵向比较，还可以对不同单位进行横向比较，具有通用性和可比性。

6.1.2 指标体系的构建

钢铁企业的烟粉尘排放指标体系包括有组织排放源和无组织排放源，指标体系的框架如图 6－1 所示。

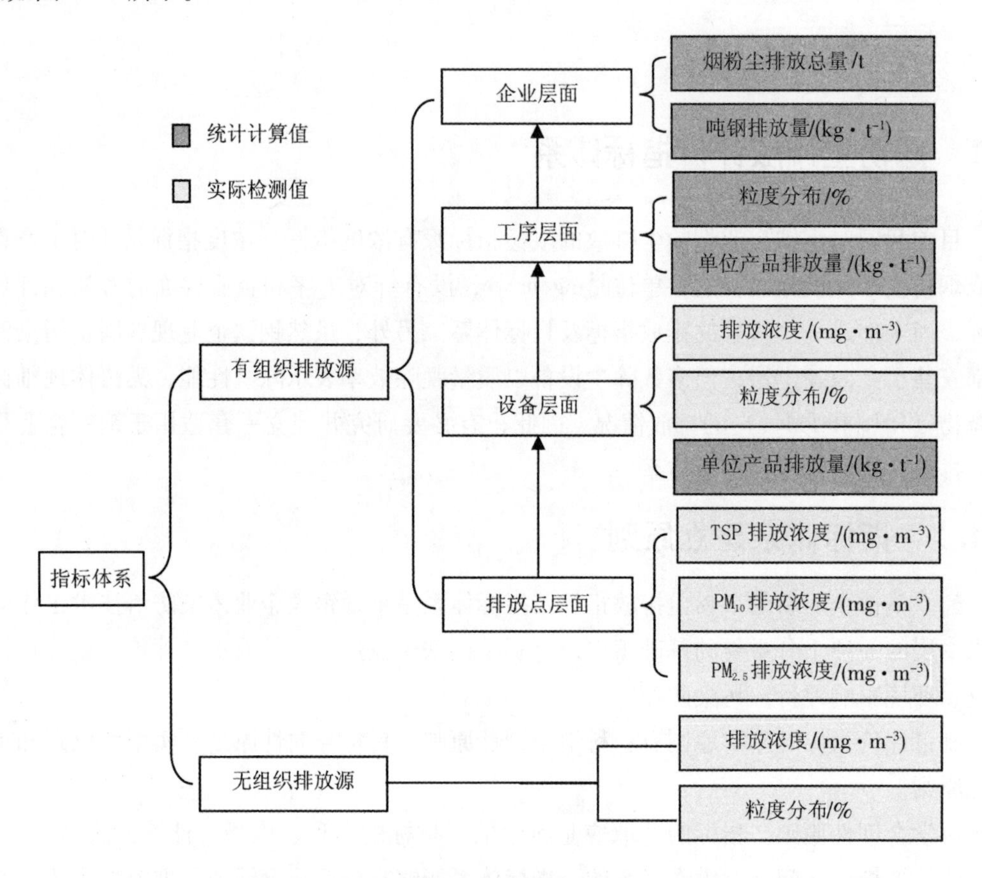

图 6－1 钢铁企业烟粉尘排放指标体系的框架

对有组织排放源，建立企业、工序、设备和排放点 4 个层面的排放指标。

在排放点层面，（以烧结工序为例）建立烧结机头、烧结机尾、煤粉破碎、成品整粒等排放点的排放指标——烟粉尘排放浓度和粒度分布。

在设备层面，建立烧结机、球团竖炉、焦炉、高炉、热风炉、转炉、电炉、加热炉及其净化设施的排放指标——单位产品烟粉尘排放量、排放浓度和粒度分布。

在工序层面，建立烧结（球团）、炼焦、炼铁、炼钢和轧钢工序的排放指标——单位产品烟粉尘排放量。

在企业层面，建立烟粉尘的排放指标——烟粉尘排放总量和吨钢烟粉尘排放量。

对无组织排放源，建立各排放源烟粉尘排放指标——排放浓度和粒度分布。

钢铁企业烟粉尘排放评价指标体系的指标内容见表 6－1。

表6-1　钢铁企业烟粉尘排放评价指标体系指标表

层面		指标
有组织排放源	企业层面	烟粉尘排放总量/（吨·年$^{-1}$）
		吨钢烟粉尘排放量/（kg·t^{-1}）
		吨钢 PM_{10} 排放量/（kg·t^{-1}）
		吨钢 $PM_{2.5}$ 排放量/（kg·t^{-1}）
	工序层面	工序烟粉尘排放量/千克·单位产品$^{-1}$
		工序 PM_{10} 排放量/千克·单位产品$^{-1}$
		工序 $PM_{2.5}$ 排放量/千克·单位产品$^{-1}$
	设备层面	设备烟粉尘排放量/千克·单位产品$^{-1}$
		设备 PM_{10} 排放量/千克·单位产品$^{-1}$
		设备 $PM_{2.5}$ 排放量/千克·单位产品$^{-1}$
	排放点层面	排放点烟粉尘排放浓度/（mg·m^{-3}）
		排放点 PM_{10} 排放浓度/（mg·m^{-3}）
		排放点 $PM_{2.5}$ 排放浓度/（mg·m^{-3}）
无组织排放源		粉尘排放浓度/（mg·m^{-3}）
		PM_{10} 排放浓度/（mg·m^{-3}）
		$PM_{2.5}$ 排放浓度/（mg·m^{-3}）

6.1.3　指标解释及计算方法、数据采集

6.1.3.1　指标解释及计算方法

（1）企业层面指标

①烟粉尘排放总量。烟粉尘排放总量是一个企业年排放程度的度量，是实行烟粉尘排放总量控制的重要指标，由各排放源的排放量相加求得。

②吨钢烟粉尘排放量。

$$d = \frac{D}{P} \tag{6-1}$$

式中，d——企业的吨钢烟粉尘排放量，kg/t；

D——统计期内烟粉尘排放总量，kg；

P——统计期内钢产量，t。

③吨钢 PM_{10} 排放量。

$$d_{PM_{10}} = d \times W_{PM_{10}} \tag{6-2}$$

式中，$d_{PM_{10}}$——企业的吨钢 PM_{10} 排放量，kg/t；

$W_{PM_{10}}$——企业排放的烟粉尘中，PM_{10} 质量分数，%。

④吨钢 $PM_{2.5}$ 排放量。

$$d_{PM_{2.5}} = d \times W_{PM_{2.5}} \tag{6-3}$$

式中，$d_{PM_{2.5}}$——企业的吨钢 $PM_{2.5}$ 排放量，kg/t；

$W_{PM_{2.5}}$——企业排放的烟粉尘中，$PM_{2.5}$ 的质量分数,%。

（2）工序层面指标

① 生产工序。

• 工序烟粉尘排放量

$$d_i = \frac{D_i}{P_i} \quad (i = 1, 2, \cdots, n) \tag{6-4}$$

式中，d_i——统计期内 i 工序的工序烟粉尘排放量，kg/t 产品；

D_i——统计期内 i 工序的工序烟粉尘排放总量，kg；

P_i——统计期内 i 工序的产品产量，t。

• 工序 PM_{10} 排放量

$$d_{i\text{-}PM_{10}} = d_i \times W_{i\text{-}PM_{10}} \quad (i = 1, 2, \cdots, n) \tag{6-5}$$

式中，$d_{i-PM_{10}}$——统计期内 i 工序的工序 PM_{10} 排放量，kg/t 产品；

$W_{i-PM_{10}}$——i 工序排放的烟粉尘中，PM_{10} 的质量分数,%。

• 工序 $PM_{2.5}$ 排放量

$$d_{i\text{-}PM_{2.5}} = d_i \times W_{i\text{-}PM_{2.5}} \quad (i = 1, 2, \cdots, n) \tag{6-6}$$

式中，$d_{i-PM_{2.5}}$——统计期内 i 工序的工序 $PM_{2.5}$ 排放量，kg/t 产品；

$W_{i-PM_{2.5}}$——i 工序排放的烟粉尘中，$PM_{2.5}$ 的质量分数,%。

② 原料场。

• 原料场粉尘排放量

$$d_y = \frac{D_y}{P} \tag{6-7}$$

式中，d_y——统计期内原料场的粉尘排放量，kg/t 钢；

D_y——统计期内原料场的粉尘排放总量，kg。

• 原料场 PM_{10} 排放量

$$d_{y\text{-}PM_{10}} = d_y \times W_{y\text{-}PM_{10}} \tag{6-8}$$

式中，$d_{y-PM_{10}}$——统计期内原料场 PM_{10} 的排放量，kg/t 钢；

$W_{y-PM_{10}}$——原料场排放的粉尘中，PM_{10} 的质量分数,%。

• 原料场 $PM_{2.5}$ 排放量

$$d_{y\text{-}PM_{2.5}} = d_y \times W_{y\text{-}PM_{2.5}} \tag{6-9}$$

式中，$d_{y-PM_{2.5}}$——统计期内原料场 $PM_{2.5}$ 的排放量，kg/t 钢；

$W_{y-PM_{2.5}}$——原料场排放的粉尘中，$PM_{2.5}$ 的质量分数,%。

（3）设备层面指标

① 设备烟粉尘排放量。

$$d_{ij} = \frac{D_{ij}}{P_{ij}} \quad (i, j = 1, 2, \cdots, n) \tag{6-10}$$

式中，d_{ij} ——统计期内 i 工序中 j 设备的烟粉尘排放量，kg/t 产品；

D_{ij}——统计期内上述设备的烟粉尘排放总量，kg；

P_{ij}——统计期内上述设备的产品产量，t。

②设备 PM_{10} 排放量。

$$d_{ij\text{-}PM_{10}} = d_{ij} \times W_{ij\text{-}PM_{10}} \quad (i, j = 1, 2, \cdots, n) \tag{6-11}$$

式中，$d_{ij\text{-}PM_{10}}$——统计期内 i 工序中 j 设备的 PM_{10} 排放量，kg/t 产品；

$W_{ij\text{-}PM_{10}}$——i 工序 j 设备排放的烟粉尘中，PM_{10} 的质量分数,%。

③ 设备 $PM_{2.5}$ 排放量。

$$d_{ij\text{-}PM_{2.5}} = d_{ij} \times W_{ij\text{-}PM_{2.5}} \quad (i, j = 1, 2, \cdots, n) \tag{6-12}$$

式中，$d_{ij\text{-}PM_{2.5}}$——统计期内 i 工序中 j 设备的 $PM_{2.5}$ 排放量，kg/t 产品；

$W_{ij\text{-}PM_{2.5}}$——i 工序 j 设备排放的烟粉尘中，$PM_{2.5}$ 的质量分数,%。

（4）排放点层面指标

①排放点烟粉尘排放浓度。

排放点烟粉尘排放浓度用 C 表示，单位为 mg/m^3。

②排放点 PM_{10} 排放浓度。

$$C_{ijk\text{-}PM_{10}} = C_{ijk} \times W_{ijk\text{-}PM_{10}} \quad (i, j, k = 1, 2, \cdots, n) \tag{6-13}$$

式中，$C_{ijk\text{-}PM_{10}}$——i 工序 j 设备 k 排放点的 PM_{10} 排放浓度，mg/m^3；

C_{ijk}——i 工序 j 设备 k 排放点的排放浓度，mg/m^3；

$W_{ijk\text{-}PM_{10}}$——i 工序 j 设备 k 排放点排放的烟粉尘中，PM_{10} 的质量分数,%。

③排放点 $PM_{2.5}$ 排放浓度。

$$C_{ijk\text{-}PM_{2.5}} = C_{ijk} \times W_{ijk\text{-}PM_{2.5}} \quad (i, j, k = 1, 2, \cdots, n) \tag{6-14}$$

式中，$C_{ijk\text{-}PM_{2.5}}$——i 工序 j 设备 k 排放点的 $PM_{2.5}$ 排放浓度，mg/m^3；

$W_{ijk\text{-}PM_{2.5}}$——i 工序 j 设备 k 排放点排放的烟粉尘中，$PM_{2.5}$ 的质量分数,%。

6.1.3.2　数据的采集方法

（1）统计

烟粉尘排放量、排放浓度、粒度分布、产品产量及废气量等，以年报或考核周期报表为准。

（2）实测

如果统计数据严重短缺，指标也可以在考核周期内用实测方法取得，实测时需保证设备运行在正常生产工况下。

（3）采样和监测

排放指标涉及的烟粉尘的采样和监测按照相关技术规范执行，并采用国家或行业标准监测分析方法。有组织排放源主要依据《固定污染源排气中颗粒物和气态污染物采样方法》（GB/T 16157—1996）和《固定污染源废气监测技术规范》（HJ/T 397—2007）中相关规定，无组织排放源主要依据《大气污染物无组织排放监测技术导则》（HJ/T 55—2000）中相关规定。

6.2 烟粉尘排放指标的影响因素

投入产出分析法适用于更全面的环保工作的思路（见图6－2）。应用投入产出分析法，可以建立资源能源消耗量、烟粉尘产生量、烟粉尘排放量三者间的量化关系，提出钢铁行业在节约资源能源消耗方面的建议；通过分析吨钢排放量和工序排放量、钢比系数之间的关系，可以提出钢铁行业产业结构调整方面的建议。

$$\sum 资源能源消耗量 - \Delta = \sum 烟粉尘产生量 \Rightarrow 烟粉尘排放量 \quad (6-15)$$

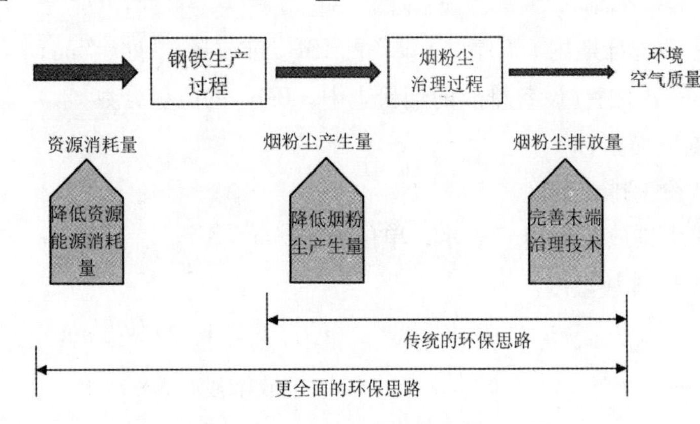

图6－2　投入产出分析示意图

因此，需建立设备、工序和企业3个层面上烟粉尘排放指标与资源能源消耗量、产品产量、烟粉尘产生量和除尘器的除尘效率之间的关系：

$$D = P \cdot d = P \cdot \left(\sum_{i=1}^{n} M_i \alpha_i + \sum_{j=1}^{m} E_j \beta_j \right)(1 - \eta) \quad (6-16)$$

式中，D——统计期内企业、工序或设备层面烟粉尘总排放量，g；

P——统计期内企业、工序或设备层面产品产量，t；

d——统计期内企业、工序或设备层面单位产品烟粉尘排放量，g/t；

M_i——生产单位产品消耗的第 i 种资源量（$i=1, 2, \cdots, n$），t/t；

E_j——生产单位产品消耗的第 j 种能源量（$j=1, 2, \cdots, m$），kgce/t；

α_i——消耗单位数量第 i 种资源产生的烟粉尘量，g/t；

β_j——消耗单位数量第 j 种能源产生的烟粉尘量，g/kgce；

η——除尘器的除尘效率,%。

若采用分级间隔计算法，将烟粉尘按粒径大小分为 K 级，则除尘效率和分级除尘效率之间的关系为：

$$\eta = \sum_{k}^{K} \eta_k W_k \quad (6-17)$$

式中，η_k——第 k 级烟粉尘的分级除尘效率（$k=1, 2, \cdots, K$）,%；

W_k——除尘器进口第 k 级烟粉尘质量分数，即粒度分布,%。

则式（6－16）可写为：

$$D = P \cdot d = P \cdot \left(\sum_{i=1}^{n} M_i \alpha_i + \sum_{j=1}^{m} E_j \beta_j\right)\left(1 - \sum_{k}^{K} \eta_k W_k\right) \tag{6-18}$$

可见，烟粉尘排放量指标的影响因素主要有：钢产量、资源消耗量、能源消耗量、烟粉尘产生量以及除尘效率。钢产量越低、资源能源消耗量越少，烟粉尘产生量越少，分级除尘效率越高，则单位产品烟粉尘排放量越少。

6.3　烟粉尘排放清单编制

编制钢铁企业烟粉尘排放清单具有重要意义。首先，有助于摸清钢铁企业烟粉尘排放的基本情况。钢铁企业烟粉尘排放源繁多，且各排放源的烟粉尘排放量不等、排放浓度不一，因此要想弄清钢铁企业烟粉尘排放情况难度很大。编制烟粉尘排放清单有助于管理部门摸清钢铁企业烟粉尘排放的来龙去脉，以及便于核算烟粉尘排放量。其次，有助于对钢铁企业烟粉尘排放进行控制和管理。基于烟粉尘排放清单，可以进行钢铁企业烟粉尘排放来源解析。通过分工序烟粉尘排放量的汇总比较，可以识别出烟粉尘排放的重点工序；通过各企业的排放量汇总比较，可以识别出烟粉尘排放的重点企业。通过对重点工序、重点企业的识别，有助于管理部门明确钢铁企业烟粉尘污染防治的方向，制定合理有效的控制方案。

6.3.1　清单的编制依据和原则

编制钢铁企业的烟粉尘排放清单，需要参考并依据下列文件中的条款。

《环境空气质量标准》（GB 3095—2012）；

《钢铁烧结、球团工业大气污染物排放标准》（GB 28662—2012）；

《炼焦化学工业污染物排放标准》（GB 16171—2012）；

《炼铁工业大气污染物排放标准》（GB 28663—2012）；

《炼钢工业大气污染物排放标准》（GB 28664—2012）；

《轧钢工业大气污染物排放标准》（GB 28665—2012）；

《大气细颗粒物（$PM_{2.5}$）源排放清单编制技术指南（试行）》（征求意见稿）（环办函〔2014〕66号）；

《大气可吸入颗粒物一次源排放清单编制技术指南（试行）》（环境保护部公告〔2014〕第92号）；

《扬尘源颗粒物排放清单编制技术指南（试行）》（环境保护部公告〔2014〕第92号）；

《关于印发〈钢铁企业大气污染物排放量核算细则〉（试行）的通知》（环监发〔2014〕27号）。

编制钢铁企业烟粉尘排放清单，需要遵循以下两条基本原则。

（1）科学实用原则

钢铁企业烟粉尘排放清单的编制工作要严格按照相关科学方法的要求，科学有序地开展；同时，所编制的钢铁企业烟粉尘排放清单要具有较强的可操作性，能够为钢铁企业烟粉尘的综合整治工作提供实用信息，能够直接服务于钢铁企业烟粉尘污染防治工作。

（2）与时俱进原则

钢铁企业烟粉尘排放的动态变化较大。要根据钢铁企业烟粉尘污染源特点、技术条件和管理需求，定期对烟粉尘污染源进行动态调查，建立相应的动态污染源数据库，持续更新烟粉尘污染源信息，对烟粉尘污染源实施系统高效的管理。

6.3.2 烟粉尘排放源分级分类体系

根据钢铁企业生产特点和烟粉尘排放特性，建立钢铁企业烟粉尘排放清单，具体见表6－2。

（1）排放源级别划分

将钢铁企业烟粉尘排放清单的统计对象划分为企业、工序、工艺设备和设备规模四级，即第一级为企业，第二级为工序，第三级为工艺设备，第四级为设备规模。

（2）排放源类别划分

将排放源分为有组织排放源和无组织排放源两类。

（3）污染物种类划分

将排放源分为颗粒物、烟尘、粉尘、PM_{10}、$PM_{2.5}$五类。

对钢铁行业烟粉尘排放量的统计，本书采用 $d-p$ 分析法。$d-p$ 分析法是吨钢烟粉尘排放量的分析方法。

$$d = \sum_{i=1}^{n} d_i p_i \tag{6-19}$$

式中，　d——吨钢烟粉尘排放量，kg/t；

d_1，d_2，…，d_n——烧结（球团）、炼焦、炼铁、炼钢和轧钢工序的工序烟粉尘排放量，kg/t；

p_1，p_2，…，p_n——各工序的钢比系数，t/t。

由式（6－19）可以看出吨钢烟粉尘排放量与工序排放量和工序钢比系数之间的关系。

由式（6－19）可见，影响吨钢烟粉尘排放量的因素有两个：一是各工序的工序烟粉尘排放量，即直接影响量；二是各工序的钢比系数，即间接影响量。

本书借鉴了《大气细颗粒物（$PM_{2.5}$）源排放清单编制技术指南（试行）》（征求意见稿）、《大气可吸入颗粒物一次源排放清单编制技术指南（试行）》等技术成果，结合钢铁企业实际情况，遵循科学实用、与时俱进的原则，制订了钢铁企业烟粉尘排放清单的编制方法。

表6－2设计的特色之一在于将每一个排放点的数据分为奇数行和偶数行，其中奇数行为排放总量，偶数行为单位产品排放量；特色之二在于各工序的排放量与其钢比系数乘积的和为吨钢排放量。

表 6-2　××(企业名称)钢铁企业烟粉尘排放清单

序号	工序	工艺设备	设备规格	产量 /($\times 10^4$t)	产生量/t 产生系数 /(kg·t^{-1})	排放量/t 排放系数/(kg·t^{-1})						
						颗粒物	有组织	无组织	烟尘	粉尘	PM_{10}	$PM_{2.5}$
	A	*B*	*C*	*D*	*E*	*F*	*G*	*H*	*I*	*J*	*K*	*L*
1	烧结	1#烧结机	×× m^2									
2												
3		2#烧结机	×× m^2									
4												
5		…	…									
6												
7		烧结合计										
8												
9	球团	1#竖炉	×× m^2									
10												
11		…	…									
12												
13		球团合计										
14												
15	焦化	1#焦炉	×× m									
16												
19		…	…									
20												
21		焦化合计										
22												
23	炼铁	1#高炉	×× m^3									
24												
25		…	…									
26												
27		高炉合计										
28												

续表 6 - 2

序号	工序	工艺设备	设备规格	产量 /($\times 10^4$t)	产生量/t 产生系数 /($kg \cdot t^{-1}$)	排放量/t 排放系数/($kg \cdot t^{-1}$)						
						颗粒物	有组织	无组织	烟尘	粉尘	PM_{10}	$PM_{2.5}$
	A	*B*	*C*	*D*	*E*	*F*	*G*	*H*	*I*	*J*	*K*	*L*
29	炼钢	1#转炉	××t									
30												
31		1#电炉	××t									
32												
33		…	…									
34												
35		炼钢合计										
36												
37	轧钢	中厚板	××t/h									
38												
39		带材	××t/h									
40												
41		棒线材	××t/h									
42												
43		…	…									
44												
45		轧钢合计										
46												
47	原料场	封闭式料场	××t									
48												
49		敞开式料场	××t									
50												
51		原料场合计										
52												
53	自备电厂	1#机组	××kW·h									
54												
55		…	…									
56												
57		自备电厂合计										
58												
59	全厂合计											
60												

注：表中 *E* ~ *L* 列中，行序号为奇数的单元格中的数值表示产排量，行序号为偶数的单元格中的数值表示产排系数。例：$F(1)/D(1) = F(2)$。

6.4　钢铁企业烟粉尘排放核算方法

6.4.1　产排量和产排系数的计算方法

烟粉尘产排量和产排系数的计算方法主要包括实测法、工程估算法和查表法。计算方法的优先选择顺序依次为：实测法、工程估算法、查表法。

（1）实测法

实测法是指对钢铁企业烟粉尘排放源开展测试，获取实际条件下的产排量和产排系数，可以采取在线检测和人工检测两种方式。实测法的优点是能够反映钢铁企业烟粉尘的实际产排情况，获取的产排量和产排系数准确度高；缺点是工作量大，需要的人力和成本较高。

实测法首先获得的是排放源的产排量，用产排量除以相对应的产品产量即可得到产排系数。

（2）工程估算法

工程估算法是通过生产设备规模以及运行参数、原料的种类等对烟粉尘排放源的产排量和产排系数进行估算，或通过一些成熟的工程工艺参数和计算公式来计算产排量和产排系数的方法。计算方法按《钢铁企业大气污染物排放量核算细则》（环监发〔2014〕27号）执行。

工程估算法首先获得的是排放源的产排系数，用产排系数乘以相对应的产品产量即可得到产排量。

（3）查表法

对于一些通过实测法和工程估算法很难得到的产排量和产排系数可以采用检索产排系数数据库或产排系数手册的方式获得。推荐使用最新版《全国污染源普查工业污染源产排污系数手册》、清华大学开发的中国多尺度大气污染排放清单模型（MEIC）中的排放因子数据库、美国的AP－42排放因子数据库和欧盟的《EMEP/CORINAIR排放清单指南》等。

查表法首先获得的是排放源的产排系数，用产排系数乘以相对应的产品产量即可得到产排量。

烟粉尘排放清单里的数据可用上述3种方法获得，具体计算方法如下。

（1）列$A \sim D$

表中列$A \sim D$的信息根据企业实际情况填写。

（2）列E

列E（颗粒物产生）可以通过工程估算法和查表法获得。即首先通过工程估算法或查表法得到产排系数$E(i+1)$的数值，再根据式（6－20）计算产排量$E(i)$，有：

$$E(i) = E(i+1) \times D(i) \tag{6-20}$$

式中，i——排放清单的行序号，为奇数，下同。

(3) 列 F

列 F（颗粒物排放）可以由列 G 与列 H 相加得到。

列 F 奇数行计算公式为：

$$F(i) = G(i) + H(i) \tag{6-21}$$

列 F 偶数行计算公式为：

$$F(i+1) = G(i+1) + H(i+1) \tag{6-22}$$

(4) 列 G

列 G（有组织排放）可以通过实测法、工程估算法和查表法获得。

运用实测法，列 G 奇数行的计算公式为：

$$G(i) = \frac{C_{有}(i) \times Q_{有}(i) \times T_{有}(i)}{10^9} \tag{6-23}$$

式中，$C_{有}$——有组织排放源排放的颗粒物浓度，mg/m^3；

$Q_{有}$——有组织排放源单位时间的废气流量，m^3/h；

$T_{有}$——统计期内有组织排放源的排放时间，h。

列 G 偶数行的计算公式为：

$$G(i+1) = \frac{G(i)}{10 \times D(i)} \tag{6-24}$$

(5) 列 H

列 H（无组织排放）可以通过查表法和工程估算法获得，方法同列 E。

(6) 列 I

列 I（烟尘排放）可以通过实测法、查表法和工程估算法获得。

钢铁企业的烟尘排放源基本全为有组织排放，因此运用实测法计算列 I 奇数行的计算公式为：

$$I(i) = \frac{C_{烟}(i) \times Q_{烟}(i) \times T_{烟}(i)}{10^9} \tag{6-25}$$

式中，$C_{烟}$——烟尘排放源排放的烟尘浓度，mg/m^3；

$Q_{烟}$——烟尘排放源单位时间的烟气流量，m^3/h；

$T_{烟}$——统计期内烟尘排放源的排放时间，h。

列 I 偶数行的计算公式为：

$$I(i+1) = \frac{I(i)}{10 \times D(i)} \tag{6-26}$$

(7) 列 J

列 J（粉尘排放）可以由列 F 与列 I 相减得到。

列 J 奇数行的计算公式为：

$$J(i) = F(i) - I(i) \tag{6-27}$$

列 J 偶数行的计算公式为：

$$J(i+1) = F(i+1) - I(i+1) \quad (6-28)$$

（8）列 K

列 K（PM_{10}排放）可以通过实测法、查表法和工程估算法获得。

列 K 奇数行的计算公式为：

$$K(i) = F(i) \times W_{PM_{10}}(i) \quad (6-29)$$

式中，$W_{PM_{10}}$——排放的烟粉尘中 PM_{10}的质量占烟粉尘总质量的百分比，%。下同。

列 K 偶数行的计算公式为：

$$K(i+1) = F(i+1) \times W_{PM_{10}}(i) \quad (6-30)$$

（9）列 L

列 L（$PM_{2.5}$排放）可以通过实测法、查表法和工程估算法获得。

列 L 奇数行的计算公式为：

$$L(i) = F(i) \times W_{PM_{2.5}}(i) \quad (6-31)$$

式中，$W_{PM_{2.5}}$——排放的烟粉尘中 $PM_{2.5}$的质量占烟粉尘总质量的百分比，%。下同。

列 L 偶数行的计算公式为：

$$L(i+1) = F(i+1) \times W_{PM_{2.5}}(i) \quad (6-32)$$

6.4.2　烟粉尘排放清单编制及核算流程

（1）明确数据调查和收集对象

编制烟粉尘排放清单时，应首先对清单编制企业的排放源进行初步的摸底调查，明确烟粉尘排放源的位置和排放特点，以确定清单编制过程中的数据调查和收集对象。

（2）数据调查收集及处理

编制排放清单时，应当针对烟粉尘排放源逐一制定调查方案，明确数据获取的途径，选择合适的产排量和产排系数的计算方法。

（3）质量控制

获取的数据应采用统一的数据处理方式和数据存储格式，保证数据收集和传递的质量。企业应当安排专人对数据进行检查和校对，对可疑的异常数据进行核实。

（4）烟粉尘排放清单的评估

钢铁企业烟粉尘排放清单的准确性可通过不确定性分析方法评估。不确定性分析可以选用的方法是蒙特卡洛方法，评估的内容是排放总量的置信区间。不确定性分析可用于重要污染源信息的甄别，评估排放清单的可靠性。

排放清单的可靠性还可结合模型、观测等手段进行验证。具体方法是利用空气质量模型模拟并与同时段空气质量观测结果比较，对排放清单进行间接验证。

参考文献

[1] 竹涛,徐东耀,于妍.大气颗粒物控制[M].北京:化学工业出版社,2013.

[2] 唐平,曹先艳,赵由才.冶金过程废气污染控制与资源化[M].北京:冶金工业出版社,2008.

[3] 张革.钢铁企业颗粒物排放特性的研究[D].沈阳:东北大学,2015.

[4] 汪旭颖,燕丽,雷宇.浅谈我国钢铁行业的颗粒物排放及控制[J].环境与可持续发展,2014(5):21-25.

[5] 俞非漉,王海涛,王冠,等.冶金工业烟尘减排与回收利用[M].北京:化学工业出版社,2012.

[6] 王永忠,张殿印.现代钢铁企业除尘技术发展趋势[J].冶金环境保护,2006(6):14-17.

[7] 石勇,党小庆,韩小梅,等.钢铁工业烧结烟尘电除尘技术的特点及应用[J].重型机械,2006(3):27-34.

[8] 李祥柱,张振夫,刘晨.焦化煤焦系统烟尘治理实践[J].山东冶金,2011,33(5):169-170.

[9] 尤文茹.焦化厂粉尘和烟尘治理实践[J].河北冶金,2013(4):74-75.

[10] 梁英娟,王跃辉,马亚卿,等.焦化厂烟粉尘污染治理技术研究[J].河北化工,2012,35(12):65-66.

[11] 杨民春,吴双云.首钢炼铁厂二高炉出铁场除尘技术改造[J].中国冶金,2004(6):15-17.

[12] 牛京考,王雄,万成略.炼铁除尘技术的问题和进展[J].工业安全与防尘,1997(8):1-4.

[13] 贾秀英.济钢120t转炉炼钢烟尘治理[J].山东冶金,2012,34(6):52-53.

[14] 李京社,朱经涛,杨宏博,等.中国电炉炼钢粉尘处理现状[J].河南冶金,2011,19(4):1-4.

[15] WHITBY K T. The physical characteristics of sulfur aerosols[J]. Atmospheric environment,1978(12):135-159.

[16] 唐孝炎,张远航,邵敏.大气环境化学[M].2版.北京:高等教育出版社,2006.

[17] 王明星,张仁健.大气气溶胶研究的前沿问题[J].气候与环境研究,2001,6(1):119-124.

[18] 汪安璞.我国大气污染化学研究进展[J].环境科学进展,1994,2(3):1-18.

[19] 汪安璞,杨淑兰,刘丽君. 西南和北京地区大气颗粒物中元素特征的比较[J]. 环境科学,2001,12(4):79-85.

[20] 王灿星,易林,林建忠. 杭州市区大气中PM_{10}的污染特征及其源解析[J]. 仪器仪表学报,2003,24(4):532-536.

[21] 张殿印,王纯. 除尘技术工程手册[M]. 2版. 北京:化学工业出版社,2010.

[22] 王纯,张殿印. 废气处理工程技术手册[M]. 北京:化学工业出版社,2012.

[23] 柴立元,彭兵. 冶金环保手册[M]. 长沙:中南大学出版社,2016.

[24] 彭丽娟. 除尘技术[M]. 北京:化学工业出版社,2014.

[25] 王海涛,王冠,张殿印. 钢铁工业烟尘减排与回收利用技术指南[M]. 北京:冶金工业出版社,2011.

[26] 叶宇衡. 颗粒层除尘装置的设计与实验[D]. 沈阳:东北大学,2014.

[27] 李翔,白皓,苍大强. 固体颗粒床高温除尘器的等温实验研究[J]. 北京科技大学学报,2004,26(1):19-21.

[28] 秦红霞,何鹏,宋军涛,等. 常温下固体颗粒层过滤除尘技术[J]. 北京科技大学学报,2006,28(8):770-773.

[29] 寇丽,王助良. 固定床颗粒层除尘实验研究[J]. 郑州轻工业学院学报,2008,23(4):77-79.

[30] 王助良,刘晓航,杜滨. 颗粒层除尘器过滤和清灰方式的优化[J]. 热能动力工程,2007,22(3):270-273.

[31] 谭天佑. 工业通风除尘技术[M]. 北京:中国建筑工业出版社,1984.

[32] 许世森,李春虎,郜时旺. 煤气净化技术[M]. 北京:化学工业出版社,2006.

[33] 胡满银. 除尘技术[M]. 北京:化学工业出版社,2006.

[34] 李阳,付明海,赵友军. 颗粒层过滤技术国内外研究现状及进展[J]. 能源环境保护,2007,21(4):23-26.

[35] KIM J I,WANKAT P C,MUN S,et al. Analysis of "focusing" effect in four-zone SMB (Simulated Moving Bed) unit for separation of xylose and glucose from biomass hydrolysate[J]. Journal of bioscience and bioengineering,2009,108(S1):65-66.

[36] 郜时旺. 移动床颗粒层过滤系统高温高压除尘研究[D]. 西安:西安交通大学,2002.

[37] HENNING S,STEFAN G,ACHIM K. Optimal operation of simulated moving bed chromatographic processes by means of simple feedback control[J]. Journal of chromatography A,2003,1006(1/2):3-13.

[38] ROBERT C B. Similitude study of a moving bed granular filter[J]. Power technology,2003,13(8):201-210.

[39] 颜学升,王助良,张廷发,等. 新型颗粒层过滤性能的研究[J]. 电站系统工程,2009,25(6):27-30.

[40] 夏军仓. 移动颗粒层过滤除尘技术的高压实验研究[J]. 热力发电,2001(6):30-33.
[41] 杨国华,周江华. 双层滤料床过滤除尘试验研究[J]. 动力工程,2005(25):106-109.
[42] 龚雪平,马维琦,丁荟. 气溶胶浓度测定的种类和原理[J]. 中国环保业,1997(10):28-29.
[43] 何振江. 激光烟气粉尘排放量监测系统的浓度测量问题研究[J]. 华南师范大学学报,2000(2):1-5.
[44] CHANG C T,TSAI C J,LEE C T,et al. Differences in PM_{10} concentrations measured by β-gauge monitor and hi-vol sampler[J]. Atmospheric environment,2001,35(33):5741-5748.
[45] CHUEINTA W,HOPKE P K. Beta gauge for aerosol mass measurement[J]. Aerosol science and technology,2001,35(4):840-843.
[46] 易江. 燃煤电厂锅炉排放颗粒物浓度的连续测定[J]. 中国环境监测,1997,13(1):27-30.
[47] 陈世朴,王永瑞. 金属电子显微分析[M]. 北京:机械工业出版社,1984.
[48] GLIKSON M,RUTHERFORD S,SIMPSON R W,et al. Microscopic and submicron components of atomspheric particulate matter during high asthm period in Brisbane,Queenslan,Australia[J]. Atmospheric environment,1995,29(4):549-562.
[49] MURR L E,BANG J J. Electron microscope comparisons of fine and ultra-fine carbonaceous and non-carbonaceous,airborne particulates[J]. Atmospheric environment,2003,37:4795-4806.
[50] 赵春昶,陈刚,曹光辉. 基于混沌和小波理论的图像加密技术实现[J]. 辽宁工程技术大学学报,2005,24(3):453-454.